高职高专实验实训“十二五”规划教材

小棒材连轧生产实训

主　编　陈　涛　袁志学
副主编　石永亮　李秀敏　杨晓彩

北　京
冶　金　工　业　出　版　社
2015

内 容 提 要

本书按照国家示范院校重点建设材料工程技术（轧钢）专业课程改革要求和教材建设计划，参照冶金行业职业技能标准和职业技能鉴定规范，根据冶金企业的生产实际和岗位技能要求编写而成。全书共12章，主要内容包括：钢铁的基本知识，热轧钢材的组织结构及性能，棒材轧制原理及基本问题，孔型基础知识，小棒材连轧生产，加热炉设备及操作，轧机区机械设备及基本操作，轧辊与导卫的使用、维护，主控台、飞剪及冷床设备与操作，棒材产品的缺陷和轧制事故的分析与排除等。

本书可作为高职高专材料工程技术（轧钢）专业学生生产实训教材，也可供相关专业人员参考。

图书在版编目(CIP)数据

小棒材连轧生产实训 / 陈涛，袁志学主编．—北京：冶金工业出版社，2015.1
高职高专实验实训“十二五”规划教材
ISBN 978-7-5024-6179-9

Ⅰ．①小… Ⅱ．①陈… ②袁… Ⅲ．①棒材轧制—生产工艺—高等职业教育—教材 Ⅳ．①TG335.6

中国版本图书馆CIP数据核字(2014)第276832号

出 版 人　谭学余
地　　址　北京市东城区嵩祝院北巷39号　邮编　100009　电话　(010)64027926
网　　址　www.cnmip.com.cn　电子信箱　yjcbs@cnmip.com.cn
责任编辑　俞跃春　唐晶晶　美术编辑　杨　帆　版式设计　葛新霞
责任校对　郑　娟　责任印制　李玉山
ISBN 978-7-5024-6179-9
冶金工业出版社出版发行；各地新华书店经销；北京百善印刷厂印刷
2015年1月第1版，2015年1月第1次印刷
787mm×1092mm　1/16；15印张；358千字；226页
38.00元

冶金工业出版社　投稿电话　(010)64027932　投稿信箱　tougao@cnmip.com.cn
冶金工业出版社营销中心　电话　(010)64044283　传真　(010)64027893
冶金书店　地址　北京市东四西大街46号(100010)　电话　(010)65289081(兼传真)
冶金工业出版社天猫旗舰店　yjgy.tmall.com
（本书如有印装质量问题，本社营销中心负责退换）

前　言

"小棒材连轧生产实训"是材料工程技术（轧钢）专业的一门实训课程。本书注重职业教育特点，既包括连续轧钢的理论知识，又包括操作技能，以适应小型棒材生产厂对员工生产技能的要求及对高职学生实际操作能力的要求。按照国家示范院校重点建设材料工程技术（轧钢）专业课程改革要求和教材建设计划，编者与生产一线的技术专家一起，在行业专家、毕业生工作岗位调研的基础上，跟踪技术发展趋势，根据小棒材生产厂高素质技能人才的培养方式编写本书。本书的编写，力求凸显以下特色：

（1）在内容上紧密结合现场实践，注意学以致用，体现以小棒材生产过程为主线，技能要求为目标的特点，注重理论知识与现场操作技能的有机结合，以提高学生实际操作能力。

（2）在叙述和表达方式上力求做到深入浅出，直观易懂，使读者触类旁通。

（3）在结构上紧扣课程标准要求，按照实训教学进行编排。

本书由河北工业职业技术学院材料系陈涛、袁志学担任主编，石永亮、李秀敏、杨晓彩担任副主编，参加编写的还有陈敏、高云飞等。

由于编者水平有限，书中不妥之处，敬请读者批评指正。

编　者

2014 年 7 月

目　录

1 钢铁的基本知识

1.1 钢材的分类、产品标准和牌号表示方法

1.1.1 钢的定义

钢也是铁和碳的合金，一般认为钢的含碳量在0.04%～2%之间，而大多数又在1.4%以下。个别钢种，如模具钢（Cr12）含碳量为2%～2.3%。钢是用生铁或废钢为主要原料，根据不同性能要求，配加一定合金元素炼制而成的。钢的基本成分为铁、碳、硅、锰、磷、硫等元素。钢经过轧制，成为国民经济各部门所需要的钢材。

1.1.2 钢的分类

1.1.2.1 按化学成分

按化学成分，钢可分为：碳素钢（低碳钢、中碳钢、高碳钢）和合金钢（低合金钢、中合金钢、高合金钢）。

1.1.2.2 按用途

按用途钢可分为：结构钢（碳素结构钢、优质碳素结构钢、合金结构钢），工具钢（碳素工具钢、合金工具钢、高速工具钢）和特种钢（不锈钢、耐热钢、耐酸钢、轴承钢）。

1.1.2.3 按质量

按质量钢可分为：普通钢，优质钢和高级优质钢。

1.1.2.4 按冶炼方法

按冶炼方法，钢可分为：转炉钢（顶吹转炉钢、侧吹转炉钢、底吹转炉钢）和电炉钢（电弧炉、电渣炉、感应炉）。

1.1.2.5 按脱氧程度

按脱氧程度，钢可分为：沸腾钢，镇静钢和半镇静钢。

为了便于查阅，将钢的分类列于表1－1。

表 1-1 钢的分类简表

<table>
<tr><td>按钢的化学成分分类</td><td>1. 碳素钢——含碳量（质量分数）小于 2% 的铁碳合金，钢中除含碳外，一般还含有硅、锰、硫、磷等几种元素；
2. 合金钢——钢中除含有碳素钢所含有的各种元素外，还含有其他一些合金元素，如：铬、镍、钼、钨、钒等，如果碳素钢中锰的含量超过 0.8% 或硅的含量超过 0.5%，称为合金钢</td></tr>
<tr><td>碳素钢按含碳量（质量分数）的多少分类</td><td>1. 低碳钢——含碳量低于 0.25%；
2. 中碳钢——含碳量在 0.25% ~0.6% 之间；
3. 高碳钢——含碳量超过 0.6%</td></tr>
<tr><td>碳素钢按质量分数分类</td><td>1. 普通碳素钢——钢中含硫量不超过 0.055%，含磷量不超过 0.045%；
2. 优质碳素钢——钢中含硫量不超过 0.03% ~0.035%，含磷量不超过 0.03% ~0.035%；
3. 高级优质碳素钢——钢中含硫量不超过 0.02% ~0.03%，含磷量不超过 0.025% ~0.035%</td></tr>
<tr><td>按用途分类</td><td>1. 结构钢——用作建筑结构、机械零件；
2. 工具钢——用作工具、磨具、量具等；
3. 特殊用途钢——如不锈钢、耐酸钢、耐热钢等</td></tr>
<tr><td>按冶炼方法分类</td><td>1. 转炉钢——用转炉冶炼的钢，它按炉衬材料又分为酸性转炉钢和碱性转炉钢；按送风方法又分为底吹、侧吹和顶吹转炉钢等；
2. 平炉钢——用平炉炼出的钢，按炉衬材料又分为酸性平炉钢和碱性平炉钢；
3. 电炉钢——用电弧炉、电渣炉、感应炉中冶炼出来的钢</td></tr>
<tr><td>按脱氧程度分类</td><td>1. 镇静钢——脱氧完全，连铸坯组织致密，但有缩孔；
2. 沸腾钢——脱氧不完全，连铸坯组织内有分散的小气泡，但无缩孔，成本低；
3. 半镇静钢——组织和性能介于镇静钢和沸腾钢之间</td></tr>
<tr><td>综合分类</td><td>钢
├ 碳素钢
│ ├ 碳素结构钢
│ │ ├ 普通碳素结构钢
│ │ └ 优质碳素结构钢
│ └ 碳素工具钢
├ 普通低合金钢（低合金高强度钢）
└ 合金钢
  ├ 合金结构钢
  ├ 特殊用途钢
  └ 合金工具钢</td></tr>
</table>

1.1.3 产品标准和技术要求

1.1.3.1 钢材的技术要求

钢材的技术要求就是为了满足使用上的需要对钢材提出的必须具备的规格和技术性能，例如：形状、尺寸、表面状态、力学性能、物理化学性能、金属内部组织和化学成分等方面的要求。钢材技术要求是由使用单位按用途的要求提出，再根据当时实际生产技术水平的可能性和生产的经济性来制定的，它体现为产品的标准。钢材技术要求有一定的范围，并且随着生产技术水平的提高，这种要求及其可能满足的程度也在不断提高。轧钢工作者的任务就是不断提高生产技术水平来尽量满足使用上的更高要求。

1.1.3.2　钢材的产品标准

A　技术标准的概念和分类

技术标准是进行生产的技术规范，是从事生产、科研、设计、产品流通和使用的一种共同的技术依据。对企业来说，大量用的是产品标准，它是产品（包括半成品或中间产品）检查、验收的统一衡量尺度，是企业之间订货、签订合同的唯一依据。

按照适用范围，标准分为国家标准、部颁标准和企业标准。

（1）国家标准是指对全国经济、技术发展有重大意义而必须在全国范围内统一的标准，以代号“GB”表示。国家标准由国务院有关主管部门提出草案，报国家标准总局审批、颁布。

（2）部颁标准是指国家标准中暂时未包括的产品标准和其他技术规定，或只用于本专业范围内的标准，由中央各部颁发。例如，原冶金工业部颁发的标准，简称冶标，代号为“YB”。

（3）企业标准是指在尚无国家标准和部颁标准的情况下由企业制定的标准，可分成两类：一类属于正常产品，有比较成熟的标准；一类属于试生产产品，技术还不够成熟，或为满足个别用户特殊需要的产品而制定的暂行标准。代号为“QB”。

B　产品标准的内容

一般包括品种（规格）标准、技术条件、验收规则和试验方法、包装标志以及质量证明书等内容。

（1）品种（规格）标准。主要规定钢材形状和尺寸精度方面的要求，要求形状正确，消除断面歪扭、长度上弯曲不直和表面不平等。尺寸精确度是指可能达到的尺寸偏差的大小。尺寸精确度之所以重要是因为钢材断面尺寸的变化不仅会影响到使用性能，而且与钢材的节约有很大关系。如果钢材尺寸超过了国家标准的正公差，不仅满足不了使用的要求，而且要造成金属的浪费，从而使成本增高。钢材断面愈小，这种浪费的百分比也就愈大。

（2）技术条件（性能标准）。规定钢材质量特征与性能。例如，表面质量、钢材力学性能、组织结构及化学成分等。

产品的表面质量直接影响到钢材的使用性能和寿命。所谓表面质量主要是指表面缺陷的多少、表面光整平坦和光洁程度。产品表面缺陷种类很多，其中最常见的是表面裂纹、结疤、重皮和氧化铁皮等。造成表面缺陷的原因是多方面的，与铸坯、加热、轧制及冷却都有很大关系。因此，在整个生产过程中，都要注意提高钢材表面质量。

钢材性能的要求主要是对钢材的力学性能、工艺性能（弯曲、冲压、焊接性能等）及特殊物理化学性能（磁性、抗腐蚀性能等）的要求。其中最通常的是力学性能（强度性能、塑性和韧性等），有时还要求硬度及其他性能。这些性能可以由拉伸试验、冲击试验及硬度试验确定出来。钢材使用时还要求有足够的塑性和韧性。

钢材性能主要取决于钢材的组织结构及化学成分，因此，在技术条件中规定了化学成分的范围，有时还提出金属组织结构方面的要求，例如，晶粒度、钢材内部缺陷、杂质形态及分布等。

（3）验收规则和试验方法（试验标准）。包括有做试验时的取样部位、试样形状和尺寸、试验条件和试验方法。

(4) 包装标志(交货标准)。规定交货验收时的包装、标志方法及部位等内容。

各种钢材根据用途的不同都有各自不同的产品标准或技术要求。由于各种钢材的不同技术要求，再加上不同的钢种特性，便有不同的生产工艺过程和生产工艺特点。

1.1.4 钢牌号的表示方法

钢的种类很多，成分复杂而性能不一。为了便于识别和称呼，需要对钢进行编号，以明确的、简短醒目的符号表示所代表钢的化学成分范围及主要性能指标。有了钢号，人们对于具体的某一钢种就有了共同概念。这给生产、使用都带来了很大的便利。

世界各国都有自己的钢种编号，但至今尚无一种完美无缺的钢种编号方法。我国是根据不同钢类、不同用途，不同冶炼方法及不同质量要求对钢种进行编号的。轧钢厂常见钢种编号的汉字和符号意义见表1-2。

表1-2 钢号中的汉字和符号的意义

名 称	汉 字	符 号	标注位置
甲类钢 乙类钢 特类钢	甲 乙 特	A B C	牌号头
氧气转炉 碱性空气转炉	氧 碱	Y J	牌号中
沸腾钢 半镇静钢 质量等级	沸 半	F b A、B、C、D	牌号尾
碳素结构钢 低合金高强度钢 焊接用钢	屈 屈 焊	Q Q H	牌号头

1.1.4.1 普通碳素结构钢

A 原来钢号命名方法

普通碳素结构钢采用表1-2规定的符号和阿拉伯数字表示，具体地说就是：

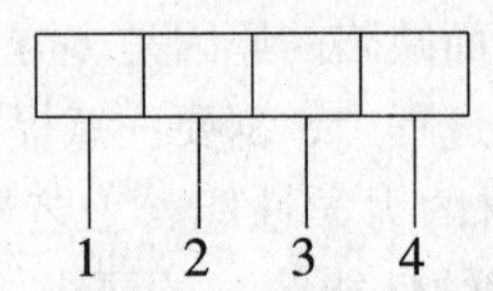

其中：1表示钢类，即表1-2中的A、B、C(甲、乙、特类钢)。2表示冶炼方法，即表1-2中的Y、J(氧气转炉、碱性空气转炉)。如果是平炉、则不标注。3是阿拉伯数字，表示不同牌号的顺序号(随平均含碳量的增加，顺序号增大)，具体的含碳量请参阅GB/T 700—1988。4表示的是脱氧的方法，用表1-2中的F、b(沸腾钢、半镇静钢)表示。若是镇静钢，则不标注。

例如：B4表示的意义为平炉冶炼的乙类4号镇静钢；AY3F表示的意义为氧气转炉冶

炼的甲类3号沸腾钢；BJ2F表示的意义为碱性空气转炉冶炼的乙类2号沸腾钢。专门用途的普通碳素钢，采用表1－2规定的代表产品用途的符号和阿拉伯数字表示。例如：ML2表示二号铆螺钢的牌号。

B 新的钢号命名方法

钢的牌号由代表屈服点的字母、屈服点数值、质量等级符号、脱氧方法符号等四个部分按顺序组成。

例如：碳素结构钢牌号表示为Q235A·F

Q——钢材屈服点，“屈”字汉字拼音首位字母；

A，B，C，D——分别为质量等级；

F——沸腾钢，“沸”字汉语拼音首位字母；

b——半镇静钢，“半”字汉语拼音首位字母；

Z——镇静钢，“镇”字汉语拼音首位字母；

TZ——特殊镇静钢，“特镇”两字汉语拼音首位字母。

在牌号组成表示方法中，“Z”与“TZ”代号予以省略。

C 普通碳素结构钢的品种

Q195——它不分等级，化学成分和力学性能（抗拉强度、伸长率和冷弯）均须保证。

Q215——分为A级和B级（做常温冲击实验，V型缺口）。

Q235——分为A级（不做冲击实验）、B级（做常温冲击实验，V型缺口）、C级和D级（都作为重要焊接结构用）。

Q255——分为A级和B级（做常温冲击实验，V型缺口）。

Q275——它不分等级，化学成分和力学性能均须保证。

D 普通碳素结构钢的特点

普通碳素结构钢价格低廉，且具有足够的力学性能及优良的焊接性能和各种冷、热加工等工艺性能，可满足一般结构和零件的使用性能要求，因而被广泛应用于制造一般工程结构和普通机械零件。

E 普通碳素结构钢的成分、性能及用途

普通碳素结构钢通常热轧成扁平成品，或各种型材（如圆钢、方钢、角钢、工字钢等），一般不经过热处理，在热轧供货状态直接使用。常用普通碳素结构钢的化学成分和力学性能见GB/T 700—1988。

Q195、Q215钢通常轧制成薄板、钢筋等供应，可用于制作铆钉、螺钉、地脚螺栓以及轻负荷的冲压零件和焊接结构件等。Q235、Q255钢可用作螺栓、螺母、拉杆、销子、吊钩和一般机械零件，以及建筑结构中的螺纹钢、工字钢、槽钢等。Q275钢可部分代替优质碳素结构钢（如25钢、35钢）用来制作普通零件。

1.1.4.2 优质碳素结构钢

A 钢号的命名方法

优质碳素结构钢的牌号用钢中含碳量的万分之几表示。沸腾钢及半镇静钢应按表1－2规定的符号特别标明，未加其他说明的为镇静钢，含锰量较高的优质碳素钢，还应将锰元素标出。具体表示方法如下：

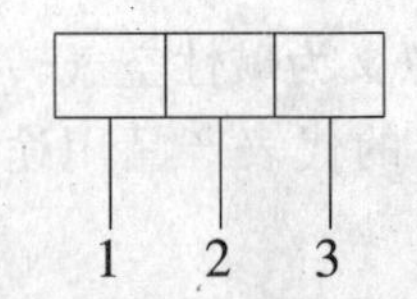

其中：1、2 表示平均含碳量；3 表示沸腾钢、半镇静钢或含锰量较高的特别标注。

例如：45 表示的意义为平均含碳量（质量分数）为 0.45% 的镇静钢；65Mn 表示的意义为平均含碳量为 0.65%，含锰量为 0.9% ~1.20% 的镇静钢；08F 表示的意义为平均含碳量为 0.08% 的沸腾钢。

B　优质碳素结构钢的成分、性能及用途

优质碳素结构钢是用于制造重要机械零件的非合金钢，一般应经过热处理后使用，以充分发挥其性能潜力。优质碳素结构钢的化学成分和力学性能见 GB/T 699—1999。

15、20 钢等常用于冲压件、焊接件、强度要求不高的零件和渗碳件等，如机罩、焊接容器、小轴、法兰盘、螺钉、螺母、垫圈及渗碳凸轮、渗碳齿轮等。35、45 钢调质后可获得良好的综合力学性能，主要用于力学性能要求较高的机械零件，如曲轴、连杆、机床主轴、调质齿轮等。65、70 等钢的碳含量较高，因而具有较高强度、硬度和弹性极限，但塑性、韧度、焊接和切削工艺性能较差，主要用于制造各种弹簧、高强度钢丝等。

较高含锰量的优质碳素结构钢，其用途与对应的优质碳素结构钢相同，但淬透性稍高，因而可制作截面尺寸稍大或强度要求稍高的零件。

1.1.4.3　低合金高强度钢

A　钢号的命名方法

钢的牌号由代表屈服点的字母、屈服点数值、质量等级符号、脱氧方法符号等四个部分按顺序组成。

例如：Q345A·F

Q——钢材屈服点，“屈”字汉字拼音首位字母；

A，B，C，D——分别为质量等级。

B　低合金高强钢的用途

低合金高强钢是一种低碳的建筑和工程结构用钢，合金元素含量较少，一般控制在 3% 以下，主要用于制造桥梁、船舶、车辆、锅炉、高压容器、输油输气管道、大型钢结构等。用它来代替普通碳素结构钢，可大大减轻结构重量，保证使用安全可靠、耐久。

C　性能要求

根据用途要求，低合金高强钢具有以下性能及特点：

（1）高的强度和屈强比。强度和屈强比高才能减轻结构自重，节约钢材，减少其他消耗。因此，在保证塑性和冲击韧度的条件下，应尽量提高其强度和屈强比。一般低合金高强钢的屈服强度在 300MPa 以上，屈强比超过 0.70。

（2）高韧度。用高强钢制造的大型工程结构必须具有足够高的韧度，特别是足够高的低温韧度，才能保证使用安全可靠。

（3）良好的焊接性能和冷、热加工性能。大型结构多采用焊接成型，为便于焊前预处理和焊接，要求低合金高强钢具有良好的焊接性能和冷、热加工性能。

(4) 一定的抗腐蚀能力。许多大型结构在大气（如桥梁、压力容器等）、海洋（如船舶等）中工作或使用，因而要求低合金高强钢具有良好的耐大气和海水腐蚀的能力。

D 成分特点

为满足上述性能要求，低合金高强钢的成分有如下特点：

(1) 低碳。在满足强度要求的前提下，确保钢具有高的韧度以及良好的焊接性能和冷、热加工性能。低合金高强钢的碳质量分数一般不超过0.20%。

(2) 加入以锰为主的合金元素。我国的低合金高强钢基本上不用贵重的铬、镍等元素，而是以资源丰富的锰为主要合金元素。锰可固溶强化铁素体，细化组织，增加珠光体相对量，因而可提高钢的强度和韧度。

(3) 加入铌（Nb）、钛（Ti）、钒（V）和铼（Re）等辅加元素。少量的铌、钛、钒等强碳化物形成元素可细化晶粒，并产生弥散强化效果。加入少量的铼等元素可以脱硫、去气，使钢液净化，改善冲击韧度和工艺性能。

E 常用低合金高强钢

按屈服强度等级我国低合金高强钢从300~650MPa划分为六个级别。低合金高强度结构钢的化学成分和力学性能见GB/T 1595—1994。

较低强度级别的钢中，以16Mn钢最具有代表性。它是我国低合金高强钢中发展最早、使用最多、产量最大的钢种。强度比同等碳含量的Q235钢高20%~30%，耐大气腐蚀能力高20%~38%，用它制造工程结构时，重量可减小20%~30%。

15MnVN是具有代表性的中等强度级别的钢种。由于V的加入和多种合金元素的复合作用，使钢的强度等级可提高一级，而冲击韧性和焊接性能也较优良，被广泛用于制造大型桥梁、锅炉和船舶等焊接结构。

强度等级超过500MPa的钢种多属于低碳贝氏体钢。由于铬、钼、硼等元素的加入，阻碍珠光体转变，使“C”曲线的珠光体转变右移，有利于在热轧空冷条件下获得贝氏体组织，使钢具有更高的强度。这类钢多用于高压锅炉、高压容器等。

低合金高强钢一般在热轧空冷状态下生产，不需要进行专门的热处理。

1.1.4.4 合金结构钢

A 钢号的命名方法

钢号的命名方法主要有：

(1) 钢的含碳量（质量分数）以平均含碳量的万分之几表示；钢中主要合金元素含量，除个别情况外一般以百分之几表示，当元素平均含量少于1.5%时，钢中只标明元素，而不标具体含量，当元素平均含量等于或多于1.5%、2.5%、3.5%……时，在元素符号后面还要相应标注2、3、4……等数字。这些代表合金元素含量的数字，应与元素符号平写，如20Mn2TiB。

(2) 合金结构钢中的Mo、V、Ti、Nb、Zr、B、稀土等元素，如是有意加入的，虽含量较少，但作用特殊，仍应在钢号中标出元素符号，如20CrMnTi。

(3) 高级优质钢的钢号末尾加注“高”或“A”，如38CrMoAlA。

B 合金结构钢的用途

合金结构钢包括合金渗碳钢和合金调质钢。合金渗碳钢经渗碳淬火后用于制造汽车、拖拉机中的变速齿轮，内燃机上的曲轴、凸轮轴、活塞销等；合金调质钢经热处理后用于制造汽车、拖拉机、机床和其他机器上的各种重要部件。

C 淮钢生产的合金结构钢牌号

有20Cr、40Cr、20CrMnTi等。合金结构钢的化学成分和力学性能见GB/T 3077—1999。

1.1.4.5 弹簧钢

A 钢号的命名方法

同合金结构钢。

B 弹簧钢的用途

主要用于制造各种弹簧和弹性元件。

C 淮钢生产的弹簧钢牌号

有60Si2Mn、55SiMnVB、60Si2CrA、60Si2CrVA等。弹簧钢的化学成分和力学性能见GB/T 3077—1999。

总之要本着优质、高产、低成本的要求，力争降低各项材料的消耗，以降低产品成本、节约能源、节约材料。

1.2 车间技术经济指标

生产车间各项设备、原材料、燃料、动力、定员以及资金等利用程度的指标称之为技术经济指标。这些指标反映了企业的生产技术水平和生产管理水平，是鉴定车间设计和工艺过程制定优劣的重要标准，是评定车间各项工作好坏的主要依据。

1.2.1 各类材料消耗指标

生产过程中的各项原材料及动力消耗等指标直接涉及综合技术经济指标，直接影响经济效果。下面分别介绍几种主要消耗指标。

1.2.1.1 金属消耗

A 加热的烧损

烧损就是金属在高温状态下的氧化损失，它包括坯料在加热过程中的氧化铁皮和轧制过程中形成的二次氧化铁皮，前者尤为主要。影响金属烧损的因素是：加热温度及高温保温时间；加热时间；炉气气氛种类；钢的化学成分；被加热钢料的表面积与体积的比值；加热炉的结构等。加热温度越高，加热时间越长，加热时炉内气氛氧化性越强烧损也越大。当钢中含有合金元素时，多数情况形成致密的氧化铁皮膜，防止氧的扩散，因而烧损相对减少。

B 切头切尾的损失

切损主要与钢种、钢材类别、坯料尺寸确定的精确程度和选用原料的状况等有关。

C 清理表面的损失

清理金属表面的损失包括原料表面缺陷清理、轧后成品表面缺陷清理所造成的金属损失。由于钢种和清理方法不同，以及对钢材的要求不同，造成清理损失也不同。

D 轧废

轧废是由于操作不当、管理不善或者出现各种事故所造成的废品损失。合金钢产品因要求较高，生产困难，轧废量较多，一般为1% ~3%，而普碳钢产品一般小于1%。

除上述的金属损失外，在生产过程中还有取样检验以及钢号混乱等所造成的金属损失。这些损失一般不超过1%。

1.2.1.2 燃料消耗

常用的燃料有煤、煤气和重油等。其消耗量用每吨钢材加热需要的热量消耗值表示，有时对固体燃料或液体燃料用加热每吨钢材消耗的燃料重量来表示。

每吨钢材的燃料消耗取决于加热时间、加热制度、加热炉结构和产量、坯料断面尺寸、钢种和入炉时坯料温度等因素。热坯装炉可大大节省燃料，因此要力争提高热装率及热坯温度。对连续式加热炉而言，若是炉子产量高，则相对的燃料消耗少，亦即提高炉子生产率是减少单位燃料消耗的重要途径；坯料断面尺寸小，加热时间短，燃料消耗也少。合金钢因加热速度较低，其燃料消耗就比普碳钢高。

1.2.1.3 电能消耗

轧钢车间的电能消耗主要用于驱动轧机的主电机和车间内各类辅助设备的电机等。每吨钢材的电能消耗与轧制道次、产品种类、钢种、轧制温度以及车间机械化程度等有关。

轧制时总延伸系数愈大，或者轧制道次愈多，则电能消耗愈大。

一般说来，轧制板带钢比轧制型钢、钢管的电能消耗为大；轧制合金钢比轧制普碳钢为高。

1.2.1.4 水的消耗

轧钢车间用水按其用途可分为生产用水、生活用水、劳动保护用水。后两项用水量小，生产用水是车间水耗量的主要方面。生产用水主要用于冷却有关设备和钢材，冲洗氧化铁皮及动力用水等。

水的消耗单位一般用单位时间内的耗水量来表示（m^3/h），有时也用钢材单位产量的耗水量来表示（m^3/t）。

1.2.1.5 压缩空气消耗

轧钢车间的压缩空气主要作为动力用来清理钢坯表面、冷却电机及润滑系统和吹刷设备。

1.2.1.6 氧气消耗

轧钢车间的氧气消耗主要用于切割钢坯、切除废品、清理坯料表面和检修。

1.2.1.7 油的消耗

轧钢车间油的消耗取决于电机及机械设备数量的多少、转动部件的多少、工艺润滑和热处理用油量以及油的种类。其耗油量的单位为kg/t，即每轧一吨钢材消耗油的公斤数。

1.2.1.8　耐火材料消耗

耐火材料消耗主要取决于加热炉的种类和数量、加热制度及实际操作熟练程度、检修计划及耐火材料质量。

1.2.1.9　轧辊消耗

轧辊是轧机的主要部件，其消耗量是由轧辊每车削一次所能轧出的钢材数量以及一个新轧辊可能车削的次数来决定的。因此表示轧辊消耗的单位是每吨钢材平均消耗的轧辊重量。

轧辊消耗的数量多少取决于许多因素，主要有：轧机型式及机架数目、轧辊材质、所轧钢材的钢种和产品形状的复杂程度、轧制过程中金属变形的均匀性、轧制时采用的冷却方法和效果、轧制操作的技术水平以及轧辊的加工方法。

近年来，随着轧机产量的提高、轧辊材质的改善、制造方法的变更、热处理工艺的革新以及轧辊焊补技术的进步，导致轧辊使用寿命得到延长，轧制钢材数量增多，轧辊消耗量不断减少。

1.2.1.10　蒸汽消耗

蒸汽在轧钢车间主要用于冲刷煤气管道、冬季润滑油保温。

除上述材料消耗外，尚有其他有关材料皆需进行成本核算。

1.2.2　综合技术经济指标

1.2.2.1　日历作业率

任何一个轧机或机组，实际上都要有一定的停轧时间，如处理故障时间、定期检修时间、交接班时间、换辊时间等，不可能全年连续不断地工作。这样就使轧机的实际工作时间小于日历时间。实际工作时间是指轧机实际运转时间，其中包括试轧料时间和生产过程中轧机空转时间。以实际工作时间为分子，以日历时间减去计划大修时间为分母求得的百分数叫做轧机的日历作业率，即

$$\text{轧机日历作业率} = \frac{\text{实际生产作业时间(h)}}{\text{日历时间(h)} - \text{计划大修时间(h)}} \times 100\%$$

平均全年的日历时间为 $24 \times 365 = 8760\text{h}$，棒材轧机的实际工作时间约为7800h，计划大修时间一年规定6～14天（加热炉大修则需更长时间），在各种不同类型的轧机上，由于操作技术水平和生产管理水平不同，日历作业率相差是很大的。

1.2.2.2　有效作业率

各企业的轧钢机工作制度不同，有节假日不休息的连续工作制和节假日休息的间断工作制。在作业班次上也有三班工作制、两班工作制和一班工作制之分。按日历作业率考核不能充分说明轧机的有效作业情况。为了便于分析研究轧钢机的生产效率，企业内部一般都用轧机有效作业率考核轧机实际生产作业水平。

实际工作时间占计划作业时间的百分比称为轧机的有效作业率：

$$轧机有效作业率=\frac{实际生产作业时间(h)}{计划工作时间(h)}\times 100\%$$

1.2.2.3　成材率

成材率是指用1t原料能够轧制出的合格成品重量的百分数，它反映了轧钢生产过程中金属的收得情况。计算公式为：

$$b=\frac{Q-W}{Q}\times 100\%$$

式中　Q——原料重量，t；

W——各种损失的金属重量，t。

在实际生产中，金属消耗系数用的也比较多。金属消耗系数就是成材率的倒数，它表示轧制一吨合格钢材所需要的原料吨数。

1.2.2.4　合格率

轧制出的合格产品数量占产品总检验量与中间废品量之和的百分比叫合格率。计算公式为：

$$合格率=\frac{合格产品重量}{产品总检量+中间废品量}\times 100\%$$

合格产品重量是指本月（季、年）轧制的产品（钢材或钢坯）经检验（物理、化学检验及表面检验）合格后的入库重量。

中间废品是指加热、轧制、中间热处理过程中烧坏、轧废以及生产过程中的掉队而未进行成品检验的一切废品。

轧制产品送至检验台上的总量称为总检验量，它包括合格品及检验废品，不包括判定责任属于炼钢车间的轧后废品。

如果发生用户退货，要从发生当月的合格量中减去退货量，然后计算当月的合格率。

1.3　提高轧机产量、改善产品质量和降低产品成本

1.3.1　提高轧机产量的途径

1.3.1.1　轧机小时产量的计算

轧钢机单位时间内的产量称为轧钢机生产率。分别以小时、班、日、月、季和年为时间单位进行计算。其中小时产量为常用的生产率指标。

成品轧钢机生产率按照合格品的重量计算；而初轧机和中厚板轧机的小时产量按照原料的重量计算。

成品轧钢机的小时产量为：

$$A_{时}=\frac{3600}{T}QbK$$

式中　3600——每小时的秒数，s；

Q——原料的重量，t；

T——轧制周期，s；

b——成材率，%；

K——轧机利用系数，对于成品轧机，$K=0.8\sim0.85$。

轧机利用系数的概念为理论上的轧制节奏时间与轧机实际达到的轧制节奏时间的比值。它反映了轧机轧制节奏失调的程度，反映了轧机理论小时产量和实际小时产量的差异。

轧机利用系数包括了由于下列原因所造成的时间损失：

（1）由于操作失误造成的时间损失，如一次没有送入第二次再送、轧件打滑、翻钢不成功等。

（2）前后工序不协调所造成的时间耽搁。

（3）生产过程中发生零星小事故，但尚不需要停车进行修理所造成的时间损失（如处理轧甩、卡钢、调整导卫板等）。

总之，轧机利用系数反映了在轧机没有停车的情况下所造成的时间损失。这样，轧机实际达到的小时产量与理论上可能达到的小时产量之间就会产生一个差值。这个差值就用轧钢机利用系数表示。所以轧机利用系数可用下式表示：

$$K=\frac{\text{理论轧制节奏时间}}{\text{实际轧制节奏时间}}=\frac{\text{轧机实际小时产量}}{\text{轧机理论小时产量}}$$

上面的计算仅是单一品种小时产量的计算。当一个车间生产若干个品种时，每个品种或由于选用坯料断面尺寸不同，或由于轧制道次不同，其产量也不同。为考核一个车间的生产水平和计算年产量，就需要计算各种品种所占不同比例的小时产量。这个产量称为平均小时产量，也称产品综合小时产量，计算公式如下：

$$A_{\text{平}}=\frac{1}{a_1/A_1+a_2/A_2+\cdots+a_n/A_n}$$

式中 a_1，a_2，…，a_n——表示不同轧制品种在总产量中的百分数比值，%；

A_1，A_2，…，A_n——表示该品种的轧机小时产量，t/h。

1.3.1.2 提高轧机产量的途径

由轧机的小时产量计算公式可见，轧机生产率直接受原料重量、成材率、轧机周期、轧机利用系数等因素影响。现就通过对这些影响因素的分析，找出提高轧机产量的措施：

（1）合理地增加原料重量，并确定合理的原料尺寸。实际生产中增加原料重量有三种方法：一是增加原料断面尺寸，这种方法使纯轧时间增加、轧制道次增多，间隙时间增大。只有在不增加轧制道次的条件下增大原料断面，才会使生产率提高。因此这种方法适合在轧辊强度及主电机能力尚未充分发挥的情况下使用。二是增加原料长度，这样轧制道次和间隙时间不变，通过增加纯轧时间使轧机产量提高。但是也受到原料的重量、加热炉的宽度、设备的间距、辊道长度、轧制过程中的温降、成品定尺的长度等因素限制。三是既增加原料断面尺寸，又增加原料长度。

（2）缩短轧制周期（轧制节奏），提高轧机小时产量。从开始轧制第一根钢到开始轧制第二根钢的间隔时间叫做轧制节奏。

要想缩短轧制周期（轧制节奏），提高轧机小时产量，可采取尽量增大压下，减少轧制道次；提高轧制速度，减小纯轧和间隙时间；增加交叉时间，即在同一架轧钢机或同一轧制线上实现多根轧制；提高各辅助设备的工作速度，保证主轧机不受干扰。

（3）提高成材率。提高成材率主要在于减少轧制过程中的金属损耗。往往采取改善原料质量，合理选择原料重量，制定合理的生产工艺，以减少损耗。

（4）提高轧机利用系数。轧机实际小时产量与理论小时产量的比值称为轧机利用系数。轧机利用系数 K 值愈高，轧机小时产量也愈高。轧机利用系数的大小反映了车间生产技术管理水平的高低和工人操作技术的熟练程度，反映了生产过程中工序之间能否做到有节奏地均匀协调地进行生产。因此，提高轧机利用系数的途径主要在于：加强职工的责任心，提高操作技术水平，提高生产过程的机械化和自动化程度，减少人为的因素对轧制周期所引起的波动，加强前后工序的配合和提高管理水平等。

1.3.1.3　*轧钢车间年产量的计算*

轧钢车间年产量是指一年内车间各种产品的综合产量，以综合小时产量为基础进行计算。计算公式如下：

$$A_{年} = A_{平} T_{计划} K_{有效}$$

式中　$A_{年}$——轧机年产量，t/a；

$A_{平}$——平均小时产量，t/h；

$T_{计划}$——轧机一年计划工作的小时数，h/a；

$K_{有效}$——时间利用系数，即有效作业率。

$T_{计划}$ 为轧机一年实际上可能工作的小时数，但实际上在此时间内由于技术上的原因或者由于生产管理上的原因，会造成非计划的停工。由这种原因造成的时间损失很难进行准确的计算，通常就用时间利用系数 $K_{有效}$ 表示。根据生产实践经验，对于型钢轧机，$K_{有效}$ = 0.8 ~ 0.9。

1.3.2　改善产品质量，降低各项消耗系数的方法

所谓产品质量，指产品的使用价值，指产品适合一定用途，能够满足国家建设和人民生活需要的质量特性。一般说来，产品质量是否合格，通常根据质量标准来判断，符合标准的就是合格品，不符合标准的就是不合格品。

产品质量的改善，不仅仅是废品数量的降低，更重要的是降低整个不合格品的数量，不断提高产品内在、外观质量。

为此，成材率提高势必就降低了金属损耗等一系列消耗系数。显然，严格地执行各项技术标准是改善产品质量，降低消耗系数的主要方法。

为了做好执行标准的工作，必须相应地加强其他各项技术管理工作，特别是技术规程管理、质量管理及检验工作等。同时还必须加强试验分析和计量工作。

1.3.3　降低产品成本的措施

产品成本是指生产一定种类和数量的产品所耗费的费用总额，也体现企业在生产过程中的资金耗费。一般把成本作为资金运动的内容，是衡量企业生产经营活动经济效果大小

的标志。企业必须加强经营管理，实行经济核算，在保证完成产品产量、质量、品种等任务的前提下，尽量降低产品成本。主要措施有：

(1) 节约原材料、燃料等物资的消耗。钢铁企业生产中消耗的原材料、燃料等物资的价值在成本中所占的比重一般在70%以上。为了节约原材料和燃料等物质的消耗，采取制定先进的物质消耗定额，据以控制物资耗量；改进生产工艺和产品设计，降低单位产品中的物资用量；采用新技术；采取代用材料；开展修旧利废、回收废料等；改进物资采购、收发、保管等工作，减少各个环节的物资损耗，节约采购费用等。

(2) 提高劳动生产率。减少单位产品的工时消耗，增加单位时间内的产量，就体现为劳动生产率的提高，这就相对地减少单位产品的工资支出，降低单位产品成本中固定费用的比重。

(3) 提高设备利用率。有效地利用生产设备，充分发挥现有设备的能力，不断地提高设备利用率，就可以减少单位成本中的折旧费等。因此，必须加强设备的维护和保养；提高修理质量；对设备进行改造，采用国内外先进设备、技术；严格执行设备操作规程；改进劳动组织和生产组织；提高设备利用程度。

(4) 提高产品质量。提高产品质量，减少废品损失，是降低成本的重要途径。企业要实行全面质量管理（TQC)，建立和健全质量检验制度，改进生产技术、工艺，加强技术管理。

(5) 精打细算，节省开支。节约管理费用也是降低产品成本的一个方面。必须贯彻勤俭办企业的方针，处处精打细算，节省开支；提高工作效率，合理地压缩非生产人员，严格控制非生产性支出。

综上所述，摆在我们面前的实际问题是：在企业整顿和改革的基础上，完善人事管理、健全民主监督，实现“立法”措施和经济手段，明确责任分工、严守规章制度，做到立功者奖、失职者罚。

思考题

1-1　什么是普碳钢，什么是优质钢，什么是高级优质钢？

1-2　产品技术标准主要包括哪些内容？

1-3　熟悉GB钢的牌号表示方法，了解美标、日标等国外钢的牌号表示方法。

1-4　什么是成材率，什么是合格率？

1-5　试分析如何提高钢的产量。

热轧钢材的组织结构及性能

2.1 钢材的组织结构及性能

2.1.1 钢材组织及亚组织

2.1.1.1 概念

钢材是由许多好像生物学上的细胞似的小单元所组成的。这些小单元我们称之为晶粒。钢材组织是指由肉眼或借助于各种不同放大倍数的显微镜所观察到的钢材内部的情景。它是指晶粒的大小、形状、种类以及各种晶粒之间的相对数量和相对分布。每个晶粒都是由更细小的单元所组成。这些更细小的单元为“亚晶”，亚晶的形状大小和相对分布称为亚组织。

2.1.1.2 钢材组织类型

钢材的组织类型主要有：

（1）低倍组织（宏观组织）。用肉眼或放大镜（小于30倍）观察到的组织。由低倍组织可鉴定钢的质量和存在的缺陷。

（2）高倍组织（显微组织）。用放大100~2000倍的显微镜所观察到的组织。

（3）电镜组织（精细组织）。用放大几千倍到几十万倍电子显微镜所观察到的组织。

2.1.2 钢结构的概念

2.1.2.1 结构的定义

由X射线分析表明，一个完整的晶粒或亚晶内部（事实上，它们大多含有各种缺陷）是由同类的原子或不同比例的异类原子，按一定规律结合在一起的，并可用严格的几何图案来表达出来。随成分或其他条件的不同，代表原子组成规律的这种几何图案可以是多种多样的，关于它的形式、分类和组成等问题是晶体学所研究的主要内容，所以金属学中用“晶体结构”这个词来概括它，简称“结构”。严格说，“结构”是指原子集合体中各原子具体的组合形态。

2.1.2.2 钢材结构主要类型

为了便于理解，可以把金属原子的集合体看作是由同样大小的刚球以最密集或次密集的形式堆砌起来的。钢结构具体有：

体心立方结构——（小于910℃）α-Fe；（大于1400℃）δ-Fe，如图2-1所示。

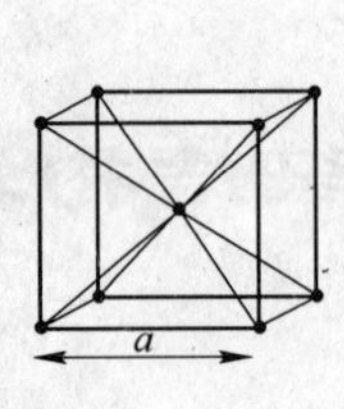

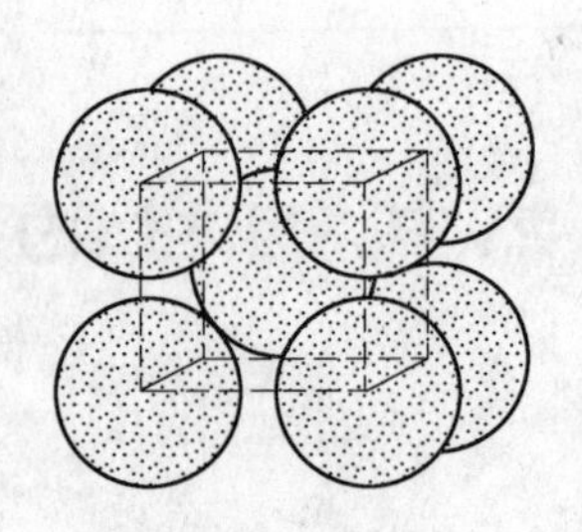

图 2-1　体心立方结构的晶胞模型

面心立方结构——(910～1400℃) γ-Fe，如图 2-2 所示。

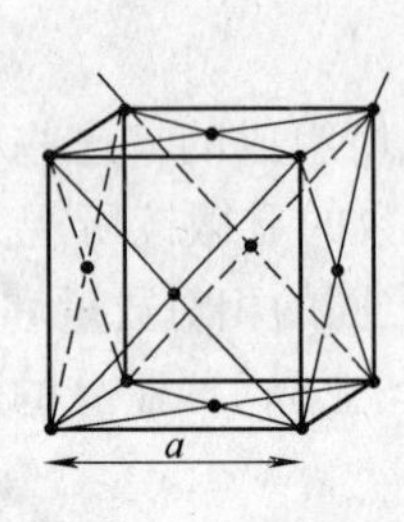

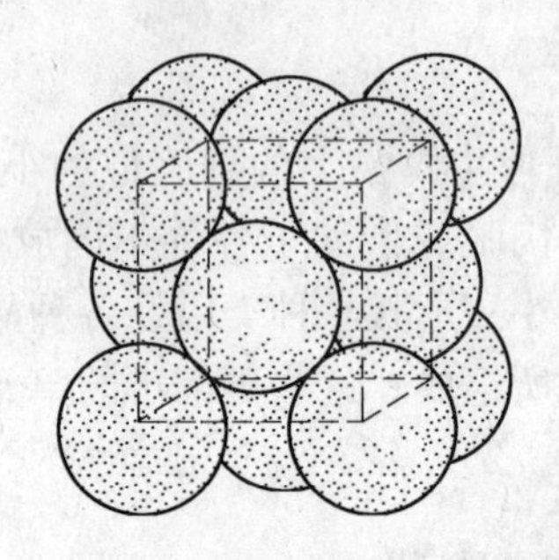

图 2-2　面心立方结构的晶胞模型

2.1.3　钢材的性能

现代科学技术和工农业生产以及人们的日常生活对钢材的性能方面所提出的要求，尽管名目繁多，但归纳起来大致可分为两大类：一类是工艺性能，另一类是使用性能。使用性能在于保证钢材能不能被应用的问题，而工艺性能则在于能不能保证生产和制作的问题。

2.1.3.1　工艺性能

钢的工艺性能是指钢在各种冷、热加工工艺（如焊接性、切削性、弯曲性、淬透性等）过程中表现出来的性能。

A　焊接性

钢的性能决定了它的用途，而钢的焊接性能的好坏则常常决定它能否用于焊接结构。因此，在某些场合下，钢的焊接性能与其力学性能如强度、韧性等具有同等的重要意义。

钢的焊接性能一般是指钢适应普通常用的焊接方法和焊接工艺的能力。焊接性好的钢，易于用一般焊接方法和焊接工艺施焊；焊接性差的钢，则必须用特定的焊接方法和焊接工艺施焊，才能保证焊件的质量。

影响钢的焊接性的因素很多，其中以钢的化学成分和焊接时的热循环的影响最大。对于焊缝两侧的基体金属来说，焊接过程就是一个加热、保温、冷却的过程，实际上就是一种特殊的热处理过程。由于加热和冷却不同，基体金属会发生一系列组织变化，如出现大晶粒、魏氏组织、发生淬火或回火等。所有这些组织变化的程度将取决于钢的化学成分和焊接时的热循环等。

B 切削性

金属材料的切削性能（也称为可切削性）是指金属接受切削加工的能力，也就是指将金属材料进行切削加工使之成为合乎要求的工件的难易程度。金属的切削性能不仅与金属的化学成分、金相组织和力学性能等有关，而且与切削过程如刀具的几何形状、耐用度、切削速度以及切削力等有着密切关系。因此，评价金属的切削性能是个十分复杂的问题，至今尚无一个较全面的确定金属切削性能的试验方法。虽然试验方法很多，但每一试验方法的试验结果只能反映切削性能的某个侧面。在具体情况下，应根据需要来选择试验方法。

C 弯曲性

金属弯曲就是按规定尺寸弯心，将试样弯曲至规定程度，检验金属承受弯曲塑性变形的能力，并显示其缺陷。

弯曲试验按弯曲程度可分为三种类型：弯曲到某一规定角度 α 的弯曲；弯曲到两臂平行的弯曲；弯曲到两臂接触的重合弯曲。

D 钢的淬透性

钢的淬透性是钢在淬火时能够获得马氏体的能力，它是钢本身固有的一个属性，是一种重要的热处理工艺性能。淬透性的大小是以一定淬火条件下淬硬层深度来表示。淬硬层深度，从理论上讲应该是完全淬成马氏体的区域，但在未淬透情况下，由于马氏体组织中混入了少量非马氏体组织时，在显微镜下或硬度测量都难以分辨出来，因此，在实际上采用自零件表面向内深入到半马氏体层（即50%马氏体+50%屈氏体或其他分解产物）的距离作为淬硬层深度。半马氏体层很容易用显微镜或硬度计区分。半马氏体组织的硬度主要取决于钢的含碳质量分数。

钢的淬透性主要取决于钢的化学成分和奥氏体化条件。我国现行标准中，有两个淬透性检验方法，即GB 227—63 碳素工具钢淬透性试验方法和GB 225—88 钢的淬透性末端淬火试验方法。前者适用于碳素工具钢和低合金工具钢，后者适用于优质碳素结构钢、合金结构钢、弹簧钢、部分工具模具钢、轴承钢及低淬透性结构钢。

2.1.3.2 使用性能

是为了保证工程构件或工具等的正常工作，钢材所应具备的性能，包括力学、物理、化学等方面的性能。钢材的使用性能决定了钢材的应用范围、安全性和使用寿命等。

A 金属的力学性能

金属的力学性能（或称机械性能）是金属材料抵抗外力作用的能力。钢的力学性能检验，就是利用一定外力或能量作用于钢的试样上，以测定钢的这种能力。根据试验方法的不同，可测得多种力学性能指标。钢的常用力学性能指标包括硬度（布氏硬度、洛氏硬度、维氏硬度、肖氏硬度等）、抗拉强度、屈服点、断后伸长率、断面收缩率、冲击吸收功等。

B 物理性能

金属的物理性能包括密度、电学性能、热学性能、磁学性能等。这些性能与金属的成分、组织结构以及生产过程密切相关，故金属的物理性能是金属材料性能的一个重要方面。对于特殊用途的钢，某项物理性能参数将成为该材料的主要技术指标，常常需要检验有关的物理性能。

C 化学性能

金属在周围介质的作用下而遭受的破坏，称为金属的腐蚀。金属的腐蚀是最常见的现象，钢制零件生锈便是腐蚀，高温加热时零件表面的氧化也是腐蚀。根据腐蚀的性质不同，可将腐蚀分为化学腐蚀和电化学腐蚀。

化学腐蚀是金属与外界介质发生纯化学作用而引起的腐蚀，腐蚀过程中无微电池效应，不产生电流。例如金属在干燥气体和非电解质溶液中所产生的腐蚀就属于化学腐蚀。

电化学腐蚀是金属在电解质（酸、碱、盐）溶液中所产生的腐蚀，腐蚀过程中有电流产生，即有微电池效应。在多数情况下，金属的腐蚀是以电化学腐蚀的方式进行的。

不同种类的钢抵抗腐蚀的能力，即抗蚀性是不相同的。抗蚀性是钢的重要性能之一，特别是对于不锈钢、耐热钢及工程用低合金结构钢等更为重要。

2.1.4 钢材化学成分、组织、结构与钢材性能的关系

钢材的化学成分、组织、结构的综合作用决定了钢材的性能。其中，化学成分（由冶炼保证的）是基础，是内因，只有在这个基础上，才能谈到结构和组织的作用。钢材的性能可分为两大类：一类性能是对结构变化，特别是对组织变化很不敏感，而是由成分直接决定的，如密度、弹性模量、热膨胀、熔点、热传导、电阻等；另一类是对结构、组织的变化很敏感，属于这一类性能的有屈服强度 σ_s、抗拉强度 σ_b、硬度、韧性、延伸率、面缩率等。正是在这些性能上，组织和结构才能显示出作用来。正因为如此，组织和结构才受到高度重视。

对于某一钢材品种，成分保证时，它的一些对结构组织不敏感的性能也就保证了，但是成分给定时，组织结构仍可以随条件而变化，所以成分并不能确保材料的实际结构和实际组织，因而也就不能确定它的那些对组织结构敏感的性能。

结构组织除了受成分这个内因制约外，还要由铸造条件、轧制条件、特别是热处理条件等外因来确定。

2.2 钢中各主要元素对钢组织性能的影响

2.2.1 碳和杂质元素对碳钢组织性能的影响

碳钢中除了铁和碳两个主要元素外，在炼钢过程中不可避免要加入一些杂质元素。如硅（Si）、锰（Mn）、磷（P）、硫（S）、非金属夹杂物及 O_2、N_2、H_2 等气体，这些元素对钢的组织和性能有比较大的影响。

2.2.1.1 碳（C）的影响

碳对钢组织的性能影响有：

（1）随着含碳量（质量分数）的增加，碳钢中的渗碳体数量随之增加，因此，硬度成直线上升。

（2）当含碳量小于 0.9% 时，随着含碳量的增加，碳钢的强度提高，而塑性、韧性均

降低，含碳量大于0.9%时，由于渗碳体数量随着含碳量的增加而急剧增多，而且明显地成网状分布在奥氏体晶界上，不仅降低了钢的塑性和韧性，而且明显地降低了碳钢的强度。

（3）含碳量增加时，碳钢的耐侵蚀性降低。

（4）含碳量增加，碳钢的焊接性能和冷加工性能变坏。

2.2.1.2　锰（Mn）的影响

锰在碳钢中的含量（质量分数）一般为0.25%～0.8%，在具有较高含锰量的碳钢中，含锰量可达1.2%，在碳钢中，锰属于有益元素。

锰可以在碳钢中脱氧除硫，防止形成FeO（降低了钢的脆性）和在相当程度上消除硫在钢中的有害影响，改善钢的热加工性能。

锰对碳钢的力学性能有良好的影响，它能提高钢经热轧后的强度和硬度。在锰含量不高时（小于0.8%），锰可以稍微提高或者不降低碳钢的面缩率（φ）和冲击性（α_K），在碳钢的锰含量范围内，锰的质量分数每增加0.1%，大约使热轧钢的抗拉强度增加7.8～12.7MPa，而伸长率约减小0.4%，锰提高热轧强度、硬度，原因是锰溶入铁素体引起固溶强化，并使轧后冷却时的晶粒细化。

综上所述，由于锰的有益作用，在冶炼时应把含锰量控制在钢号成分规格的上限。

2.2.1.3　硅（Si）的影响

硅在碳钢中的含量（质量分数）不大于0.5%。硅也是钢中的有益元素：

（1）硅的脱氧能力比锰强，可防止生成FeO，改善了钢质。

（2）可溶于铁素体，提高钢的强度、硬度，且冲击韧性下降不明显（硅的质量分数每增加0.1%，可使钢的抗拉强度提高7.8～8.8MPa，伸长率下降约0.5%），但是当硅含量超过0.8%～1.0%时，则引起面缩率下降。特别是冲击韧性显著降低。

2.2.1.4　硫（S）的影响

一般说来，硫是有害元素，它来自生铁原料、炼钢时加入的矿石和燃烧产物中的二氧化硫。硫的存在对钢组织性能的影响有：

（1）硫的最大危害是引起钢在热加工时开裂，即产生所谓热脆。造成热脆的原因是由于硫的严重偏析，在看来即使不算很高的平均含硫量下，也会出现（Fe＋FeS）共晶，分布于奥氏体晶界上，（Fe＋FeS）共晶体的熔点很低，只有988℃。在热加工时（1150～1250℃），由于低熔点的共晶体（Fe＋FeS＋FeO）熔化，而使钢沿晶界开裂，为了消除硫的热脆，可以在钢中加入锰。

（2）室温时，硫是以硫化物夹杂的形式存在于钢中，硫化物夹杂对钢的力学性能有很大的影响。随着硫化物夹杂含量的增加，使塑性和韧性降低，同时，使钢的各向异性增加，使钢的热加工性能变坏。

（3）硫的有益作用，它能提高钢材的切削加工性能，在易切削钢中，硫含量（质量分数）为0.08%～0.2%，同时含锰量为0.5%～1.2%。

综上所述，在大多情况下，由于硫的有害影响，同时考虑硫的偏析倾向很大，一般对钢的含硫量限制严格：

$$普碳钢——w(S) \leqslant 0.055\%$$

$$优质钢——w(S) \leqslant 0.045\%$$

$$高级优质钢——w(S) \leqslant 0.02\%$$

2.2.1.5　磷（P）的影响

一般来说，磷是有害杂质元素，它来源于矿石和生铁。钢中残余含磷量与冶炼方法有很大关系。如，侧吹转炉钢的含磷量（质量分数）较高为0.07%～0.12%，氧气顶吹转炉钢和碱性平炉钢含磷量为0.02%～0.04%，电炉钢磷含量小于0.02%。磷对钢组织性能的影响为：

（1）磷能提高钢的强度，但使塑性、韧性降低，特别是钢的脆性转化温度急剧升高，即提高钢的冷脆性（低温变脆），磷的有害影响主要就在于此。

（2）含碳量低的钢中，磷的冷脆危害较小，在这种情况下，可以用来提高钢的强度，例如，高磷钢，含磷量0.08%～0.12%，含碳量小于0.08%。

（3）磷的其他有益作用，如增加钢的抗大气腐蚀能力，提高磁性，改善钢材的切削加工性（在易切削钢中常加入磷0.08%～0.15%），减少叠轧薄板带来的黏结。

综上所述，由于磷的有害作用，同时考虑磷有较大的偏析。对其含量要严格加以限制。

2.2.1.6　非金属夹杂物的影响

在炼钢过程中，少量炉渣、耐火材料及冶炼中反应产物可能进入钢液形成非金属夹杂，例如氧化物、硫化物、硅酸盐等。其对钢材性能的影响为：

（1）降低钢的力学性能，特别是降低塑性、韧性及疲劳强度，严重时，还会使钢在热加工过程中与热处理过程中产生裂纹，或使用时突然脆断。

（2）非金属夹杂物也促使钢形成纤维组织与带状组织，使材料具有各向异性，严重时，横向塑性仅为纵向一半，并使冲击韧性大为降低。

总之，对重要用途的钢（滚动轴承钢、弹簧钢）要检查非金属夹杂物的数量、形状、大小与分布情况。

2.2.1.7　氧（O）的影响

在炼钢过程中是借氧化把钢液中的夹杂元素去除掉。因此，氧起了积极作用，但是，氧对固态钢是有害的。因此在氧的积极作用充分发挥以后，必须把氧除掉。

（1）在钢中，氧几乎全是以氧化物夹杂的形式存在，它使钢的塑性、韧性降低；在钢的抗拉强度较高时，也使钢的疲劳强度降低。

（2）氧化物夹杂使钢的耐腐蚀性、耐磨性降低，使冷加工性及切削加工性变坏。

（3）氧在钢中引起“热脆”。

2.2.1.8　氮（N）的影响

氮的存在对钢组织性能的影响有：

(1) 591℃时，氮在铁素体中的溶解度最大，约为0.1%，但在室温时则降至0.001%以下。若将含氮量较高的钢自高温较快地冷却时，会使铁素体中的氮过饱和，并在室温或稍高温度下，氮将逐渐以 Fe_4N 的形式析出，造成钢的强度、硬度提高，塑性、韧性大大降低，使钢变脆，这种现象称为时效脆性。所以，对于普通低合金钢来说，时效脆性是有害的，因而氮是有害元素，解决方法是向钢中加入足够数量的铝，使之除与氧结合外，在热轧以后的缓冷过程中（700~800℃）与氮结合形成 AlN，这样就可以减弱或完全消除室温时发生的时效脆性现象。

(2) 利用弥散的 AlN 可以阻止钢在加热时奥氏体晶粒的长大，从而获得细晶粒的钢。另外，在一些含有铝、钒、钛并同时含有氮的普通低合金结构钢中，利用形成特殊的氮化物（AlN、VN、NbN）使铁素体强化并细化晶粒，钢的强度和韧性可以显著提高。在这种情况下，氮便从有害元素变成了有益元素。

(3) 通过氮化热处理方法使机器零件获得极好的综合力学性能，从而使零件的使用寿命延长。

2.2.1.9　氢（H）的影响

氢对热加工时钢的塑性没有明显的影响，因为当加热到1000℃左右，氢就部分地从钢中析出。但对某些含氢量较多的钢种，热加工后又较快冷却，会使从固溶体析出的氢原子来不及向钢表面扩散，而集中在晶界和显微空隙处形成氢分子并产生相当大的应力，在组织应力、温度应力和氢析出所造成的内应力共同作用下会在钢中出现微细裂纹，即“白点”，该现象在合金钢中尤为严重。

2.2.2　合金元素对钢的性能的影响

合金元素加入钢中，不仅与铁、碳发生作用，而且合金元素之间也相互作用，从而对钢的基体相、Fe-Fe_3C 相图、钢加热和冷却时的转变等方面都有很大影响，简单介绍如下。

2.2.2.1　镍（Ni）

镍对钢的性能影响有：

(1) 镍能提高钢的强度和塑性，能减慢钢在加热时晶粒的长大。在碳钢与低合金钢中，含镍量（质量分数）小于5%时，可改善钢在热变形时的塑性，而当含镍量为9%时，可使热变形钢的塑性下降。

(2) 镍钢的导热能力很低，故加热时速度不应很高。

(3) 镍可促使钢中的硫引起红脆现象，和锰的作用相反，镍可促使硫化物沿晶界分布，因此，在含镍的钢中，提高硫的含量可引起红脆现象。

2.2.2.2　铬（Cr）

铬对钢的性能影响包括：

(1) 铬是铁素体形成元素，在奥氏体的钢与合金中，在一定的含铬量下会出现铁素体过剩相，使材料的塑性降低。

（2）高铬钢在再结晶温度以上时，晶粒长大倾向明显，因此要得到所需要的变形组织，必须严格控制加工温度范围。

（3）铬钢的导热性差，为了避免产生纵向裂纹，在较低温度下应缓慢而均匀地加热。对导热性低，膨胀系数大的高铬钢（Cr25、Cr28）加热时应更加谨慎。

2.2.2.3　铜（Cu）

实践表明，钢中的含铜量（质量分数）达到0.15%～0.30%时，热加工时的钢表面会产生龟裂。原因是含铜钢表面的铁在加热过程中先进行氧化，使该处铜的浓度逐渐增加，当加热温度超过富铜相的熔点（1085℃左右）时，表面的富铜相便发生熔化而渗入到金属内部的晶界处，削弱了晶粒间的联系，故在外力作用下便发生龟裂。为了提高含铜钢的塑性，关键在于防止表面氧化。因此应尽量缩短在高温时的加热时间，适当降低加热温度。

2.3　热轧工艺对碳钢组织和性能的影响

2.3.1　概述

从工艺上看，钢的热轧包括加热、轧制和冷却三个阶段。钢的开轧温度、压下量、轧制速度、终轧温度以及随后的冷却速度是热轧工艺的重要参数。

在热轧过程中，钢材在两大方面发生着变化。其一是轧件外形的改变，它的断面积不断地减小，外形按照孔型的形状最终轧成我们所要求的产品（棒材、槽钢等），这是我们可以观察到的。其二是钢材的内部组织如疏松、气泡、区域偏析、夹杂物、奥氏体晶粒等也都相应地发生形状变化，或发生分布状态的变化。例如，疏松和气泡被压扁、延伸或者被焊合；区域偏析、带状偏析的分布位置有所变动，但其特征还保持着（尤其是压下量小时），区域偏析不仅可以在钢坯上相当清晰地保存着，甚至一直保存到截面尺寸很小的钢材上。另外，枝晶偏析被形变延伸，各范性夹杂物也得到不同程度的延伸，脆性夹杂物变为点链状分布，奥氏体晶粒也会被拉长。但是应当指出，钢在热轧时，加工硬化与再结晶的软化都在进行着，变形奥氏体晶粒大小和形状是经过再结晶重新变成等轴晶粒的。所以，在热轧时奥氏体晶粒的大小和形状是经过再结晶之后得到的结果。至于热轧钢的室温显微组织则不仅依赖于经过轧制变形和再结晶的奥氏体的组织状态，而且在更大程度上取决于钢的成分和轧后的冷却。

从以上的分析可以看出，热轧钢的室温组织是加热、轧制、再结晶和相变等一系列变化叠加后得到的结果。改变各个阶段的各种工艺参数，将会对钢在轧后的室温组织和性能发生明显的影响。因此，热轧钢的组织性能与各种工艺参数有密切的关系。

实践证明，通过热轧后，钢材的致密度增加，枝晶偏析程度有所减轻，奥氏体晶粒得到细化（因而固态转变后珠光体和铁素体也就较细小），从而使钢的力学性能有所提高。但是，当热轧操作不当时，将会出现这样或那样的问题，甚至造成废品。

2.3.2　对铸态组织的改造

2.3.2.1　铸态组织的特点

铸态组织的不均匀性，可从铸坯断面上看出三个不同的组织区域，最外一层是由细小的等轴晶组成的一层薄壳，和这薄壳相连的是一层相当厚的粗大柱状晶区域，其中心部分则为粗大的等轴晶。从成分看，除了特殊的偏析造成的成分不均匀外，一般的低熔点物质、氧化膜及其他非金属夹杂，多集结在柱状晶的交界处。此外，由于存在气孔、分散缩孔、疏松及裂纹等缺陷，使铸坯的密度较低。组织和成分的不均匀以及较低的密度，是铸坯塑性差，强度低的基本原因。

2.3.2.2 三向压缩应力使得铸态组织发生变化

在三向压缩应力状态占主导地位的情况下，热变形由于再结晶的作用，能够最有效地改变金属与合金的铸态组织。在合理的变形量条件下，可以使铸态组织发生下列的有利变化：

(1) 热变形一般是通过多道次的反复变形来完成的。由于在每一道次中硬化和软化过程是同时发生的，使变形而破碎的粗大柱状晶粒，通过反复的改造而成为较均匀、细小的等轴晶粒，并且还能使某些微小裂纹得到愈合。

(2) 由于三向压应力状态的作用，可使铸态组织中存在的气泡焊合、缩孔压实、疏松压密而变为较致密的组织结构。

(3) 在应力的作用下，原子的热运动借助于高温的能量而增强了扩散的能力，这就有利于铸坯化学成分的不均匀性大大地相对减少。

上述的有利变化表明，可使铸态组织改造成为变形（或加工）组织，它比铸坯有较高的密度，均匀细小的等轴晶粒以及较均匀的化学成分。因此，金属的塑性指标和变形抗力指标均有明显的提高。

2.3.3 热轧工艺对碳钢组织和性能的影响

2.3.3.1 概述

热轧后用于建筑工程的低碳钢必须对其热轧工艺严加控制，以期获得最佳组织和使用性能。下面主要针对低碳钢来说明轧制工艺对组织和性能的影响。

A 低碳钢的室温组织

低碳钢的组织是铁素体加珠光体，而以铁素体为主。

B 细化晶粒的优点

为使钢材具有高的强度以及适当的范性和韧性，除调整钢的成分外，一个关键的问题是如何通过热轧使铁素体晶粒细化。实验指出，低碳钢的屈服强度随铁素体晶粒细化而升高。通过细化晶粒来提高低碳钢强度的强化方法，与其他强化方法（如增加含碳质量分数、合金化、冷加工强化、弥散强化）相比有很大的优越性，这就使在提高强度的同时，钢的伸长率和冲击韧性也有所提高。

C 如何得到细小的室温组织

低碳钢的室温组织由固态相变而来。一般认为，相变前奥氏体具有细小晶粒是达到铁素体晶粒细化的一个重要前提。由于在室温直接测定低碳钢的奥氏体晶粒大小有一定困难，因此，关于低碳钢室温组织中铁素体晶粒大小与转变前奥氏体晶粒大小之间的关系，至今还缺乏系统的定量数据。但是已有的实验结果表明，两者之间确有密切关系，即转变前奥氏体晶粒愈细小，在其他条件不变的条件下，转变后所形成的铁素体晶粒也就愈细小。这是不难理解的，因为奥氏体晶界是形成铁素体晶核的有利地点，奥氏体晶粒愈小，即单位体积中晶界面积愈大，铁素体形核率就愈大，所得到的铁素体晶粒就愈小。同时，奥氏体晶粒细小时，转变后珠光体也愈分散。

不过，应当指出，室温组织的分散程度，不仅与转变前的奥氏体晶粒大小有关，而且还同奥氏体的成分和固态转变的温度条件有关。一般来说，奥氏体愈稳定，冷却愈快，发生相变的温度愈低时，室温组织（铁素体晶粒大小，珠光体片层）也就愈细。

由此可见，为获得所希望的室温组织，归结起来，主要有以下三点要求：

(1) 转变前应有细小的奥氏体晶粒。

(2) 奥氏体应具有较低的相变临界点（A_3、A_1）和较高的稳定性。

(3) 变形后实行较快的冷却，使转变在较大的过冷度下进行。

调整钢的成分和控制热轧工艺所要追求的目标就在于最大限度地满足上述三点要求。

D 奥氏体晶粒大小的影响因素

如果说，钢的室温组织是固态相变的产物，那么固态相变之前的奥氏体组织则是轧制变形、再结晶和晶粒长大的综合结果。热轧工艺参数，如压下量、轧制温度等则是通过影响轧制变形、再结晶和晶粒长大来影响奥氏体晶粒大小，从而影响室温组织的。再结晶也受奥氏体的成分所制约。

E 热轧工艺参数影响钢室温组织的途径

热轧工艺参数对热轧钢室温组织的影响，就其发生作用的途径来看，有不同的情况，一种情况是通过影响奥氏体的晶粒大小，从而影响室温组织，如压下量、轧制温度范围、特别是终轧温度，多道次轧制时各道次之间的停歇以及轧制后的停留等；再一种情况是通过影响奥氏体向铁素体的转变，如冷却速度等来影响室温组织。

2.3.3.2 各个工艺参数的具体影响

关于各个工艺参数的影响，曾有不少试验研究，这里不具体列举多少数据，只简要说明变动不同因素时影响的方向。

A 压下量对产品组织性能的影响

一般说来，变形程度愈大，三向压应力状态愈强，对于热轧钢材的组织性能越有利。原因如下：

(1) 在超过临界变形量后，增加变形量会使奥氏体晶粒细化。

(2) 变形量大，三向压应力状态强，有利于破碎钢中的枝晶偏析及碳化，使得碳化物越细小，分布的越均匀，即有利于改变其铸造组织。

(3) 为改善机械性能，必须改造连铸坯的铸造组织，使钢材组织致密。因此对一般钢种也要保证一定的总变形量，即保证一定的压缩比。

综上所述，从产量、质量观点出发，在塑性允许条件下，应该尽量提高每道的压下量。

B 轧制温度的影响

轧制温度值是根据钢种的特性资料来确定，以保证产品正确成型不出裂纹，组织性能合格及力能消耗少，所以说轧制温度对钢的组织性能影响很大，它主要是指开轧温度和终轧温度的确定。

a 开轧温度确定

钢坯生产时，往往并不要求一定的终轧温度，因而开轧温度应在不影响质量的前提下尽量提高。钢材生产时往往要求一定的组织性能，故要求一定的终轧温度。因而，开轧温度的确定必须以保证终轧温度为依据。一般来说，对于碳素钢加热最高温度常低于固相线100~200℃，而开轧温度比加热温度低一些。如图2-3所示。

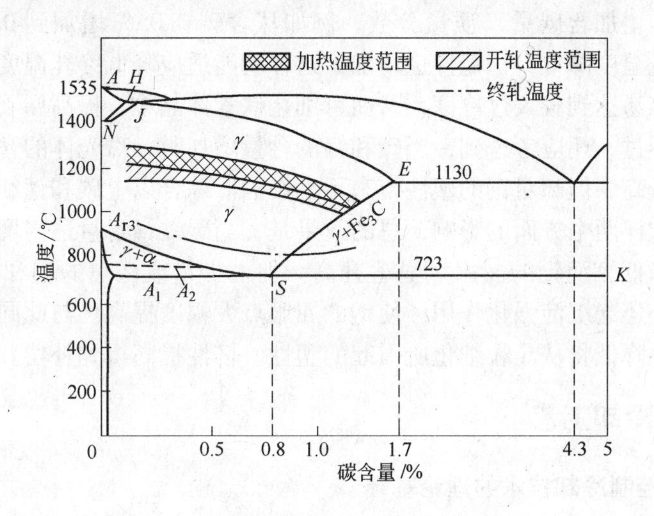

图2-3 碳素钢开轧、加热、终扎温度

b 终轧温度

因钢种不同而不同，它主要取决于产品技术要求中规定的组织性能。对亚共析钢来说，其终轧温度应高于A_{r3}线50~100℃，以保证终轧后迅速冷却到相变温度，得到细晶组织。如果终轧温度过高，则会得到粗晶组织和低的力学性能。反之，若终轧温度低于A_{r3}线，则有加工硬化产生，使强度提高而伸长率下降；此外，随加工温度降低，钢的变形抗力增大，导致能量消耗增加，设备负荷加大甚至超过负荷能力。究竟终轧温度应该比A_{r3}高出多少，这在其他条件相同的情况下，主要取决于钢种特性和钢材品种。

C 轧制速度对产量及质量影响

轧制速度对产量及质量的影响内容有：

(1) 提高轧制速度是目前现代轧机提高生产率的主要途径之一。但是，轧制速度的提高受到了电机能力、轧机设备结构及强度、自动化水平以及咬入条件等的限制。

(2) 轧制速度通过对加工硬化和再结晶造成的软化的影响对钢材的性能质量产生一定的影响。

(3) 轧制速度的变化通过对摩擦系数的影响，还经常影响到钢材尺寸精度。

总的来说，提高轧制速度不仅有利于产量的大幅度提高，而且对提高质量降低成本也都有益处。

D 冷却速度的影响

实验指出，轧后缓冷将产生较粗大的铁素体晶粒，同时屈服点降低，脆性转变温度升高。应当指出，冷却速度与钢材的截面尺寸有关。大截面钢材难以实现快速冷却，因此，对于同一牌号的钢来说，大截面钢材的力学性能要低一些。

但是，在奥氏体晶粒粗大时，特别是在钢的含锰量较高的情况下，快冷有可能形成魏氏组织铁素体。所以轧后快冷要与低的终轧温度相配合。在终轧温度较低、奥氏体晶粒比较细小的情况下，即使快冷也不致形成魏氏组织铁素体。

轧后冷却愈快，铁素体晶粒就愈细，则钢的屈服点、范性和韧性就愈高。

E 钢的成分的影响

在低碳钢中，增加含碳量（质量分数，例如从含碳 0.05% 增加到 0.2%）和含锰量时，奥氏体的终轧温度降低，稳定性也增加，这样就能适应降低终轧温度的要求。奥氏体稳定性加大时，容易达到较大过冷度，从而可细化铁素体晶粒，提高屈服点，并对塑性产生有利的影响。不过，还应考虑到，当碳和锰的含量增加时，珠光体的含量增加，虽然这也使钢的屈服点升高，但却对钢的塑性带来不利影响。综合以上碳和锰细化铁素体晶粒和增加珠光体含量这样两个方面的影响，总的效果是，当碳、锰含量适当增加时，塑性大体维持不变或稍有降低，而钢的屈服点显著升高。加入少量或微量的铝和钛，特别是钒和铌，除细化晶粒外还起沉淀强化作用，使钢的屈服点大幅度提高。与此同时，沉淀强化所引起的塑性、韧性降低将从晶粒细化所引起的塑性、韧性提高得到补偿。

2.4 QTB 控制冷却工艺

2.4.1 钢材轧后控制冷却技术的理论基础

2.4.1.1 概述

作为钢的强化手段在轧钢生产中常常采用控制轧制和控制冷却工艺。这是一项简化工艺、节约能源的先进轧钢技术。它能通过工艺手段充分挖掘钢材潜力，大幅度提高钢材综合性能，给冶金企业和社会带来巨大的经济效应。由于它具有形变强化和相变强化的综合作用，所以既能提高钢材强度又能改善钢材的韧性和塑性。

过去几十年来通过添加合金元素或者热轧后进行再加热处理来完成钢的强化。这些措施既增加了成本又延长了生产周期，在性能上，多数情况是提高了强度的同时降低了韧性，焊接性能变坏。

近 20 年来，控制轧制、控制冷却技术得到了国际冶金界的极大重视，冶金工作者全面研究了铁素体 - 珠光体钢各种组织与性能的关系，将细化晶粒强化、沉淀强化、亚晶强化等规律应用于热轧钢材生产，并通过调整轧制工艺参数来控制钢的晶粒度、亚晶强化的尺寸与数量。由于将热轧变形与热处理有机地结合起来，所以获得了强度、韧性都好的热轧钢材，使碳素钢的性能有了大幅度的提高。然而，控制轧制工艺一般要求较低的终轧温度和较大的变形量，因而会使轧机负荷增大，为此，控制冷却工艺应运而生。热轧钢材轧后控制冷却是为了改善钢材组织状态，提高钢材性能，缩短钢材的冷却时间，提高轧机的生产能力。轧后控制冷却还可以防止钢材在冷却过程中由于冷却不均而产生的钢材扭曲、弯曲，同时还可以减少氧化铁皮。

控制冷却钢的强韧化性能取决于轧制条件和水冷条件所引起的相变、析出强化、固溶强化以及加工铁素体回复程度等材质因素的变化。尤其是轧制条件和水冷条件对相变行为的影响很大。

2.4.1.2 CCT 曲线及控制冷却的转变产物

A 连续冷却转变曲线——CCT 曲线的概念

等温转变曲线，又称 TTT 曲线反映了过冷奥氏体等温转变的规律。但在连续冷却转变过程中，钢中的奥氏体是在不断降温的条件下发生转变的。而且随着转变速度不同，其转变产物也有所不同。过冷奥氏体连续冷却转变曲线——CCT 曲线就是在连续冷却条件下，以不同的冷却速度进行冷却，测定冷却时过冷奥氏体转变的开始点（温度和时间）和终了点，把它记录在温度 - 时间图上，连接转变开始点和终了点便得到连续冷却曲线。图 2-4 为共析钢的 CCT 曲线，在该图上也画上了该钢的 TTT 曲线，以作比较。

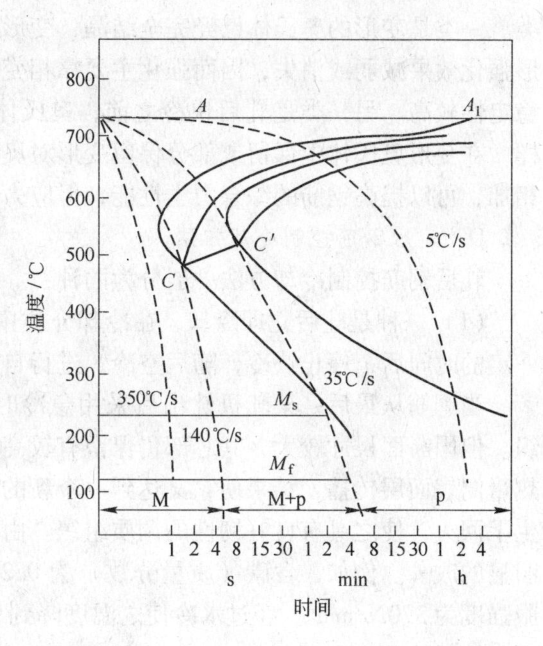

图 2-4 共析钢连续冷却转变曲线

B 连续冷却时转变的产物（组织）

当连续冷却速度很小时，转变的过冷度很小，转变开始和终了的时间很长。若冷却速度增大，则转变温度降低，转变开始和终了的时间缩短。并且冷却速度越大，转变所经历的温度区间也越大。图 2-4 中的 CC' 线为转变中止线，表示冷却曲线与此线相交时转变并未最后完成，但奥氏体停止了分解，剩余部分被过冷到更低温度下发生马氏体转变。通过 C 和 C' 点的冷却曲线相当于两个临界冷却速度。当冷却速度很大超过 v_c 时，奥氏体将全部被过冷到 M_s 点以下，转变为马氏体（马氏体的转变温度区间为 $M_s \sim M_f$）。

因此，当冷却速度小于下临界冷却速度 v_c' 时转变产物全部为珠光体 F；冷却速度大于上临界冷却速度 v_c 时，转变产物为马氏体 M 及少量残余奥氏体 Ar；冷却速度介于 v_c' 和 v_c 之间时，转变产物为珠光体、马氏体加少量残余奥氏体。

2.4.1.3 型钢的控制冷却工艺

本节主要提到的是螺纹钢筋的控制冷却。

A 螺纹钢筋的控制冷却的概念

螺纹钢筋的控制冷却又称轧后余热淬火或余热处理。利用热轧钢筋轧后在奥氏体状态下快速冷却，钢筋表面淬成马氏体，随后由其芯部放出余热进行自回火，以提高强度和塑性，改善韧性，得到良好的综合力学性能。钢筋轧后淬火工艺简单，节约能源，且钢筋表面美观。条形直，有明显的经济效益。

B 钢筋的综合力学性能和工艺性能决定于组织

钢筋的综合力学性能和工艺性能，如屈服极限、反弯、冲击韧性、疲劳强度和焊接性能等，同钢筋的最后组织状态有关。而获得何种组织则取决于钢的化学成分、钢筋直径、变形条件、终轧温度、轧后冷却条件、自回火温度等。

合理地选择轧后控制冷却工艺以便获得所要求的钢筋性能。

C 变形强化与相变强化

根据钢筋在轧后快冷前变形奥氏体的再结晶状态，钢筋轧后冷却的强化效果可分为两类。一类是变形的奥氏体已经完全结晶，变形引起的位错或亚结构强化作用已经消除，变形强化效果减弱或消失，因而强化主要靠相变完成，综合力学性能提高不多，但是，应力稳定性较高。另一类是轧后快冷之前，奥氏体未发生再结晶或者仅发生部分再结晶。这样，在变形奥氏体中保留或部分保留变形对奥氏体的强化作用，变形强化和相变强化效果相加，可以提高钢筋的综合力学性能，但应力腐蚀开裂倾向较大。

D 轧后钢筋控制冷却方法

轧后钢筋控制冷却方法一般分为两种：

（1）一种是轧后立即冷却，在冷却介质中快冷到规定的温度或在冷却装置中冷却到一定的时间后，停止快冷，随后空冷，进行自回火。

当钢筋从最后一架轧机轧出后采用急冷时，其表面层金属因迅速冷却而成为淬火组织。但因断面尺寸较大，其芯部仍保留有较高的温度。水冷后经过一段时间，钢筋芯部的热量向表面层传播，结果使它又达到一个新的均衡温度。这样一来，钢筋的表面层由于发生了回火，使之具有良好韧性的调质组织。由于钢材经受了控制冷却，其力学性能也有了明显的改善。例如，含碳（质量分数）为0.20%～0.26%的低碳钢，在轧制状态下的屈服强度为370N/mm^2。经过水冷使之温度降到600℃时，其屈服强度可提高到540N/mm^2，而韧性保持不变。

（2）另一种冷却方法是分段冷却，即先在高速冷却装置中在很短的时间内，将钢筋表面过冷到马氏体转变点以下形成马氏体，并立即中断快冷，空冷一段时间，使表层的马氏体回火到A_1以下温度，形成回火索氏体，然后再快冷一定时间，再次中断快冷进行空冷，使芯部获得索氏体组织、贝氏体及铁素体组织。这种工艺叫二段冷却。采用该种方法获得的钢筋，抗拉强度及屈服极限略低，伸长率几乎相同，而腐蚀稳定性能好，同时，对大断面钢材来说，可以减少其内外温差。

2.4.1.4 影响控制冷却性能的因素

影响控制冷却性能的因素有：

（1）加热温度。加热温度影响轧前钢坯的原始奥氏体晶粒大小、各道次的轧制温度及终轧温度，影响道次之间及终轧后的奥氏体再结晶程度及晶粒大小。当其他变形条件一定时，随着加热温度的降低，控制冷却后的钢筋性能明显提高。如果不降低坯料的加热温度，又需要降低终轧温度，则可以在精轧前设置快冷装置，降低终轧前的钢温。

（2）变形量。控制终轧前几道次的变形量，并将道次变形量与轧制温度较好地配合，对钢筋快冷以前获得均匀的奥氏体组织，防止产生个别粗大晶粒以及造成混晶有重要作用，水冷之后可以得到均匀组织。

（3）终轧温度。终轧温度的高低决定了奥氏体的再结晶程度。当冷却条件一定时，终轧温度直接影响淬火条件和自回火条件。终轧温度不同时，必须通过改变冷却工艺参数来保证钢的自回火温度相同。一般情况下，终轧温度较低时钢的强化效果好。

(4) 终轧到开始快冷的间隔时间。这段间隔时间主要影响奥氏体的再结晶程度。如果轧后钢筋处在完全再结晶条件下，由于高温下停留时间加长，奥氏体晶粒度容易长大，使钢筋的力学性能降低。最好轧后立即快冷，将快冷装置安装在精轧机后。

(5) 冷却速度。冷却速度是钢筋轧后控制冷却的重要参数之一。提高冷却速度可以缩短冷却器的长度，保证得到钢筋表面层的马氏体组织。如果冷却速度较低，一般为了达到所需要的冷却温度，可以加长冷却器的长度。

冷却速度可以通过水量、水压的调节来达到要求。

如果冷却速度低于形成表面马氏体的临界冷却速度，则达不到第一阶段快冷的目的。

(6) 快冷的开始温度、终了温度和自回火温度。快冷的开始温度和终了温度都直接影响钢筋的自回火温度。自回火温度不同则影响相变后的钢筋截面上各点的组织状态，导致钢筋性能不同。快冷的终了温度用改变冷却参数来控制，如调节水压、水量或冷却器的长度。

钢筋的终了温度直接影响钢筋的自回火温度。自回火温度一般随冷却水的总流量增多而降低，一般钢筋的规格越大，冷却水量也越多。

冷却水的温度对钢筋的冷却效果有明显影响。冷却水的温度越高，冷却效果越差。一般冷却水的温度不超过30℃。

2.4.2 QTB 控制冷却工艺

随着棒材轧机的迅速发展，棒材的控制冷却技术也日趋完善。在工艺方面，把控制轧制过程金属塑性变形加工和热处理工艺完美结合起来；在控制方面也发展到能根据钢种、终轧温度等实现电子计算机的自动控制。

QTB 是“Quenching Water Treatment Bar (通过淬水处理棒材)”的缩写。QTB 控制冷却工艺便是一项如前所述的先进技术。

2.4.2.1 QTB 的工艺目的及优点

QTB 的工艺目的是快速提高螺纹钢的力学性能，特别是化学成分差的螺纹钢的屈服强度。它通常用于低碳钢，以便在低成本条件下，使产品的力学性能超过微合金钢或低合金钢。

QTB 工艺的优点是：

(1) 可提高产品的屈服强度。在不添加昂贵的合金元素（如果轧后采用普通冷却方式则必须添加）和增加碳含量（提高碳含量会影响焊接性能）的情况下可使得螺纹钢的屈服强度提高。

(2) 碳含量低。碳含量低意味着螺纹钢具有良好的弯曲性能而又不产生表面裂纹；螺纹钢表层经过热处理后具有高塑性，也就是说具有良好的抗疲劳载荷能力，因此可将处理过的螺纹钢用于动载结构件；具有良好的焊接性能甚至优于含有微合金元素的材料；与普通冷却条件下生产的产品相比，表面将生成更少的氧化铁皮。

(3) 热稳定性能好。即使加热后它的性能也比普通螺纹钢要好。

(4) 降低了生产成本。与微合金钢相比节约成本18%，与低合金钢相比节约成本8%。

2.4.2.2　金属学原理——淬火 + 自回火过程

QTB 是指对棒材表面进行淬火，并通过自回火来完成对棒材的热处理，自回火过程直接由轧制热来完成。当棒材离开最后 1 架轧机时有 1 个特殊的热处理周期，它包括 3 个阶段（见图 2 –5）。

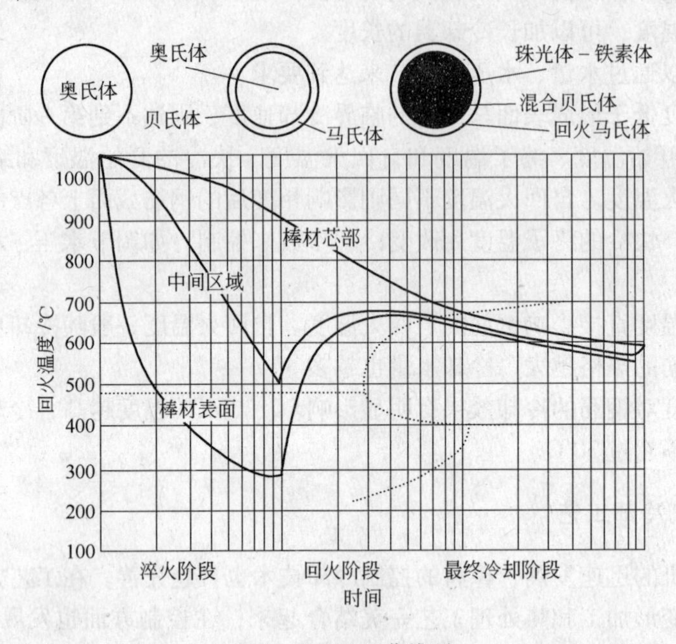

图 2 –5　QTB 曲线图

A　第 1 阶段——表面淬火阶段

紧接最后 1 架轧机之后，棒材穿过水冷系统，以达到短时高密度的表面冷却。由于温度下降的速度高于马氏体的临界速度，因此，螺纹钢的表面层转化为马氏体的硬质结构，即初始马氏体。

在第 1 阶段棒材的芯部温度维持在均是奥氏体的温度范围内，以便得到后来的铁素体 – 珠光体相变（在第 2 阶段和第 3 阶段）。

在这阶段末，棒材的显微结构由最初的奥氏体变为如下的 3 层结构：

（1）自表层一定深度内为初始马氏体。

（2）中间环形区的组织为奥氏体、贝氏体和一些马氏体的混合物，并且马氏体的含量由表面到芯部逐渐减少。

（3）芯部仍是奥氏体结构。

第 1 阶段的持续时间依据马氏体层的深度而定，这个马氏体层深度是工艺的关键参数。实际上，马氏体层越深，则产品的力学性能越好。

B　第 2 阶段——自回火阶段

棒材离开水冷设备，暴露在空气中，通过热传导，芯部的热量对淬火的表层再次进行加热，从而完成表层马氏体的自回火，以保证在高屈服强度下棒材有足够的韧性。

在第 2 阶段，表层尚未相变的奥氏体变为贝氏体，芯部仍为奥氏体结构，中间环形区到回火马氏体层之间奥氏体相变为贝氏体。

在这个阶段末，棒材的显微结构变为：

（1）表层为一定深度的回火马氏体。

（2）中间环形区的组织为贝氏体、奥氏体和一些回火马氏体的混合物。

（3）芯部的奥氏体开始相变。

第 2 阶段的持续时间是依据第 1 阶段采用的水冷工艺和棒材直径确定的。

C 第 3 阶段——最终冷却阶段

第 3 阶段发生在棒材进入冷床上的这段时间里，它由棒材内尚未相变的奥氏体的等温相变组成。根据化学成分、棒材直径、终轧温度以及第 1 阶段水冷效率和持续时间，相变的组织可能是铁素体和珠光体的混合物，也可能是铁素体、珠光体、贝氏体的混合物。

2.4.2.3 表面淬火棒材的力学性能

从轧钢生产这个着眼点来看，在所有工艺的关键参数当中只有 3 个参数被认为是独立控制变量，它们是：终轧温度、淬水时间、水流量。

在 QTB 处理棒材时，从棒材表面到芯部，它的显微组织和性能在不断变化。尽管如此，也可以将 QTB 处理过的棒材考虑成近似由两种不同的结构组成：

（1）表层为回火马氏体。

（2）芯部由铁素体和珠光体组成。

棒材的技术性能，特别是拉伸性能根据以下 3 个性能确定：

（1）马氏体的体积百分率。

（2）马氏体的拉伸性能。

（3）芯部铁素体 - 珠光体结构的拉伸性能。

马氏体的体积百分率取决于马氏体相变的起始温度，它是棒材化学成分和当棒材离开淬水箱时，棒材截面温度分配的函数。

棒材表层的回火马氏体的屈服强度与化学成分、回火温度有关。实际上回火温度越低，屈服强度越高，韧性也越低。回火温度是工艺第 2 阶段末棒材表面所达到的最高温度，它直接取决于第 1 阶段所采用淬火工艺。第 1 阶段时间越长，马氏体层越深，第 1 阶段末的棒材温度也就越低，则回火温度越低。

因此，在 QTB 工艺中，如果给出了化学成分，那么决定棒材力学性能的关键因素是淬火阶段的温度简图（图 2 - 5）。

当给出了棒材直径时，QTB 系统的温度简图能随下列因素的改变而改变：

（1）精轧温度。

（2）淬水阶段的持续时间。

（3）淬水阶段，通过冷却水释放的棒材表面热量。

棒材表面和水冷之间的导热系数是 QTB 工艺的关键参数之一，它是棒材表面温度的函数，也是冷却设备、冷却水压力、水流量及温度的设计依据。经过 QTB 工艺处理后的棒材性能见表 2 - 1。

表 2－1　经过 QTB 工艺处理后的棒材性能（见标准 DIN488）

产品规格 φ/mm	屈服强度/MPa	马氏体层深度/μm	马氏体层厚度/μm	马氏体硬度 HV	棒材芯部硬度 HV
12	550	1000	100	280	210
16	580	1200	110	290	213
20	550	1600	120	280	200
25	545	2200	140	275	200
32	560	2600	140	280	210
40	550	3200	160	270	205

2.4.2.4　工艺控制

QTB 工艺控制主要通过水量、时间和温度控制来完成，具体说明如下：

（1）水量控制。水的总量通过水调节阀 FCV1 和 FCV2 来调节。此控制借助于带有反馈信号的闭合回路，而反馈信号来自于流量表和操作员的预设值。

（2）时间控制。淬水时间的长短会产生一个特殊的回火温度，而回火温度直接关系到产品的屈服强度。淬水时间可以通过调节终轧速度、冷却器的数量等来控制。

（3）温度控制。主要测量淬水线前后的温度，以便得到准确的回火温度。这样一来，测量温度的高温计的定位就显得非常重要。一个高温计安装在 18 号机架后，用来测量输送来的棒材温度。另外，在淬水线下游 60m 处安装高温计，以便测定棒材的回火温度。

思　考　题

2－1　什么是钢的低倍组织，高倍组织？

2－2　钢的结构主要有哪些？

2－3　简述钢的成分、组织和性能之间的关系。

2－4　什么是 QTB 控制冷却工艺，如何控制？

3 棒材轧制的基本问题

3.1 简单轧制与轧制变形区

3.1.1 简单轧制

3.1.1.1 简单轧制的概念

轧制原理是为了研究和阐明轧制过程中所发生的各种现象，探明这些现象的基本规律，并且利用这些规律去解决轧制生产中的实际问题，以达到改善轧制生产的一门学科。实际的轧制过程是相当复杂的。为便于研究问题，把复杂的轧制过程简化为理想的简单轧制过程，满足下列条件的轧制过程称为简单轧制。

（1）对轧辊的要求。两个轧辊都为电机直接传动的平辊，其两轧辊的直径与转速均相同，转向相反，材质与表面状况亦相同，轧辊弹性变形量可略去不计。

（2）对轧件的要求。轧制前与轧制后轧件的断面为矩形或方形，轧件内部各部分结构和性能相同，轧件表面特别是与轧辊接触的表面状况一样。总之轧件变形是均匀的。

（3）对工作条件的要求。轧件以等速离开轧辊，除受轧辊的作用力外，不受其他任何外力的作用。轧辊的安装与调整要正确（轴线相互平行，且在同一垂直平面内）。

3.1.1.2 型钢的实际轧制过程

在型钢轧制过程中绝非前面的假定条件那样，因为：

（1）变形沿轧件断面高度和宽度不可能是均匀的。

（2）金属质点沿轧件断面高度和宽度的运动速度不可能是完全均匀的。

（3）轧制压力和摩擦力沿接触弧长度上分布也不可能是均匀的。

（4）作为变形工具的轧机也不可能是绝对刚性的，它要产生弹性变形。

所以简单轧制过程（见图3－1）可以说是为了方便所设计的理想轧制过程模型。通

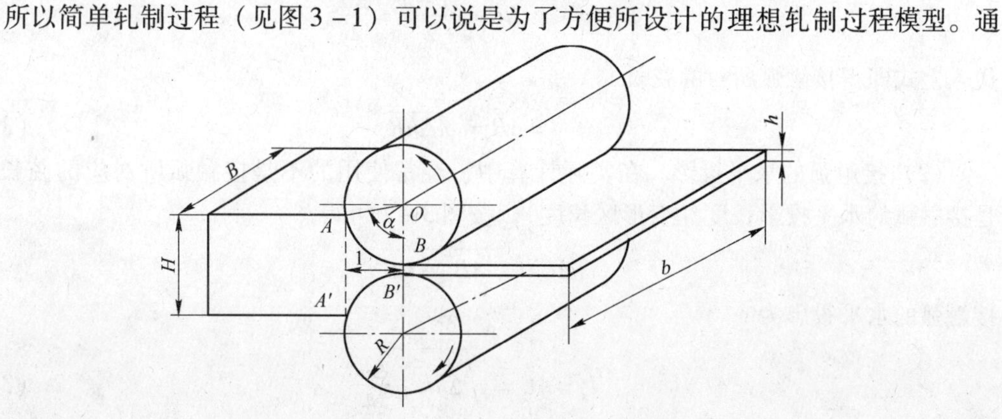

图3－1 轧制示意图

过对简单轧制的讨论、分析，可以了解轧制时所发生的运动学、变形、力学以及咬入条件等，说明轧制的基本现象，建立轧制过程的基本概念，从而指导生产，提高产品的产量和质量。

3.1.2 变形区主要参数

轧制时轧件从两个旋转方向相反的轧辊间通过而获得变形，这就是所谓的纵轧，如图3－2所示。

轧件承受轧辊作用发生塑性变形的空间区域称为变形区。变形区由两部分组成：直接承受轧辊作用发生变形的部分称为几何变形区，如图3－2中的$ABB'A'$；在非直接承受轧辊作用，仅由于几何变形区的影响，发生变形的部分称为物理变形区，有时亦称变形消失区。如图3－2所示。

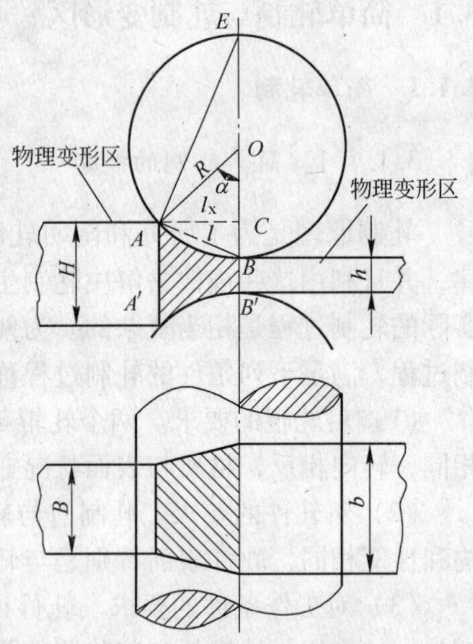

图3－2 轧制时的变形区

显然，在轧制条件下，变形区仅为轧件长度的一部分，随着轧辊的转动和轧件向前运动，变形区在轧件长度上连续地改变着自己的位置，并且在轧辊中重复着同一的变形和应力状态，因此可以只研究任一瞬间变形区各部分的变形和应力状态。现以简单轧制情况讨论如下：

已知轧辊的工作直径为D_K、轧前与轧后轧件高度为H与h、轧前与轧后轧件宽度为B与b，变形区的有关参数确定如下：

（1）接触弧与其所对弦长。轧辊与轧件的接触弧AB或$A'B'$，又称咬入弧，可以近似地用其所对的弦长$\overline{AB}$或$\overline{A'B'}$表示。按图3－2所示几何关系可知

$$\triangle ABC \backsim \triangle EBA$$

$$(\overline{AB})^2 = BE \times BC$$

式中

$$BE = 2R$$

$$BC = \frac{H-h}{2} = \frac{\Delta h}{2}$$

代入上式即得接触弧所对的弦长

$$l = \overline{AB} = \sqrt{\Delta h R} \tag{3-1}$$

（2）接触弧的水平投影。在实际计算中，经常使用的不是接触弧所对应的弦长，而是接触弧的水平投影长度（变形区长度），按图3－2可得

$$AC = \sqrt{AB^2 - BC^2}$$

接触弧的水平投影为

$$l_x = AC = \sqrt{\Delta h R - \frac{\Delta h^2}{4}} \tag{3-2}$$

为了简化计算，通常可认为

$$l_x \approx l \approx \sqrt{\Delta h R} \tag{3-3}$$

这里很明显地看出，变形区长度与轧辊半径 R 有关，同时还与轧制的绝对压下量 Δh 有关。

（3）咬入角与压下量。接触弧所对应的圆心角称为咬入角。在实际生产中不同条件下允许的最大咬入角不同。最大咬入角的大小与轧辊表面状态、轧制温度以及轧辊转速等因素有关，即与轧辊轧件间的摩擦系数有关。

轧制后轧件高度的减少量，称为压下量。即

$$\Delta h = H - h$$

式中　Δh——压下量，mm；

H——轧件的轧前高度，mm；

h——轧件的轧后高度，mm。

由图 3－2 可知

$$\cos\alpha = \frac{OC}{OA} = \frac{R - BC}{R} = 1 - \frac{\Delta h}{2R}$$

根据上式变换形式可得到计算压下量的公式，即

$$\Delta h = H - h = D(1 - \cos\alpha) \tag{3-4}$$

当咬入角的数值不大时，可认为接触弧与其所对应的弦长相等，由此可得

$$R\alpha \approx \sqrt{\Delta h R}$$

$$\alpha \approx \sqrt{\frac{\Delta h}{R}} \tag{3-5}$$

$$\alpha \approx \left(57.29\sqrt{\frac{\Delta h}{R}}\right)^{\circ} \tag{3-6}$$

实际证明，当 $\alpha < 30°$ 时，用精确公式与近似公式计算的咬入角十分接近，如表 3－1 所示。

表 3－1　近似公式与精确公式计算结果的比较

$\Delta h/D$	0	0.01	0.03	0.05	0.08	0.11	0.134
按精确公式计算	0	8°61′	14°5′	18°12′	23°4′	27°8′	30°
按近似公式计算	0	8°6′	14°2′	18°7′	22°55′	26°53′	29°41′

3.2　轧制变形的表示方法

在轧钢生产和轧制原理研究中，表示轧件变形量的方法归纳起来有绝对变形量、相对变形量、变形系数等几种。

3.2.1　绝对变形量

绝对变形量用以分别表示变形前后轧件在高度、宽度及长度三个方向上的线变形量。

（1）绝对压下量，简称压下量。

$$\Delta h = H - h \tag{3-7}$$

（2）绝对宽展量，简称宽展。

$$\Delta b = b - B \tag{3-8}$$

（3）绝对延伸量。

$$\Delta l = l - L \tag{3-9}$$

式中　H，B，L——矩形或方形断面轧件变形前的高度、宽度与长度，mm；

h，b，l——上述轧件变形后的高度、宽度与长度，mm。

上述绝对变形量这种表示方法的最大优点就是计算简单、能够直观地反映出物体尺寸的变化，因此在生产实践中，以压下量 Δh 和宽展量 Δb 应用最为广泛。但是该式不能正确地反映出物体的变形程度，如有两块金属在宽度和长度上相同，而高度分别为 $H_1 = 4$mm 和 $H_2 = 10$mm，经过加工后高度分别变为 $h_1 = 2$mm，$h_2 = 6$mm，这两块金属的压下量分别为 $\Delta h_1 = 2$mm，$\Delta h_2 = 4$mm，这能说明第二块金属比第一块的变形程度大吗？要回答这个问题，就必须要考虑高度方向的变形量占金属整个高度的百分比是多少，为此将压下量与金属原来的高度的比值作一个比较，第一块金属为 $\Delta h_1/H_1 = 2/4 = 50\%$，第二块金属为 $\Delta h_2/H_2 = 4/10 = 40\%$。从这两个比值可以清楚地看到，第一块金属较第二块金属的变形程度大，说明绝对的变形量不能正确地反映出物体的变形程度，这是因为它没有考虑物体的原始尺寸和变形后的尺寸。

3.2.2　相对变形量

一般相对变形量可以比较全面地反映出变形程度的大小，它是三个方向的绝对变形量与各自相应线尺寸的比值所表示的变形量。

（1）相对压下量。

$$\frac{\Delta h}{H} \times 100\% = \frac{H - h}{H} \times 100\% \tag{3-10}$$

有时也采用

$$\frac{\Delta h}{h} \times 100\%$$

（2）相对宽展。

$$\frac{\Delta b}{B} \times 100\% = \frac{b - B}{B} \times 100\%$$

（3）相对延伸（延伸率）。

$$\frac{\Delta l}{L} \times 100\% = \frac{l - L}{L} \times 100\% \tag{3-11}$$

（4）在轧制生产中，经常采用断面收缩率来表示相对变形。

$$\varphi = \frac{F_0 - F}{F_0} \times 100\% \tag{3-12}$$

式中　φ——断面收缩率；

F_0，F——轧件变形前后的断面积，mm^2。

（5）为了确切地表示轧件某一瞬间的真实变形程度，又可用对数方法表示轧件的变形程度。即

$$\varepsilon_1 = \ln \frac{h}{H} \tag{3-13}$$

$$\varepsilon_2 = \ln \frac{b}{B} \tag{3-14}$$

$$\varepsilon_3 = \ln \frac{l}{L} \tag{3-15}$$

这种变形的表示方法，由于考虑了变形的整个过程，即尺寸在不同时间的瞬时变化，因此称为真变形。虽然真实变形程度能反映出变形过程中的实际情况，但在实际应用中，除了要求计算精确度较高的变形情况，通常采用相对变形。

3.2.3 变形系数

在轧制计算中，也常使用变形系数表示变形量的大小。变形系数也是相对变形的另一种表示方法。与上述方法的不同在于用变形前与变形后（或变形后与变形前）相应线尺寸的比值来表示。

按照体积不变定律有

$$\frac{bhl}{BHL} = 1$$

故

$$\frac{H}{h} = \frac{b}{B} \times \frac{l}{L}$$

即

$$\eta = \omega \times \mu$$

式中，$\eta = \frac{H}{h}$，称为压下系数；$\omega = \frac{b}{B}$，称为宽度变形系数；$\mu = \frac{l}{L}$，称为延伸系数。

很显然，η 和 μ 通常在轧制过程中总是大于 1 的数值。而 ω 则不然，在有宽展的轧制条件下 $b > B$，即 $\omega > 1$，而在无宽展或宽展很小的条件下 $b \approx B$ 即 $\omega \approx 1$，此时

$$\eta \approx \mu$$

值得说明的是，在实际的轧制过程中很少使用宽展变形系数 ω，而我们真正关心的是绝对宽展量 Δb 的数值，因而使用另一种形式的指标——宽展系数 β 来表示宽度变形量的大小，即

$$\beta = \frac{\Delta b}{\Delta h} \tag{3-16}$$

在一定的轧制条件下，宽展量 Δb 的大小与其相应的压下量 Δh 之间有密切的关系，宽展系数 β 值可以根据实际经验数值确定，这样可以很方便地确定（近似的）Δb 的数值。

3.2.4 总延伸系数、部分延伸系数与平均延伸系数

轧制时从原料到成品须经过逐道压缩多次变形而成。其中每一道次的变形量都称为部分变形量，逐道变形量的积累即为总变形量。二者间的关系如下：

根据体积不变定律，可以写出总延伸系数 μ_z 为

$$\mu_z = \frac{l_n}{L} = \frac{BH}{b_n h_n} = \frac{F_0}{F_n} \tag{3-17}$$

式中　L，l_n——原料与成品的长度，m；

F_0，F_n——原料与成品的断面面积，mm^2；

n——轧制道次，可为1，2，…，n。

相应的轧件的逐道的延伸系数各为

$$\mu_1=\frac{l_1}{L}=\frac{F_0}{F_1}$$

$$\mu_2=\frac{l_2}{l_1}=\frac{F_1}{F_2}$$

$$\vdots$$

$$\mu_n=\frac{l_n}{l_{n-1}}=\frac{F_{n-1}}{F_n}$$

将逐道延伸系数相乘，得

$$\mu_1\times\mu_2\times\cdots\times\mu_n=\frac{F_0}{F_1}\times\frac{F_1}{F_2}\times\cdots\times\frac{F_{n-1}}{F_n}=\frac{F_0}{F_n}=\frac{l_n}{L}$$

故可得出结论：总延伸系数μ_z等于相应各道次延伸系数的乘积，即

$$\mu_z=\frac{F_0}{F_n}=\mu_1\times\mu_2\times\cdots\times\mu_n \tag{3-18}$$

按此式，可以写出总延伸系数与平均延伸系数间的关系为

$$\mu_z=\frac{F_0}{F_n}=\bar{\mu}^n$$

故平均延伸系数应为

$$\bar{\mu}=\sqrt[n]{\mu_z}=\sqrt[n]{\frac{F_0}{F_n}} \tag{3-19}$$

由此可得出轧制道次与断面积及平均延伸系数的关系为

$$n=\frac{\ln F_0-\ln F_n}{\ln\bar{\mu}} \tag{3-20}$$

3.3　平均工作直径与平均压下量

在上节中得到的各有关计算公式，均是指在平辊上轧制矩形（或方形）断面轧件而言，即适用于平均压缩时的变形条件。当存在有不均匀压缩时，各式中的有关参量必须采用等效值——平均工作直径与平均压下量。

3.3.1　平均工作直径与轧制速度

轧辊与轧件相接触处的直径称为工作直径，取其半则为工作半径。与此工作直径相应的轧辊圆周速度，称为轧制速度，可将其视为轧件离开轧辊的速度（忽略前滑）。

如图3-3所示，轧制矩形或方形断面轧件时，其工作直径为

$$D_K=D-h\quad 或\quad D_K=D'-(h-s) \tag{3-21}$$

式中　D_K——工作直径，mm；

D——假想直径，mm；

D'——辊环直径，mm。

相应的轧制速度为

$$v = \frac{n\pi}{60} D_K \tag{3-22}$$

式中 n——轧辊转速，r/min。

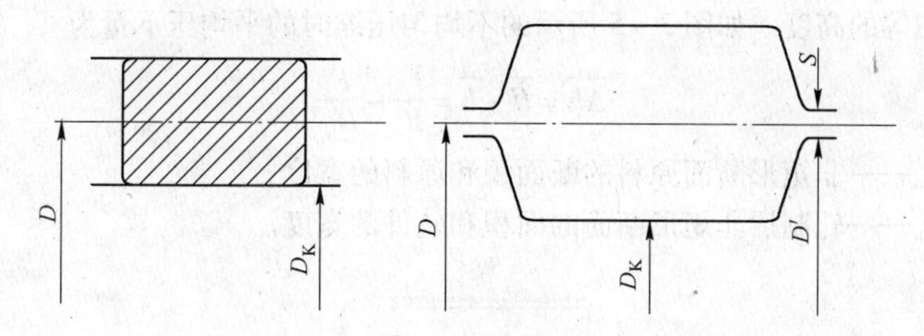

图 3-3 在平辊或矩形断面孔型中轧制

在实际的轧制条件下，经常遇到沿轧辊与轧件接触部分的轧辊工作直径为一变值，如图 3-4 所示。由于轧件为一整体，在这种情况下轧件的任一断面均以平均轧制速度 $\bar{v}$ 离开轧辊，我们称与 $\bar{v}$ 相应的工作直径为平均工作直径，即

$$\bar{v} = \frac{\pi n}{60} \overline{D}_K \tag{3-23}$$

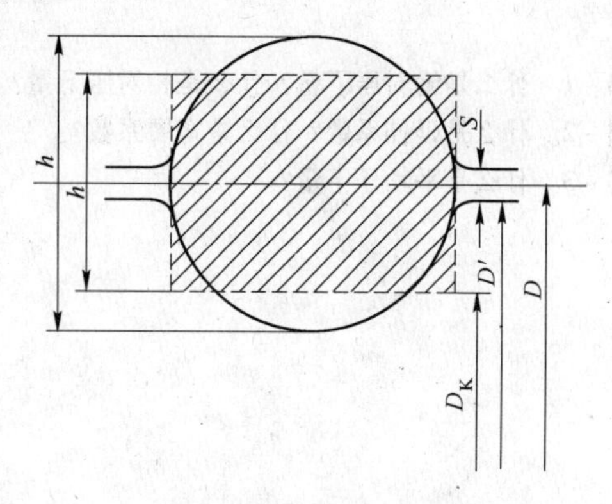

图 3-4 在非矩形断面孔型中轧制时平均工作辊径计算示意图

通常用平均高度法近似确定平均工作辊径，即把断面较为复杂的孔型的横断面积 F 除以该孔型的宽度 B_h，得该孔型的平均高度 $\bar{h}$，如图 3-5 中的 $\bar{h}$ 对应的轧辊直径即为平均工作辊径：

$$\overline{D}_K = D - \bar{h} = D - \frac{F}{B_h}$$

或

$$\overline{D}_K = D' - \left(\frac{F}{B_h} - s\right) \tag{3-24}$$

式中 $\bar{h}$——非矩形断面孔型的平均高度，mm；

B_h——非矩形断面孔型宽度，mm；

F——非矩形断面孔型的面积，mm^2。

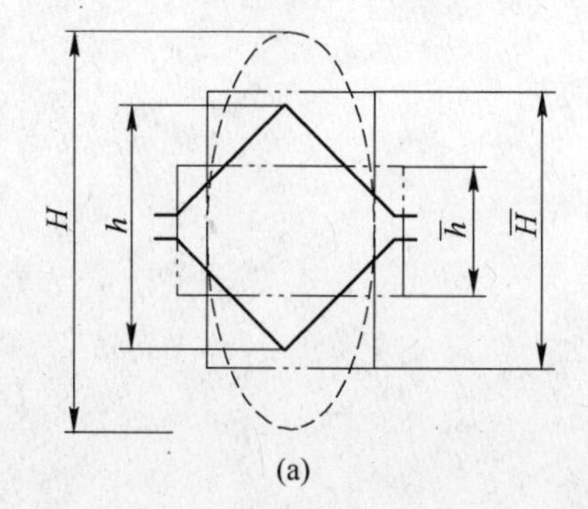

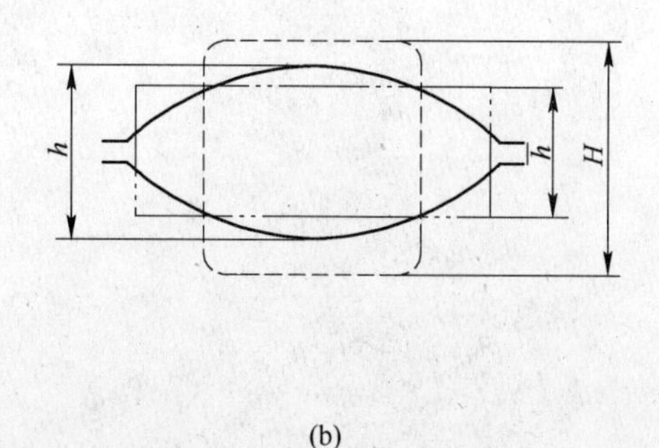

图 3-5 不均匀压缩时的平均压下量

即任一形状断面的平均高度，可视为其面积与宽度均保持不变的矩形高度。

3.3.2　平均压下量

轧制前与轧制后轧件的平均高度差为平均压下量。轧件的平均高度为轧件断面积和宽度均与矩形相等的高度。如图 3－5 所示的不均匀压缩时的平均压下量为

$$\overline{\Delta h} = \overline{H} - \overline{h} = \frac{F_0}{B_0} - \frac{F}{B_h} \tag{3-25}$$

式中　F_0，B_0——非矩形断面原料的断面积和原料的宽度；

F，B_h——轧制后非矩形断面的面积和轧件的宽度。

3－1　什么是绝对压下量？什么是相对压下量？

3－2　什么是延伸系数？什么是宽展系数？

3－3　什么是平均压下量？

4 棒材的轧制原理

4.1 概述

轧制原理对于正确地进行工艺计算和孔型设计并分析和准确判断生产中经常发生的各种工艺问题是十分重要的。运用理论解决生产实践问题，可以避免盲目实践的倾向。然而，目前有关轧制理论的研究，大多局限于简单轧制过程。这种研究结果对于板、带生产有一定实际意义，但对棒材生产来说就显得远远不够了。棒材轧制是个复杂变形过程，金属在变形区内的变形由于多变量的参与而变得异常复杂。另外，一般的理论论述，多局限于求一般数学解，用以解决生产实际问题尚有较大距离。

关于轧制理论的一般性研究已有专门书籍论述，本章只对与棒材生产关系比较密切的几个方面作一些简要介绍和分析。

通过两个旋转方向相反的轧辊之间的轧件，在高度上受到压缩、长度增加以改变其原来的断面尺寸和形状的过程称为轧制。经过多道次连续轧制最终将轧件变为所要求的断面形状和尺寸，并且通过轧制使成品轧件具有良好的综合力学性能，这些是棒材生产工艺所要研究的主要内容。同时，在整个棒材生产过程中力求优质、高产、低消耗和最佳经济效果则是棒材生产工作者不断追求的目标。

轧辊把轧件拉入轧辊间的间隙进行稳定轧制称为咬入。咬入条件是建成轧制过程的首要条件。咬入靠摩擦力的作用来实现，因此金属轧制变形是靠摩擦建立的。另外，摩擦还影响着轧制变形时的金属流动情况、轧制能力的大小等，所以在研究线材生产工艺时必须对摩擦的特性及其作用有充分的认识。

在稳态轧制过程中，可以认为轧辊转数不变，同一半径的圆周上各点速度 v_R 为常数，但由于金属被压缩时向中性面两侧流动，使得轧件出口速度 $v_{出}$ 大于轧辊圆周速度 v_R，轧辊圆周速度 v_R 又大于轧件入口速度 $v_{入}$，其关系是：

$$v_{入} < v_R < v_{出} \tag{4-1}$$

在这种情况下轧件在出口侧和入口侧都有一个相对于轧辊的滑动量，出口侧的滑动量用前滑系数 S_h 表示：

$$S_h = \frac{v_{出} - v_R}{v_R} \times 100\% \tag{4-2}$$

前滑系数 S_h 是连轧工艺设计中关键性的参数之一，其值在各孔型轧制方程式中误差较大，所以求解前滑系数 S_h 依然是连轧生产经常遇到的难题之一，为此本章对前滑系数 S_h 作了一些具体分析。

棒材连轧生产工艺的优越性已被公认，新建棒材厂均采用连轧工艺，原来的横列式线材轧机也正在逐步为连续式线材轧机所替代。为了更好地运用不断出现的各种科技成果，促进棒材生产更快地发展，就需要对连轧原理本身有一个透彻的理解，并提出运用这些理论的实施手段和方法。此外，其他方面的知识，诸如宽展、轧制力与轧制功等，本章也将简要地予以介绍和分析。

4.2 摩擦系数在轧制过程中的作用

4.2.1 摩擦系数使得轧机咬入轧件

4.2.1.1 轧辊咬入轧件的几种情况

既然轧辊咬入轧件建立起轧制过程是靠摩擦力的作用，那么摩擦系数的大小必然决定着可能的最大变形程度，这一点对于粗轧机能力的发挥和建成可靠的轧制过程是很重要的。在实际生产中，轧辊咬入轧件有以下几种可能：

(1) 轧件与轧辊接触后，顺利进入轧辊并完成轧制全过程。这是所希望得到的正常现象。

(2) 轧件与轧辊接触后，轧件不能进入轧辊，即不能咬入，也就不能进行轧制。

(3) 轧件与轧辊接触后被轧辊咬入，但不能完成轧制全过程，轧件突然停在轧辊中打滑而中止前进。

后两种情况多数发生在粗轧机列的前几道次，而最后一种情况又经常出现在开轧的第一道次。

4.2.1.2 咬入条件

A 摩擦角的概念

在分析咬入条件以前，需要了解一下摩擦角的概念。

如图4－1所示，随斜面 OA 倾角 θ 的增加，当重力 P 沿 OA 方向下滑的分力 P_x 等于与其作用方向相反的摩擦阻力 T_x 时，该物体即产生下滑运动。此刻总反力 F 与法向反力 N 之间的夹角 β 称为摩擦角。

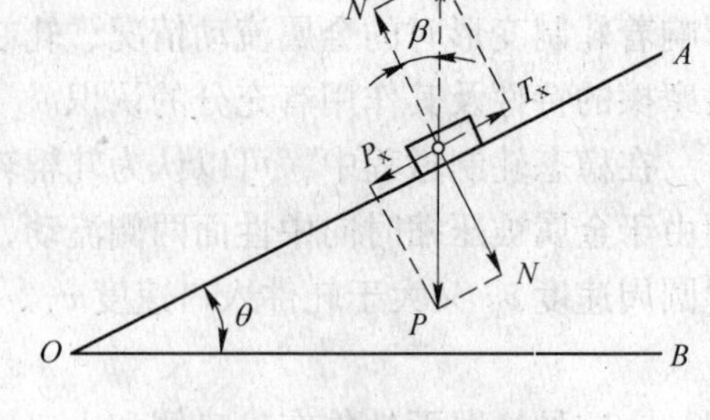

图4－1 确定摩擦角

摩擦角与摩擦系数的关系如下：

物体下滑分力

$$P_x = P\sin\beta$$

摩擦阻力

$$T_x = fN = fP\cos\beta$$

当 $P_x = T_x$ 时，则可得

$$f = \tan\beta \tag{4-3}$$

通过以上讨论得出结论：摩擦角的正切等于摩擦系数。

B 咬着时的作用力分析

分清轧件对轧辊或者是轧辊对轧件的作用力与摩擦力，以及判别它们的作用方向，是一个很重要的问题。

a 轧件对轧辊的正压力与摩擦力

如图4－2所示，在辊道的带动下轧件移至轧辊前，使轧件与轧辊在 A 和 A' 两点接触，轧辊在两接触点受轧件的径向压力 N' 的作用，并产生与 N' 垂直的摩擦力 T'。因轧件企图阻止轧辊转动，故 T' 的方向应与轧辊转动方向相反。

b　轧辊对轧件的正压力与摩擦力

根据牛顿定律，两个物体相互之间的作用力与反作用力大小相等、方向相反，并且作用在同一条直线上。因此，轧辊对轧件将产生与 N' 力大小相等、方向相反的径向力 N 以及在 N 力作用下产生与 T' 方向相反的切向摩擦力 T，如图 4－3 所示。径向力 N 有阻止轧件继续运动的作用，切向摩擦力 T 则有将轧件拉入轧辊辊缝的作用。

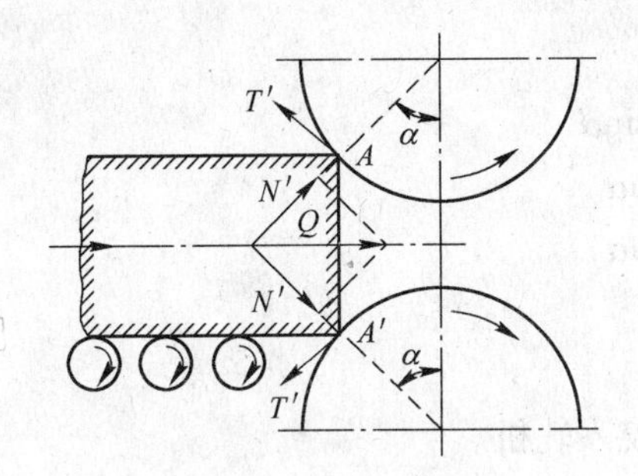

图 4－2　轧件对轧辊的作用力

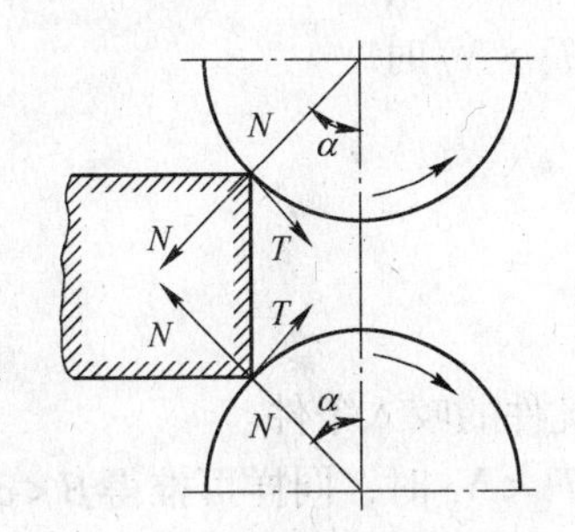

图 4－3　轧辊对轧件的作用力

C　平辊咬入轧件的条件

a　用力表示的咬入条件

在生产实践中，有时因压下量过大或轧件温度过高等原因，轧件不能被咬入。而只有实现咬入并使轧件继续顺利通过辊缝才能完成轧制过程。

为判断轧件能否被轧辊咬入，应将轧辊对轧件的作用力和摩擦力作进一步分析。如图 4－4(a) 所示，作用力 N 与摩擦力 T 分解为垂直分力 N_y、T_y 和水平分力 N_x、T_x。垂直分力 N_y、T_y 对轧件起压缩作用，使轧件产生塑性变形，有利于轧件被咬入；N_x 与轧件运动方向相反，阻止轧件咬入；T_x 与轧件运动方向一致，力图将轧件拉入辊缝。显然 N_x 与 T_x 之间的关系是轧件能否咬入的关键，两者可能有以下三种情况（见图 4－4(b)）：

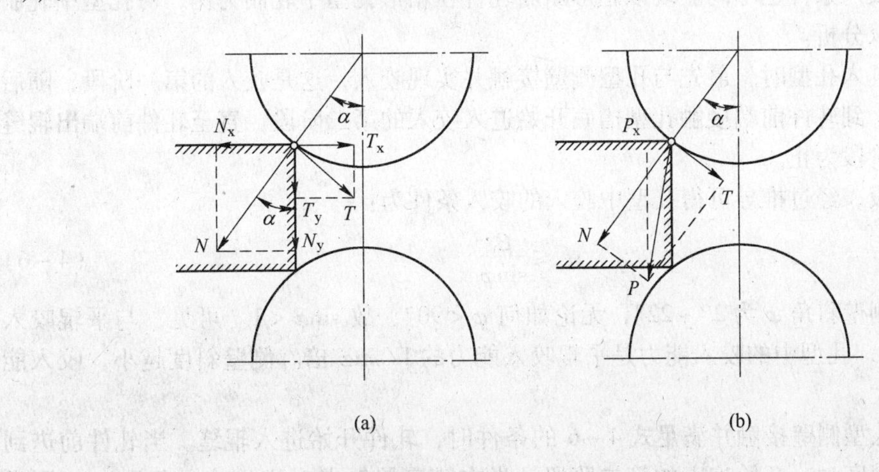

图 4－4　作用力与摩擦力的分解

（1）若 $N_x > T_x$，则轧件不能咬入。

（2）若 $N_x < T_x$，则轧件可以咬入。

（3）当 $N_x = T_x$ 时，轧件处于平衡状态，是咬入的临界条件。若轧件原来水平运动速度为零，则不能咬入；若轧件原来处于运动状态，在惯性力作用之下，则可能咬入。

b 用角度表示的咬入条件

由图 4－4 可得

$$T_x = T\cos\alpha = fN\cos\alpha$$
$$N_x = N\sin\alpha$$

当 $T_x > N_x$ 时

$$fN\cos\alpha > N\sin\alpha$$
$$f > \tan\alpha$$
$$\tan\beta > \tan\alpha$$
$$\beta > \alpha$$

这就是轧件的咬入条件。

当 $T_x < N_x$ 时，同样可推得 $\beta < \alpha$，轧件不能咬入轧机。

当 $T_x = N_x$ 时，同样可推得 $\beta = \alpha$ 是轧件咬入的临界条件。

由此可得出结论：咬入角小于摩擦角是咬入的必要条件；咬入角等于摩擦角是咬入的极限条件，即可能的最大咬入角等于摩擦角；如果咬入角大于摩擦角则不能咬入。

通常将咬入条件定为：

$$\alpha \leqslant \beta \tag{4-4}$$

在连轧机组内，α 角可以取得较大的数值。一方面由于在压下量较大的前几道次轧制速度比较低，一般小于 1m/s，这时摩擦系数较大，所以允许咬入角也就较大；另一方面，除第一道次属于自然咬入外，其余连轧道次在咬入时都存在一个附加的推力 T'，这时的咬入条件为：

$$T' + T\cos\alpha \geqslant N\sin\alpha \tag{4-5}$$

D 孔型对咬入的影响

轧件在孔型中咬入时，因孔型侧壁的作用，使轧辊对轧件作用力的方向较平辊咬入时发生变化，故咬入条件也不同。现以矩形断面轧件在箱形孔型中轧制为例，对孔型中轧制的咬入条件加以分析。

轧件开始进入孔型时，最先与孔型侧壁接触并实现咬入，这是咬入的第一阶段，随后轧件继续前进，到轧件前端接触孔型槽底开始进入咬入的第二阶段，直至轧件前端出辊缝建立稳定轧制阶段为止。

在第一阶段，经过推导可得孔型中咬入的咬入条件为：

$$\alpha_1 \leqslant \frac{\beta}{\sin\varphi} \tag{4-6}$$

一般孔型侧壁斜角 φ 为 2°～22°，无论如何 $\varphi < 90°$，故 $\sin\varphi < 1$。可见，与平辊咬入条件 $\alpha \leqslant \beta$ 相比，孔型中的咬入能力是平辊咬入能力的 $1/\sin\varphi$ 倍。侧壁斜度越小，咬入能力改善程度越大。

当轧件与孔型侧壁接触并满足式 4－6 的条件时，轧件开始进入辊缝。当轧件前进到前端接触孔型槽底时，开始咬入的第二阶段。设在槽底接触点对应的咬入角为 α_2，则类

似平辊咬入条件，若能满足

$$\alpha_2 \leqslant \beta$$

就能继续进行轧制。但应注意到此时轧件与轧辊从侧壁接触点开始到前端接触孔型槽底，已有相当大的接触面，并已产生相当大的剩余摩擦力来促进第二阶段的咬入，因而第二阶段的咬入，一般不会有什么困难。

以上讨论的仅为轧件最先与孔型侧壁接触时的咬入条件。若方轧件宽度小于箱形孔型槽底宽度，轧件不与侧壁接触，此时的咬入条件与简单轧制时的咬入条件完全相同，孔型侧壁对轧件没有夹持作用。

E 稳定轧制的条件

轧件完全充填辊缝后进入稳定轧制状态。如图 4-5 所示，此时径向力的作用点位于整个咬入弧的中心，剩余摩擦力达到最大值。继续进行轧制的条件仍为 $T_x \geqslant N_x$，它可写成：

$$T\cos\frac{\alpha}{2} \geqslant N\sin\frac{\alpha}{2}$$

而

$$\frac{T}{N} \geqslant \tan\frac{\alpha}{2}$$

由此得出

$$\beta \geqslant \frac{\alpha}{2} \quad 或 \quad \alpha \leqslant 2\beta \tag{4-7}$$

上式是继续进行轧制的条件。

这说明，在稳定轧制条件已建立后，可强制增大压下量，使最大咬入角 $\alpha \leqslant 2\beta$，轧制仍可继续进行，如图 4-5 所示。这样，就可利用剩余摩擦力来提高轧机的生产率。

但是实践和理论都已证明，这种认识是错误的，因为这种观点忽略了前滑区内摩擦力的方向与轧件运动方向相反这一根本转变。在前滑区内摩擦力发生了由咬入动力转变成咬入阻力的质的变化。大量实验研究还证明，在热轧情况下，稳态轧制时的摩擦系数小于开始咬入时的摩擦系数，其最大咬入角为 1.5～1.7 倍摩擦角，即 $\alpha = (1.5 \sim 1.7)\beta$。

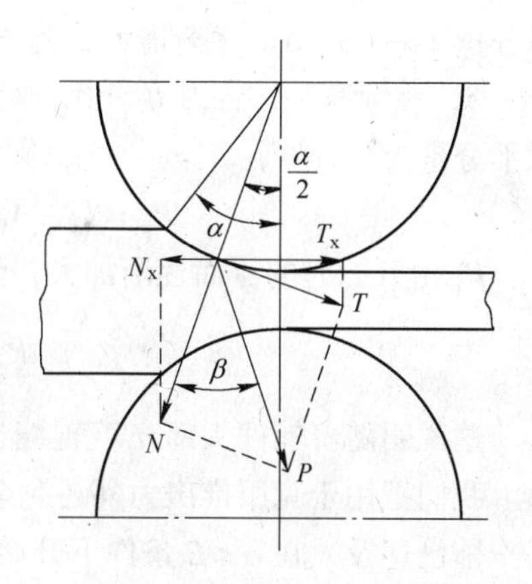

图 4-5 稳定轧制阶段 α 和 β 的关系

F 改善咬入的措施

改善咬入的措施有：

（1）轧辊刻痕、堆焊或用多边形轧辊的方法，可使压下量提高 20%～40%。在棒材生产工艺中一般不主张采用这些手段，除非在不得已的情况下，如轧机数量不足，不可能增加轧制道次，或者因为轧机相对于坯料断面尺寸过小，以及工艺布置的先天缺陷等。此外，强化轧制工艺还有一个缺点，即它必然导致轧槽和轴承的加速磨损，恶化承载部件的受力条件，最终使工艺稳定性遭到破坏。

（2）清除炉尘和氧化铁皮。一般在开始几道中，咬入比较困难，此时钢坯表面有较厚的氧化铁皮。实践证明，钢坯表面的炉尘、氧化铁皮，可使最大压下量降低 5%～10%。

（3）当轧件温度过高，引起咬入困难时，可将轧件在辊道上搁置一段时间，使钢温适当降低后再喂入轧机。

（4）使用合理形状的连铸坯，可以把轧件前端制成楔形或锥形。

（5）强迫咬入，用外力（夹送辊作用的力）将轧件顶入轧辊中，由于外力的作用，轧件前端压扁，合力作用点内移，从而改善了咬入条件。

（6）减小本道次的压下量可改善咬入条件。例如：减小来料厚度或使得本道次辊缝增大。

上述改善咬入的方法在生产实践中，往往几种方法可以同时使用。

4.2.2　摩擦系数对前滑的影响

4.2.2.1　剩余摩擦力的产生

轧件咬入后，金属与轧辊接触表面不断增加，假设作用在轧件上的正压力和摩擦力都是均匀分布，其合力作用点在接触弧中点，如图4－6所示。随轧件逐渐进入辊缝，轧辊对轧件作用力的作用点所对应的轧辊圆心角由开始咬入时的α减小为$\alpha-\delta$，在轧件完全充填辊缝后，减小为$\alpha/2$。

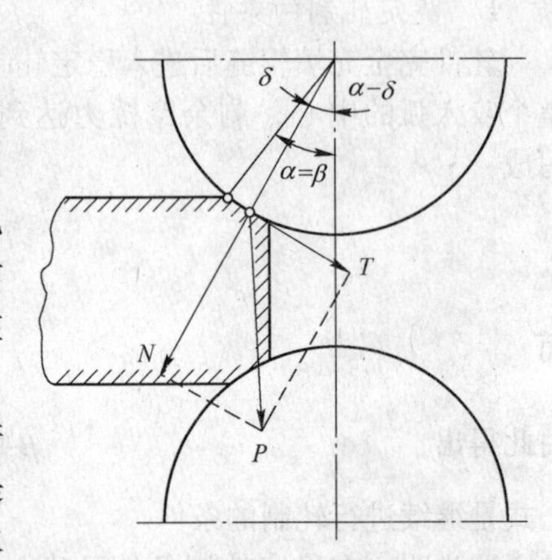

图4－6　轧件在$\alpha=\beta$条件下充填辊缝

为便于比较，我们暂且假定轧件是在临界条件下被咬入。在开始咬入瞬间，合力P的作用方向是垂直的。随轧件充填辊缝，$\alpha-\delta$角减小，摩擦力水平分量$T\cos(\alpha-\delta)$逐渐增大，正压力水平分量$N\sin(\alpha-\delta)$逐渐减小，合力P开始向轧制方向倾斜，其水平分量为

$$P_x = T_x - N_x = fN\cos(\alpha-\delta) - N\sin(\alpha-\delta) \tag{4-8}$$

P_x由开始时的零而逐渐加大，到轧件前端出辊缝后，即稳定轧制阶段为

$$P_x = fN\cos\frac{\alpha}{2} - N\sin\frac{\alpha}{2} \tag{4-9}$$

这说明随着轧件头部充填辊缝，水平方向摩擦力T_x除克服推出力N_x外，还出现剩余。我们把用于克服推出力外还剩余的摩擦力的水平分量P_x称为剩余摩擦力。

前已述及，在$\alpha<\beta$条件下开始咬入时，有$P_x=T_x-N_x>0$。即此时就已经有剩余摩擦力存在，并随轧件充填辊缝而不断增大。

由于轧件充填辊缝过程中有剩余摩擦力产生并逐渐增大，轧件一经咬入，轧件继续充填辊缝就变得更加容易。

由剩余摩擦力表达式可看出，摩擦系数越大，剩余摩擦力越大；而当摩擦系数为定值时，随咬入角减小，剩余摩擦力增大。

4.2.2.2　前滑

A　前滑的产生

当轧件在满足咬入条件并逐渐充填辊缝的过程中，由于轧辊对轧件作用力的合力作用点内移、作用角减小而产生剩余摩擦力，此剩余摩擦力和轧制方向一致。在剩余摩擦力的

作用下，轧件前端的变形金属获得加速，使金属质点流动速度加快，当在变形区内金属前端速度增加到大于该点轧辊辊面的水平速度时，就开始形成前滑，并形成前滑区和后滑区。在后滑区金属相对辊面向入口方向滑动，故其摩擦力的方向不变，仍是将轧件拉入辊缝的主动力，而在前滑区，由于金属相对于辊面向出口方向滑动，摩擦力的方向与轧制方向相反，即与剩余摩擦力的方向相反，因而前滑区的摩擦力成为轧件进入辊缝的阻力，并将抵消一部分后滑区摩擦力的作用。结果使摩擦力的合力相对减小，使轧制过程趋于达到新的平衡状态。

B　前滑的定义

在轧制过程中，轧件出口速度 v_h 大于轧辊在该处的线速度 v，这种 $v_h > v$ 的现象称为前滑。前滑的定义表达式见式 4－2。

4.2.2.3　中性角 γ 与轧件打滑

剩余摩擦是前滑产生的原因。也可以说前滑是稳态轧制时的必然现象，因为当中性角 $\gamma = 0$ 时，前滑 $S_h = 0$，整个接触弧都是后滑区，摩擦力的方向完全指向轧制方向，如果此时某一个工艺参数发生变化，轧件承受的水平分力的合力 $\sum T_x$ 可能出现负值，轧件就会被卡在变形区内打滑使轧制不能进行。

轧制条件不变时，变形区内水平合力 $\sum T_x$ 是摩擦系数 f 和单位压力 P 的函数，在一般轧制情况下中性角 γ 起着调节 $\sum T_x$ 的作用，当 $\sum T_x < 0$ 时，中性角 γ 减小，后滑区增大，改变摩擦力分布，建立新的平衡。只有在摩擦系数突然降低，中性角 γ 自动减少到零仍无法使 $\sum T_x \geqslant 0$ 建起新的平衡时才出现打滑或断续打滑事故。轧件在轧辊间打滑现象是非常危险的，因为打滑过程中，变形区外轧件由于辐射和冷却水的作用降温很快，而变形区内轧件则因为摩擦作用降温较缓。当变形区轧件温度降至 850℃附近时，摩擦系数达到最大值（不同钢种的摩擦系数最大值所对应的温度亦不同），如图 4－7 所示。此时可能重新建立起轧制过程，与此同时，变形区以外的轧件温度已经远远低于 850℃。变形抗力则又因温度降低而急剧升高。在这种情况下极易发生轧辊折断或其他设备事故。因此，轧钢工作者在工艺设计时要充分考虑避免出现这种现象，在强化咬入的楔头轧制时也常使允许咬入角 $\alpha \leqslant 1.2\alpha_{max}$，其中 $\alpha_{max} = \beta$。

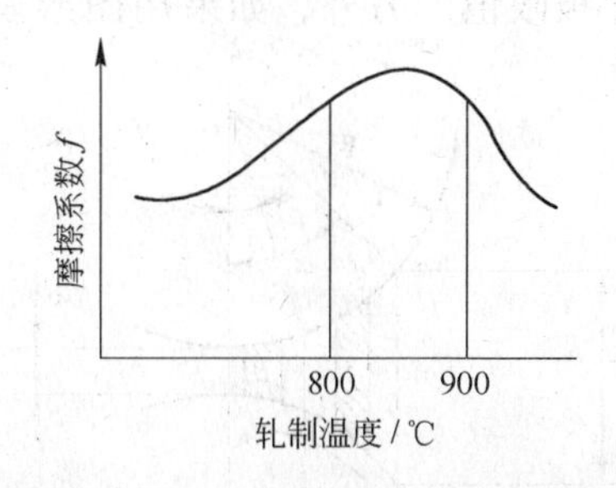

图 4－7　摩擦系数和轧制温度的关系

轧制中产生打滑的原因是局部摩擦系数突然降低。打滑多数发生在开轧道次。这是钢坯表面的炉内氧化铁皮没有很好清除的结果，片状氧化铁皮与轧辊间摩擦系数小于金属基体与轧辊间的摩擦系数，所以当钢坯表面保留较大面积的炉内氧化铁皮进入变形区时就可能发生突然打滑的卡钢现象，或断续打滑现象。为了避免出现开轧道次打滑卡钢，应在加热炉和粗轧机组之间设置高压水除鳞设备。进入轧机前的除鳞处理不仅仅可以保证轧制的顺利进行，还可以改善产品表面质量。不过目前除鳞装置尚未普遍采用，通常在开轧道次采用小压下量以避免打滑轧卡，即开轧道次不充分利用摩擦潜力，设计时使咬入角小于 0.8 倍摩擦角：

$$\alpha_{初} \leqslant 0.8\beta \tag{4-10}$$

上面简单介绍了摩擦系数在轧制变形中的作用，它决定着可能的变形程度，这对粗轧机组能力的发挥和建成稳定可靠的轧制过程是十分重要的。

4.2.2.4　摩擦对于前滑的影响

仍以简单轧制过程为例来说明。轧辊转数不变，在变形区内金属流动速度是一个变量，如图 4－8 所示。

后滑区 A 的金属流动速度小于轧辊圆周速度，前滑区 B 的金属流动速度又大于轧辊圆周速度，只有中性点 Y 处的轧件和轧辊无相对运动。后滑区的金属在轧辊表面摩擦力的作用下被拉向出口一侧，所以摩擦力的方向是向前的。反之，前滑区的金属流动速度大于轧辊圆周速度 v_R，这时由于轧辊表面摩擦力的作用，金属向前运动受到阻碍，所以摩擦力的方向是向后的。在稳态轧制过程中后滑区的摩擦力不仅用来克服轧辊的推出力，还有一部分用于平衡前滑区摩擦力。如前所述，当平衡遭到破坏时，中性角 γ 起着自动调节的作用，当 γ 角变化时，前滑值亦随之发生变化。中性角 $\gamma=0$、前滑系数 $S_h=0$ 时，摩擦系数建成稳态轧制过程的最小极限值。另外，如果用图形表示轧辊与轧件之间的摩擦力绝对值，则得到如图 4－9 所示的以中性点为最大值的山形分布。

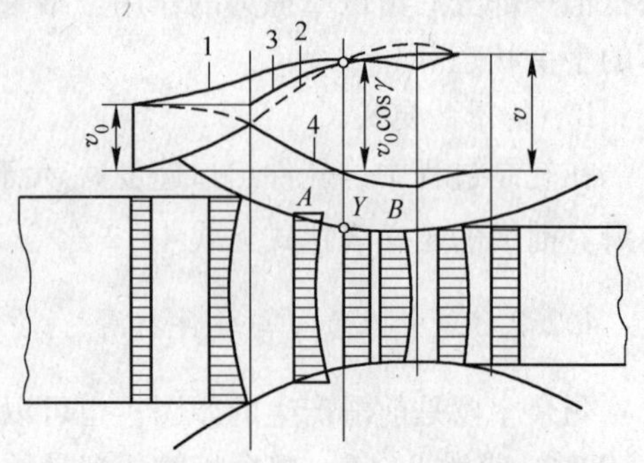

图 4－8　变形区内轧件速度变化图
1—轧件表面速度；2—轧件中心速度；
3—轧件平均速度；4—表面和中心
速度差沿变形区的变化

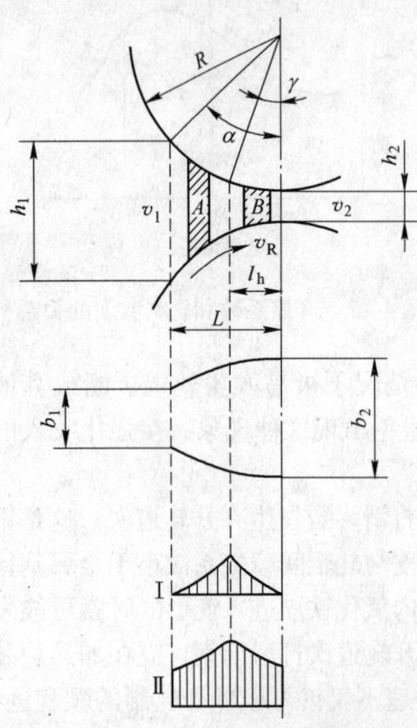

图 4－9　摩擦力和单位压力的分布图
Ⅰ—轧辊表面的摩擦力分布；Ⅱ—在轧辊与轧材间垂直方向上的单位压力分布

4.2.3　摩擦系数对单位变形抗力的影响

当变形区内某点金属由于单位压力 P 的作用而发生塑性变形时，也同时受到摩擦阻力 T 阻止金属相对于轧辊流动，为使变形连续进行，就必须克服纵向阻力 T，因此在下一个变形点上的垂直方向就必须施加 $P+T$ 的压力。所以，在轧制过程中沿变形区长度方向的垂直压力分布呈屋顶形，如图 4－9 所示。

上述分析说明，除中性点外，轧件与轧辊之间在变形区内均有相对滑动。实际上，对于厚、宽比较大的轧件，当使用表面比较粗糙的轧辊进行热轧时，不仅在中性点，而且在其附近，轧件与轧辊之间都会产生黏着，出现很大范围内没有相对滑动的区域。棒材轧制过程就是这种带黏着的轧制过程，如图 4－10 所示。

在有黏着的情况下，变形呈现出严重的不均匀性，轧制前的垂直断面由于附加剪变形的作用

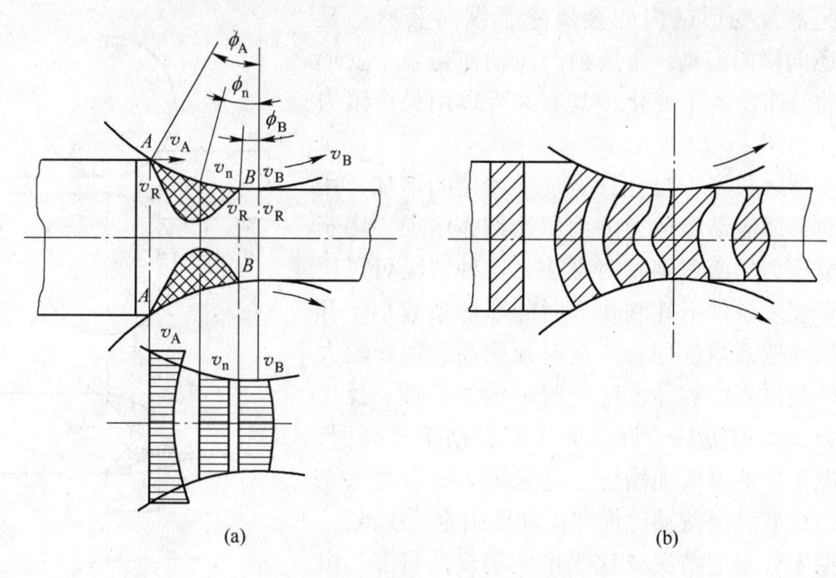

图 4-10　热轧时不均匀变形图
（a）速度分布；（b）纵纹的变形

而成为曲面，图 4-11 给出了存在黏着区情况下的变形状态图。图中区域Ⅰ是非塑性区，在这个区域内金属与轧辊形成整体而进行刚体回转，金属与轧辊表面接触部分呈黏着状态。区域Ⅱ是使轧件获得延伸和剪变形的塑性区，此区域的金属与轧辊和黏着区金属做相对运动，此区域中剪变形应力超过屈服剪应力。区域Ⅲ和Ⅳ是在轧制方向上被弹性压缩的区域，称为弹性楔。

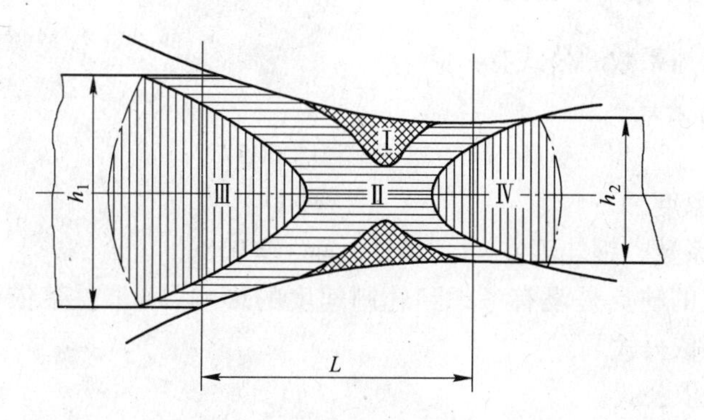

图 4-11　热轧变形状态图

很多实验研究表明，在一定热轧情况下，黏着区的长度接近于变形区长度，即为全黏着。还应指出，在张力参与条件下，前后张力均起着缩短黏着区长度的作用。黏着区的存在说明金属滑移是构成轧制变形的主要变形形式。

4.2.4　摩擦对于宽展的影响

了解到轧件在变形区内的变形规律，就能够正确解释生产中所发生的各种变形特征。上述分析只考虑了沿变形区长度方向的变形特点。摩擦对于宽展的影响也是很大的，在有宽展的情况下，变形区内的金属除了纵向变形（延伸）外，还向横向流动。金属横向流动使得整个变形区摩擦力的分布发生了变化，其原因可以用最小阻力定律解释，如图 4－12 所示。

随着变形区长度 L 与轧件宽度 b 比值的增加，用于克服横向金属流动摩擦力的面积比例亦增加，用于克服纵向摩擦力的面积则相对减小，这种情况可以用来说明在有宽展条件下轧制建成时的摩擦系数小于开始咬入时的摩擦系数的原因。同时说明高、宽比较大的轧件在轧制过程中容易发生打滑卡钢的道理。反过来摩擦系数又影响宽展。许多研究实验结果都证明，宽展随摩擦系数的增大而增加，这是因为随着摩擦系数的增加，金属纵向流动比横向流动更困难的缘故。

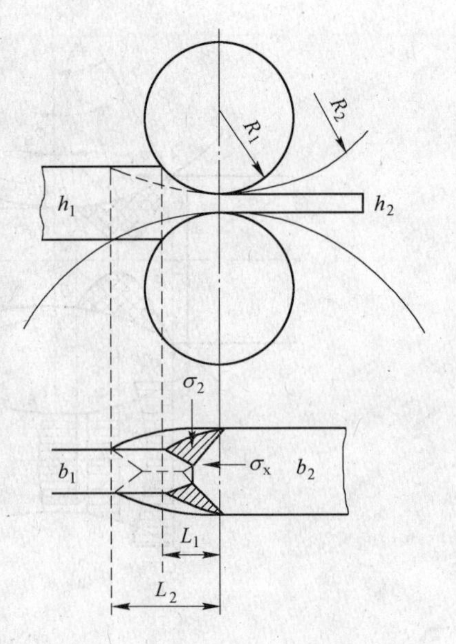

图 4－12　$\frac{L}{b}$与受力关系图

在孔型中轧制的情况要比简单轧制复杂得多。由于孔型各部分绝对压下量、相对压下量都不相同，黏着区域又各异，沿轧件宽度方向各部分的延伸和宽展亦差别甚大，中性面不再是一个简单的平面，在孔型中金属变形极其复杂。所以，到目前为止，还没有建立起完整准确的数学表示式。摩擦在孔型中分布也是极不均匀的。不过在实际应用时可以简化，假设摩擦系数在整个接触面积上是一个定值，即采用平均值。实践证明，对于工程计算来讲，这样处理是允许的。

4.2.5　常用的摩擦系数计算公式

常用的计算摩擦系数的公式有：

（1）艾克隆德公式。

$$f = C(1.05 - 0.0005T) \tag{4-11}$$

式中　T——轧制温度，℃；

C——材质系数，钢轧辊 $C = 1$，铸铁轧辊 $C = 0.8$。

艾克隆德公式的缺点是没有考虑到轧制速度的影响。A · 盖莱依对该公式进行了修正，得到 A · 盖莱依公式。

（2）A · 盖莱依公式。

$$f = C(1.05 - 0.0005T) - 0.056v \tag{4-12}$$

式中　v——轧制速度，m/s；

T——轧制温度，℃。

该公式亦不理想，只适用于 $v = 5$m/s 的条件下摩擦系数的计算。

4.3　宽展

4.3.1　宽展的概念

金属在轧制过程中，轧件在高度方向上被压缩的金属体积将流向纵向和横向。流向纵向的金属使轧件产生延伸，增加轧件的长度；流向横向的金属使轧件产生横向变形，称为横变形。通常把轧制前、后轧件横向尺寸的绝对差值，称为绝对宽展，简称为宽展，以 Δb 表示。即

$$\Delta b = b - B \tag{4-13}$$

式中　B，b——分别为轧前与轧后轧件的宽度，mm。

4.3.2　研究宽展的意义

根据给定的坯料尺寸和压下量，来确定轧制后产品的尺寸，或已知轧制后轧件的尺寸和压下量，要求定出所需坯料的尺寸。这是在拟定轧制工艺时首先遇到的问题。解决这类问题，要知道被压下的金属体积是如何沿轧制方向和宽度方向分配的，亦即如何分配延伸和宽展。因为只有知道了延伸和宽展的大小以后，按照体积不变条件才有可能在已知轧制前坯料尺寸及压下量的前提下，计算轧制后产品的尺寸，或者根据轧制后轧件的尺寸来推算轧制前所需的坯料尺寸。由此可见，研究轧制过程中宽展的规律，具有重要的实际意义。

另外，宽展在实际生产中和孔型设计时得到了广泛的应用。例如，宽展量 Δb 是确定孔型宽度或来料宽度的主要依据。如图 4－13 所示圆钢成品孔的情况，当椭圆形轧件进入圆形成品孔轧制时可能出现以下三种情况：

（1）宽展出来的金属正好充满孔型，说明宽展量或来料宽度选择得正确。

（2）孔型没有充满，轧件不圆。说明宽展量预定得过大，或来料宽度选择小了。

（3）孔型过充满，轧件出耳子，说明宽展量预定得小或来料宽度选择大了。

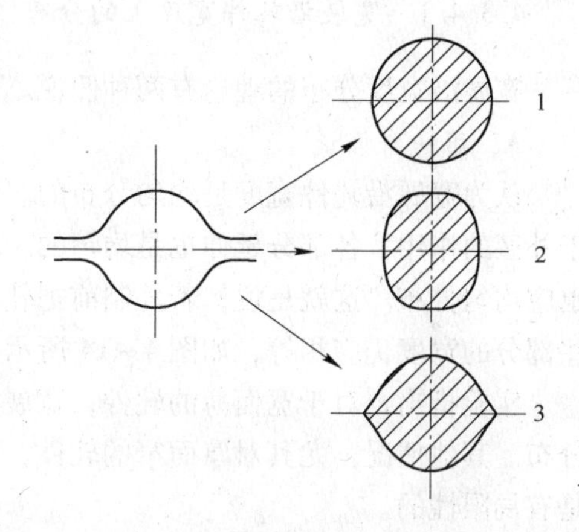

图 4－13　圆钢轧制时可能出现的三种情况

1—正常；2—充不满；3—过充满

以上第一种情况最理想。故型钢轧制过程中的主要矛盾就是轧件的未充满和过充满。

此外，准确确定宽展量，对于实现负公差轧制，改善技术经济指标亦有着重要的意义。

4.3.3　宽展的种类

在不同的轧制条件下，坯料在轧制过程中的宽展形式是不同的。根据金属沿横向流动的自由程度，宽展可分为：自由宽展、限制宽展和强迫宽展。

4.3.3.1　自由宽展

在平辊上或在沿宽度方向上有很大富裕空间的扁平孔型内轧制矩形或扁平形断面轧件时，在宽度方向金属流动不受孔型侧壁限制，可以自由地增宽，此时轧件宽度的增加叫自由宽展。

4.3.3.2　限制宽展

坯料在轧制过程中，被压下的金属与具有变化辊径的孔型两侧壁接触，孔型的侧壁限制着金属横向自由流动，轧件被迫取得孔型侧边轮廓的形状。在这样的条件下，轧件得到的宽展是不自由的，使横向移动的金属质点，除受摩擦阻力的影响之外，还不同程度地受到孔型侧壁的限制。

采用限制宽展进行轧制，可使轧件的侧边受到一定程度的加工。因此，除能提高轧件的侧边质量外，还可保证轧件的断面尺寸精确，外形规整。

4.3.3.3　强迫宽展

坯料在轧制过程中，被压下的金属体积受轧辊凸峰的切展而强制金属横向流动，使轧件的宽度增加，这种变形叫做强制宽展。

4.3.4　宽展的分布

4.3.4.1　宽展沿轧件宽度上的分布

宽展沿宽度分布的理论有两种假说。

A　第一种假说

认为宽展沿轧件宽度是均匀分布的。这种假说认为，当轧件在宽度上均匀压下时，由于外区的作用，各部分延伸也是均匀的。根据体积不变条件，在轧件宽度上各部分的宽展也应均匀分布。这就是说，若轧制前把轧件在宽度上分成几个相等的部分，则在轧制后这些部分的宽度仍应相等，如图 4 – 14 所示。

实验指出，对于宽而薄的轧件，宽展很小甚至忽略不计时，可以认为宽展沿宽度均匀分布。其他情况，尤其对厚而窄的轧件，宽展均匀分布假说不符合实际。因此，这种假说是有局限性的。

B　第二种假说

认为变形区可以分为四个区域，两边的区域为宽展区，中间为前后两个延伸区，如图 4 – 15 所示。

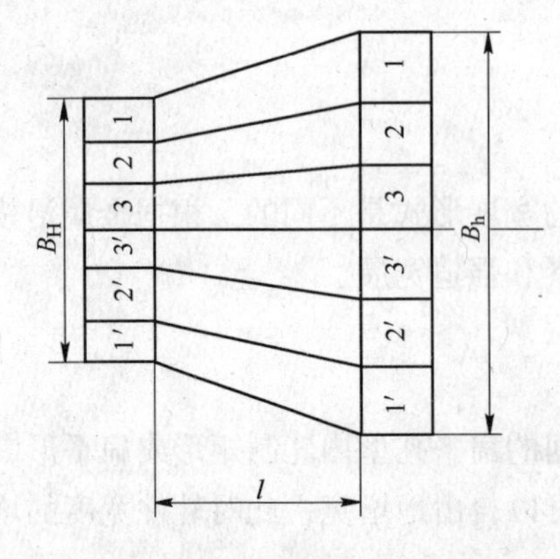

图 4 – 14　宽展沿宽度均匀分布的假说

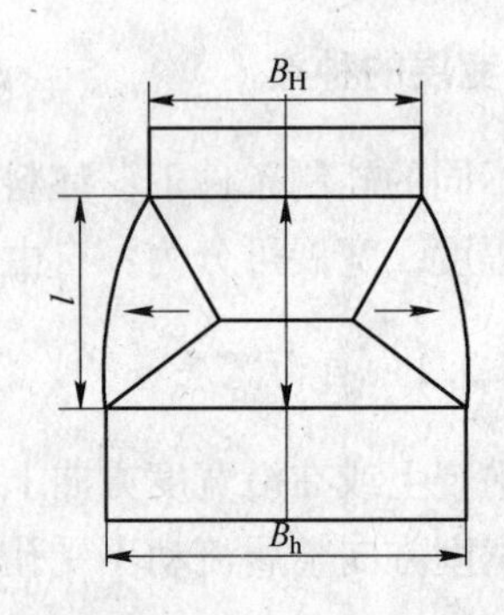

图 4 – 15　变形区分区图示

变形区分区假说也不完全准确。许多实验均证明变形区中金属质点的流动轨迹，并不严格按所画的区间流动。但它能定性描述变形时金属沿横向和纵向流动的总趋势。如宽展区在整个变形区面积中所占面积大，则宽展就大，并且认为宽展主要产生于轧件边缘，这是符合实际的。这个假说便于说明宽展现象的性质，可作为推导宽展计算公式的原始出发点。

4.3.4.2 宽展沿变形区长度的分布

如图 4－16 所示，当轧件咬入后再减小轧辊辊缝，使轧件在 $\alpha>\beta$ 条件下轧制时，由于工具形状的影响，变形区中后滑区靠近轧件入口处有拉应力区存在。拉应力区也是后滑区的一部分，在拉应力区由于纵向拉应力的作用，使轧制单位压力降低。而当在 $\alpha\leqslant\beta$ 条件下轧制时，则无此拉应力区。

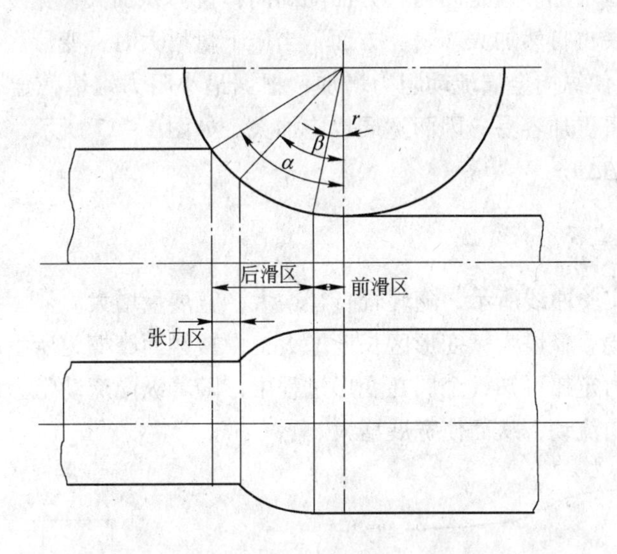

图 4－16 宽展沿变形区长度分布

实验表明，宽展主要集中在后滑区的非拉应力区，拉应力区和前滑区都很小。

总之，宽展沿轧件高度、宽度及变形区长度上的分布，都是不均匀的。它是一个复杂的轧制现象，受很多因素影响。

4.3.5 影响宽展的因素

在孔型中轧制，如果存在不均匀变形，不均匀变形将造成强迫宽展或宽度拉缩。不同的侧壁斜度也不同程度地阻碍金属的横向流动。此外，前后张力在连轧过程中对宽展的作用亦不可忽视。上述诸因素的综合影响使宽展计算变得很复杂。到目前为止，虽然有不少学者从事这方面的研究，但仍然不能精确地决定不同条件下的宽展量。但是由于棒材生产专业性强，不同机列所采用的孔型系统乃至尺寸范围大体一致，加工条件亦基本类同，所以有很多生产实践中的宽展数据，可以作为孔型设计的依据。这样处理比较实用和准确。设计者占有实际资料愈多，在进行孔型设计时也就愈自由。

虽然影响宽展的诸因素目前还不能够用数学方程式定量地表达清楚，但这并不意味了解影响宽展的各主要因素就失去了意义。相反，对影响宽展的因素在生产中所起的作用理解得愈深刻，就愈能迅速揭示和正确解决轧制过程中所发生的各种工艺问题。例如，生产中钢种更换，轧件温度变化等都是经常遇到的问题。往往是在稳定的生产工艺过程中，突然某一条件发生变化而使稳定过程遭到破坏，中间事故增多，成品规格超差，这时就需要采取适当措施，进行轧机调整使之过渡到一个新的稳定轧制过程。能否预见到轧制状态的变化，或者一旦发生变化能否迅速完成这种调节过程，都是和对宽展规律认识的深度分不开的。下面介绍影响宽展的主要因素。

4.3.5.1　压下量 Δh

压下量是影响宽展的主要因素之一，没有压下量就无从谈及宽展。实验表明，随着压下量的增加，宽展也增加。这是因为一方面随高向移位体积加大，宽度方向和纵向移位体积都相应增大，宽展也自然加大。另一方面，当压下量增大时，变形区长度增加，变形区形状参数 $l/\bar{b}$ 增大，使纵向金属流动阻力增加，根据最小阻力定律，金属质点沿流动阻力较小的横向流动变得更加容易，因而宽展也应加大。如图 4－17 所示，Δb 和 Δh 基本上是线形关系，即 $\Delta b=\beta\Delta h$。

4.3.5.2　轧辊直径

如图 4－18 的实验曲线所示，随轧辊直径增大，宽展量增大。

这是因为随轧辊直径增大，变形区长度增大，由接触面摩擦力所引起的纵向流动阻力增大，根据最小阻力定律可知，金属在变形过程中，随着纵向流动阻力的增大迫使高向压下来的金属易于横向流动，从而使宽展增大。

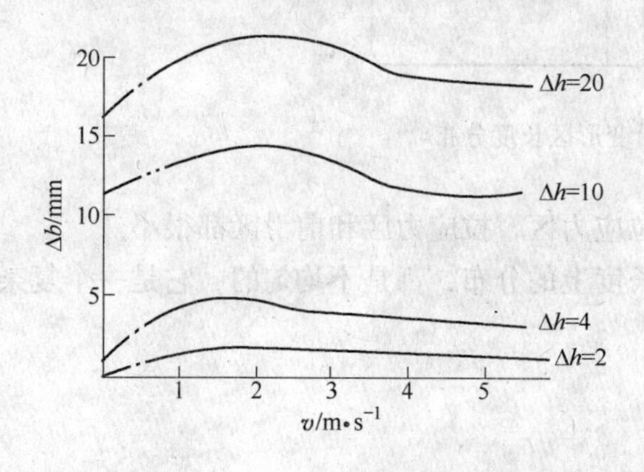

图 4－17　压下量对宽展的影响

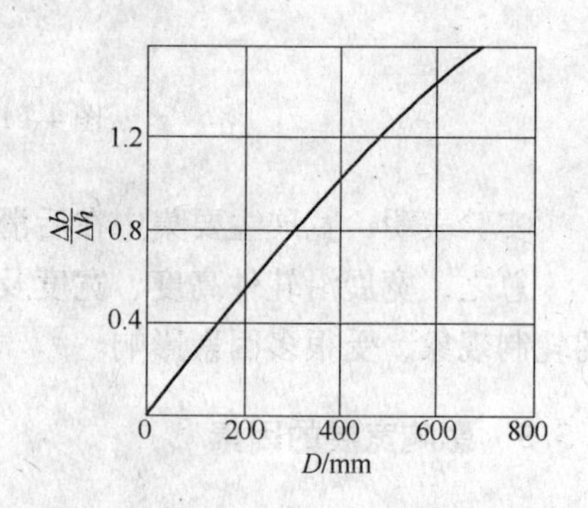

图 4－18　宽展系数与轧辊直径的关系

此外，研究轧辊直径对宽展的影响时，还应注意到轧辊辊面呈圆柱体，沿轧制方向是圆弧形的辊面，对轧件产生有利于延伸的水平分力，使摩擦力产生的纵向流动阻力影响减小，因而使延伸增大，即使在变形区长度等于轧件宽度时，延伸也总是大于宽展。由图 4－19 可看出，当在压下量 Δh 不变的条件下，轧辊直径加大时，变形区长度增大而咬入角减小，轧辊对轧件作用力的纵向分力减小，即轧辊形状所造成的有利于延伸变形的趋势减弱，因而也有利于宽展加大。

由以上两个原因可说明 Δb 随轧辊直径增大而增加，所以，轧制时，为了得到大的延伸，我们一般采用小辊径轧制。

在实际生产过程中，各机列的轧辊名义尺寸不变，但轧辊的重车是经常的。不过由于每次重车量都比较小，只相当于轧辊直径的1%左右，所以带来的影响甚微，一般可不予考虑。但当由报废辊换新辊，即由最小直径换成最大直径时，辊径差为6%～10%。在这种情况下各道的 Δb 及导卫安装尺寸都应作适当调整。

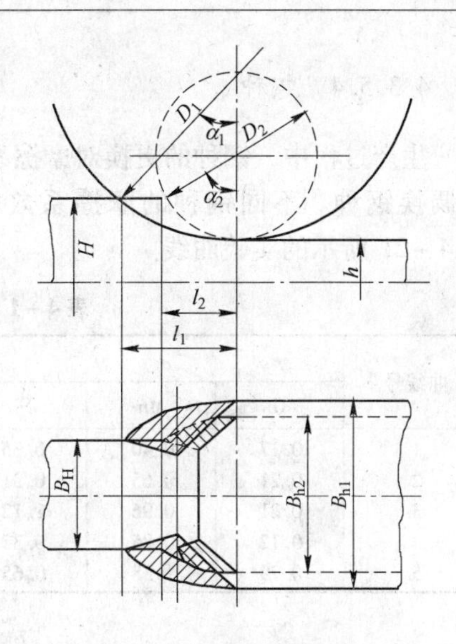

图4－19 轧辊直径对宽展的影响

4.3.5.3 摩擦系数

摩擦系数 f 和宽展成正比，这是因为 f 增加时，金属纵向流动所受的阻力比横向流动所受到的阻力增加很多，这就是说，凡是影响摩擦系数的因素对宽展都有影响。例如由图4－20所示的轧制温度、轧制速度和摩擦系数的关系可见，在一定的轧制温度条件下，摩擦系数随轧制速度的提高先是上升，而后下降，这就影响了宽展；在一定的轧制速度条件下，在800℃之前，随着温度升高，摩擦系数 f 增加，在800～900℃范围内摩擦系数 f 达最大值，此后随温度升高 f 值逐渐降低。棒材生产轧制温度均大于850℃，所以其规律是随着温度升高，摩擦系数 f 值下降，宽展减小，延伸增加。老式横列式棒材轧机，由于采用套轧法，头尾温度差很大，最终造成成品宽度尺寸波动幅度大，使通条尺寸精度无法保证。这种轧件的宽度随轧制温度变化的数量是调整工需要细心掌握的规律。

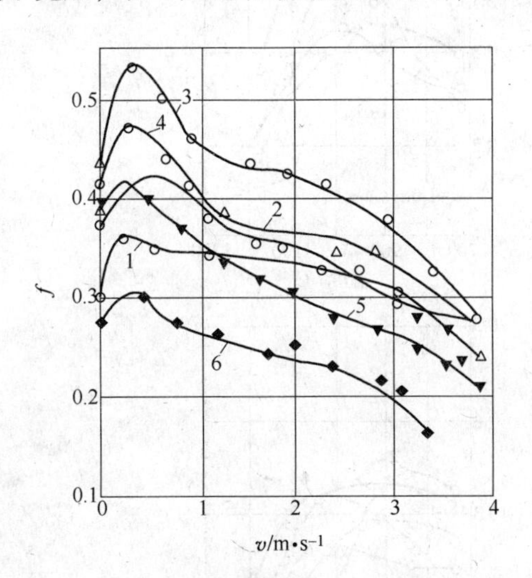

图4－20 在各种温度下摩擦系数 f 与轧制速度的关系

1—735℃；2—820℃；3—902℃；4—1020℃；5—1100℃；6—1212℃

轧辊材质也影响摩擦系数 f 值，钢轧辊的摩擦系数 f 值大于铸铁轧辊的摩擦系数 f 值。在一般生产过程中虽然轧辊材质并不经常变换，但轧槽更换却是频繁的，新槽和旧槽由于光洁度不同，摩擦系数 f 值差异甚大。在连轧机组中，调整工要充分注意换槽所带来的影响，对于连轧道次，一般希望同时更换轧槽。在横列式轧机中，个别道次轧槽的更换对摩擦系数 f 值的影响不是很大，整个轧制的稳定状态一般不至于被破坏，但如果集中多道次同时换槽，就要考虑因摩擦系数 f 值普遍下降所带来的累计的断面波动，愈接近成品孔则对成品尺寸的影响也就愈大。

4.3.5.4　钢种

生产过程中，钢种的更换对摩擦系数 f 值影响很大。在编制作业计划时应尽量避免频繁调换钢种。不同钢种的摩擦系数的差异情况如表 4－1 所示的化学成分对照表和图 4－21 所示的实验曲线。

表 4－1　各曲线对应的化学成分

曲线号	各曲线对应的钢种化学成分/%							
	C	Mn	Si	S	P	Ni	Cr	Cu
1	0.17	0.40	0.35	0.040	0.014	0.12	0.100	0.20
2	0.21	0.65	0.21	0.154	0.016	—	—	—
3	0.21	0.96	1.12	0.028	0.013	8.50	—	—
4	0.12	0.85	0.37	0.012	0.018	8.50	1.798	—
5	0.79	1.38	0.65	0.025	0.030	3.20	0.200	—

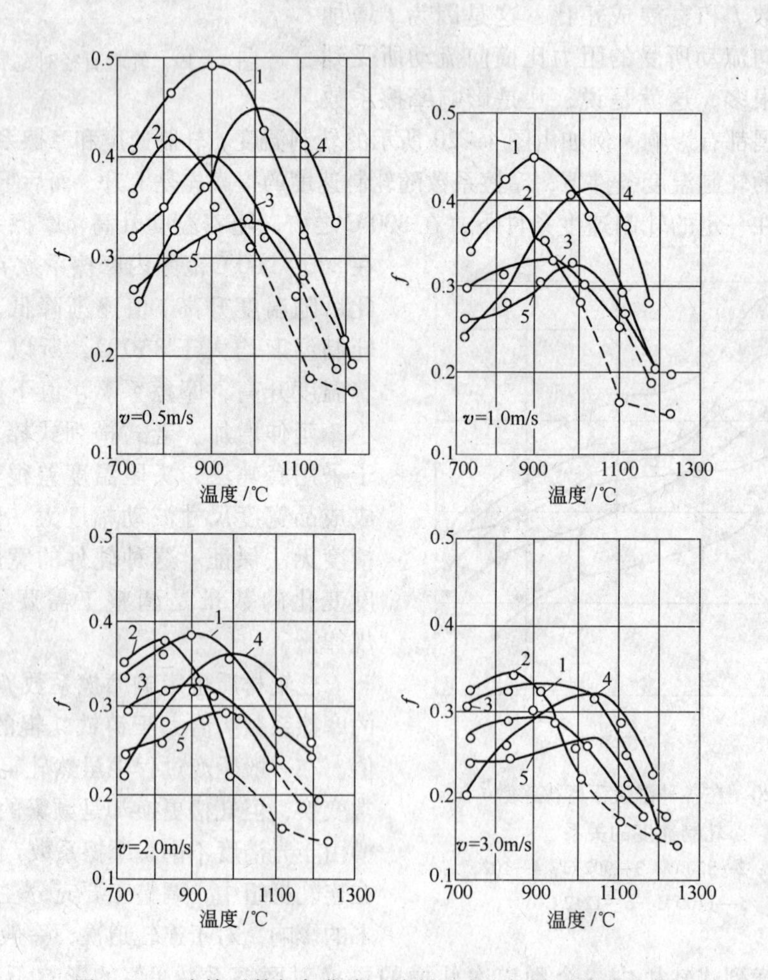

图 4－21　摩擦系数与各曲线、轧制速度之间关系的实验曲线

一般情况是，当由低碳钢换为高碳钢时，为避免孔型过充满，各道次辊缝值应该由粗轧向后逐架适当缩小。由图 4－21 可以看出在正常轧制温度（大于 950℃）条件下高碳钢

和低合金钢（曲线1、3、4、5）的摩擦系数f值高于低碳钢（曲线2）的，相应的宽展也增大。

4.3.5.5 轧制速度

当轧制速度超过2～3m/s时，摩擦系数f值随着速度增加而急剧下降，如图4－20所示。这就影响到宽展，因摩擦系数f减小，宽展亦随之减小。

图4－20还表明，低速时摩擦系数f随v的增加而提高。当$v>0.5$m/s时，随着速度的提高摩擦系数f减小，即宽展量Δb减小，延伸系数增加。

4.3.5.6 轧制道次

实验证明，在总压下量相同的条件下，轧制道次越多，总的宽展量越小。从轧制一道的宽展和轧制若干道时的宽展来看，可用下式表示

$$\Delta b > \Delta b_1 + \Delta b_2 + \cdots + \Delta b_n \tag{4-14}$$

根据实验如图4－22所示，轧制一道的2号与5号，轧件在压下量相近的情况下比轧六道的3号和4号轧件的宽展量大得多。因此，不能按照钢坯和成品的厚度计算宽展，必须逐道计算，否则会造成错误。

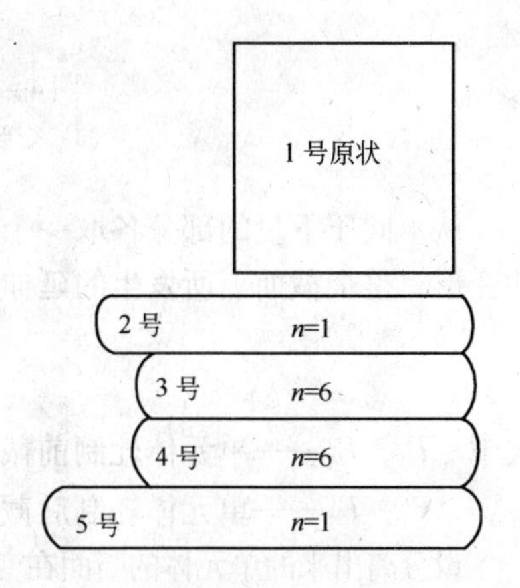

图4－22　轧制道次对宽展的影响

根据M·A·扎罗辛斯基的研究，得出下列关系：

$$\Delta b = C_2(\Delta h)^2 \tag{4-15}$$

即绝对宽展Δb与绝对压下量Δh的平方成正比。例如总压下量$\Delta h = 10$mm，则用一道次轧制，其宽展为

$$\Delta b = C_2\ (\Delta h)^2 = C_2\ (10)^2 = 100C_2$$

若改用两道次轧制，每道次压下量为5mm，则其宽展为

$$\Delta b_2 = \Delta b' + \Delta b'' = C_2\ (5)^2 + C_2\ (5)^2 = 50C_2$$

显然

$$\Delta b_1 > \Delta b_2$$

4.3.5.7 张力

实验证明，后张力对宽展有很大影响，而前张力对宽展影响很小。这是因为轧件变形主要产生在后滑区。在后滑区内随着后张力的增大，宽展减小。这是因为在后张力作用下使金属质点纵向流动阻力减小，必然使延伸大、宽展减小。在$\alpha > \beta$条件下轧制时，由于工具形状的影响，在后滑区靠近入口端形成的拉应力区内，宽展量Δb小的原因也可以由此解释。

4.3.5.8 孔型形状

孔型形状对宽展量Δb影响也是很大的。型钢轧制时，经常利用孔型形状达到强迫宽展和限制宽展的目的。

轧件在孔型中轧制的基本特点是沿宽度方向上压下量的不均匀性，这种变形不均匀性对宽展的影响可以用“闭合周界”定则定性地加以说明，如图 4－23 所示。由于轧件的整体性，不论不均匀变形的特征如何，金属在整个横断面上的延伸率μ保持不变。现在我们取一矩形坯料，如图 4－23(a) 所示，在深切孔型中进行轧制（如图 4－23(b) 所示）来说明这个问题。

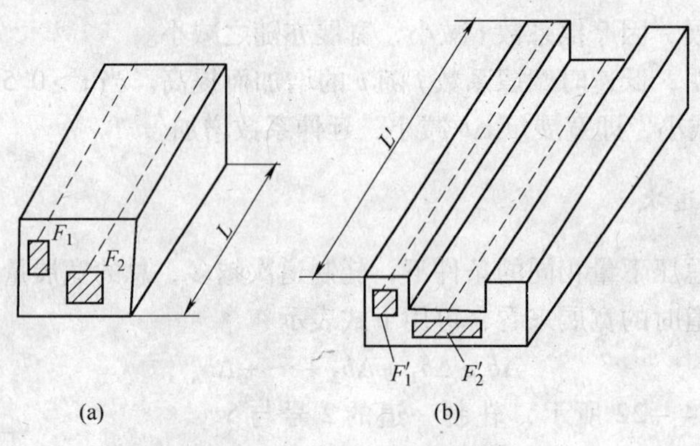

图 4－23　不均匀变形的封闭模型图

（a）矩形坯料；（b）在切深孔型中轧后形状

从不同压下量的部分各取一个闭合单元体，则轧制后轧件体积不变。又因为随着轧件的变形，整个截面上所发生的延伸率各部分是相同的，故可写出下式：

$$\frac{F_1}{F_1'}=\frac{F_2}{F_2'}=\mu$$

式中　F_1，F_2——单元体轧制前截面积，mm^2；

F_1'，F_2'——单元体轧制后截面积，mm^2。

设分离出来的单元体的断面在变形前为h_1b_1，变形后为$h_1'b_1'$，根据“闭合周界”定则得

$$\frac{h_1b_1}{h_1'b_1'}=\frac{L'}{L}=\mu \tag{4-16}$$

从式 4－16 可得出如下结论：

当$\frac{h_1}{h_1'}=\mu$时，则$\frac{b_1'}{b_1}=1$，无宽展；

当$\frac{h_1}{h_1'}>\mu$时，则$\frac{b_1'}{b_1}>1$，有宽展；

当$\frac{h_1}{h_1'}<\mu$时，则$\frac{b_1'}{b_1}<1$，宽展为负值，即发生宽度拉缩。

第一种没有宽展的情况符合宽度很大的板材轧制。在棒材生产中经常见到的是发生宽展的第二种情况。宽展为负值的第三种情况在异型孔型中轧制时才会出现。现在我们就用“闭合周界”定则定性地解释在不同孔型中轧制时宽展系数差异很大的原因。

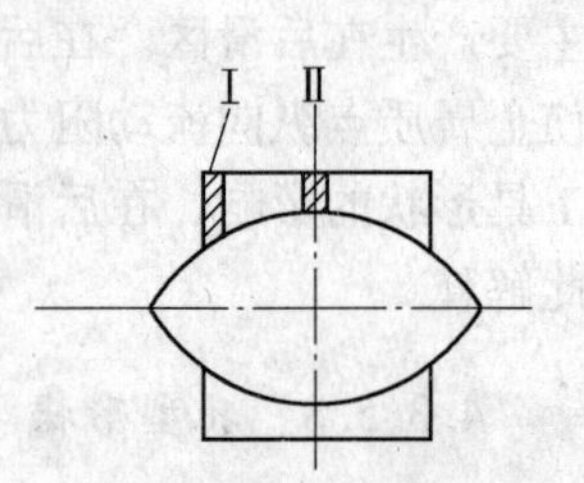

图 4－24　方轧件进入椭圆孔型变形图

(1) 方进椭圆孔型，如图 4－24 所示。

Ⅰ区的$\frac{h_1}{h_1'}>\mu$，此时有较大的宽展发生，又因最小阻力定

律，此处金属最容易向横向流动，加之椭圆孔表面过渡平滑，阻碍金属向横向流动的阻力较小，所以这类孔型的宽展系数就较大。Ⅱ区的$\frac{h_1}{h_1'}<\mu$，这说明该区域的金属全部向纵向流动，是获得延伸的主要部分，并有拉缩边部宽展的作用。

（2）菱形轧件进入方孔型，如图4－25所示。

菱形轧件进入方孔型和方形轧件进入椭圆孔型相反，Ⅰ区的$\frac{h_1}{h_1'}<\mu$，不仅不存在自由宽展，而且在宽度方向有被拉缩的现象。但Ⅱ区金属将被迫向横向移动。由于Ⅱ区金属远离边部，依最小阻力定律，横向流动的金属量就少一些。加之方孔型的斜壁阻止宽展的作用比较大，最终使得这种孔型系统的宽展系数比较小。

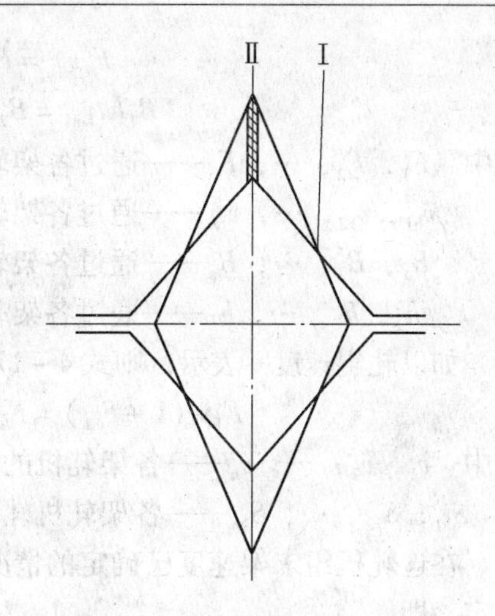

图4－25　菱形轧件进入方孔型变形图

同理，椭圆轧件进入方孔型的宽展亦较小。圆形轧件在椭圆孔型中轧制时的宽展系数小于方形轧件在同一孔型轧制时的宽展系数。在同一孔型系统内大断面的宽展系数小于小断面的宽展系数。

4.4 连轧与张力

连轧生产棒材工艺的优越性已被公认，新建厂均采用连轧工艺装备。原来的横列式、半连续式的工艺装备也正在逐步为连轧装备所取代。在连轧生产中，张力影响其他工艺参数，其他工艺参数亦决定着张力，因此，张力是纽带，张力调节是最敏感的调节量，研究连轧，必须研究张力。所以对连轧与张力的研究有着重要意义。

4.4.1 基本概念

4.4.1.1 连轧的基本概念

连轧生产的发展，促进了连轧理论的建立和发展。以"秒流量相等"条件为基本原理，引用轧制理论中有关公式，经过数学演绎建立了综合的连轧数学模型，即连轧理论的数学表达式。但随着生产和科学技术的发展，"秒流量相等"条件，已不适应于电子计算机控制连轧生产的要求，因为它只能在稳态时才成立，而连轧过程总是在动态下进行的。如头尾轧制，中间连轧的不断调节等，均要求建立一个能反映连轧动态过程各工艺参数之间相关联的数学表达式。

所谓连轧是指轧件同时通过数架顺序排列的轧机进行的轧制，各轧机通过轧件而相互联系、相互影响、相互制约。从而使轧制的变形条件、运动学条件和力学条件具有一系列的特点。

A　连轧的变形条件

为保证连轧过程的正常进行，必须使通过连轧机组各架轧机的金属秒流量保持相等，此即所谓连轧过程秒流量相等原则，即

$$F_1v_{h1}=F_2v_{h2}=\cdots=F_nv_{hn}=\text{常数}$$

或
$$B_1h_1v_{h1}=B_2h_2v_{h2}=\cdots=B_nh_nv_{hn}=\text{常数} \tag{4-17}$$

式中 F_1，F_2，…，F_n——通过各架轧机的轧件断面积，mm^2；

v_{h1}，v_{h2}，…，v_{hn}——通过各架轧机的轧件出口速度，m/s；

B_1，B_2，…，B_n——通过各架轧机轧件的轧出宽度，mm；

h_1，h_2，…，h_n——通过各架轧机的轧件轧出厚度，mm。

如以轧辊速度 v 表示，则式 4－17 可写成

$$F_1v_1(1+S_{h1})=F_2v_2(1+S_{h2})=\cdots=F_nv_n(1+S_{hn}) \tag{4-18}$$

式中 v_1，v_2，…，v_n——各架轧机的轧辊圆周速度，m/s；

S_{h1}，S_{h2}，…，S_{hn}——各架轧机轧件的前滑值。

在连轧机组末架速度已确定的情况下，为保持秒流量相等，其余各架的速度应按下式确定，即

$$v_i=\frac{F_nv_n(1+S_{hn})}{F_i(1+S_{hi})};i=1,2,\cdots,n \tag{4-19}$$

如果以轧辊转速表示，则公式 4－18 可写成

$$F_1D_1n_1(1+S_{h1})=F_2D_2n_2(1+S_{h2})=\cdots=F_nD_nn_n(1+S_{hn}) \tag{4-20}$$

式中 D_1，D_2，…，D_n——各机座的轧辊工作直径，mm；

n_1，n_2，…，n_n——各机座的轧辊转速，r/min。

秒流量相等的条件一旦破坏就会造成拉钢或堆钢，从而破坏了变形的平衡状态。拉钢可使轧件横断面收缩，严重时造成轧件断裂；堆钢可造成轧件堆死而引起设备事故。

B 连轧的运动学条件

前一机架轧件的出辊速度等于后一机架的入辊速度，即

$$v_{hi}=v_{Hi+1} \tag{4-21}$$

式中 v_{hi}——第 i 架轧件的出辊速度，m/s；

v_{Hi+1}——第 $i+1$ 架的轧件入辊速度，m/s。

C 连轧的力学条件

前一机架的前张力等于后一机架的后张力，即

$$q_{hi}=q_{Hi+1}=q=\text{常数} \tag{4-22}$$

式 4－17、式 4－21、式 4－22 即为连轧过程处于平衡状态下的基本方程式。应该指出，秒流量相等的平衡状态并不等于张力不存在，即带张力轧制仍可处于平衡状态，但由于张力作用各架参数从无张力的平衡状态改变为有张力条件下的平衡状态。

在平衡状态破坏时，上述三式不再成立，秒流量不再维持相等，前机架轧件的出辊速度也不等于后机架的入辊速度，张力也不再保持常数，但经过一过渡过程又进入新的平衡状态。

4.4.1.2 张力的自动调节作用

张力轧制和自由轧制对比，工艺参数有如下变化：

(1) 张力使得前一架前滑系数增大，前滑增量 ΔS 随张力增加而递增；第二架前滑系数减小，这是因为后张力使中性角减小的缘故，也可以理解为剩余摩擦力的减小。这种前

滑系数一正一负的变化结果使第一架轧件出口速度 v_1 增加，第二架 v_2 出口速度减小，秒流量 Q_1 增加，Q_2 减小。所以随着张应力增加，起始速度差 Δv 和秒流量差将向减小的方向发展。

(2) 宽展 Δb 随张应力 σ 值的增加而减小。从最小阻力定律可判断 Δb_1 和 Δb_2 均趋于递减。又因为宽展主要发生在后滑区，所以相对来说 Δb_2 较 Δb_1 减小的幅度要大。宽展的变化引起轧件断面积的变化。由于 Δb_2 递减比率大于 Δb_1 递减比率，故第二架轧件断面积递减比率大于第一架轧件断面积的递减比率，其结果亦使架间秒流量差向平衡方向发展。

(3) 张力参与还影响着变形抗力的变化，其变化幅度主要取决于轧机刚度、轧辊长度及轧辊直径。对于棒材精轧机来说，因轧制断面小，变形抗力也就比较小，而且其绝对值在生产过程中基本稳定，所以在工程计算时可忽略不计，即按自由轧制状态计算即可。

综上所述，上述参量的变化结果使 Δv 逐渐随着应力 σ 的增大而趋于零，这个过程就是连轧的动态过程。当 $\Delta v=0$ 时即标志着稳态过程的建成。整个动态过程时间以 t_k 表示，此时张力就是稳态张力值，各参数的定性变化规律如图 4-26 所示。

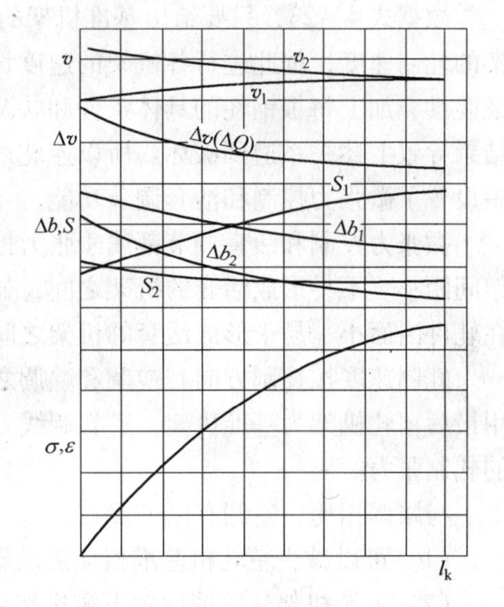

图 4-26 张力参与下各参量的变化关系图

4.4.1.3 实际的连轧过程

实际上连轧过程是一个非常复杂的物理过程，当连轧过程处于平衡状态（稳态）时，各轧制参数之间保持着相对稳定的关系。然而，一旦某个机架上出现了干扰量（如来料厚度、材质、摩擦系数、温度等）或调节量（如辊缝、辊速等）的变化，连轧机组的平衡状态将被打破，随后通过张力对轧制过程的自调作用，上述扰动又会逐渐趋于稳定，从而使连轧机组进入一个新的平衡状态。这时，各参数之间建立起新的相互关系，而目标参数也将达到新的水平。由于干扰因素总是会不断出现，所以连轧过程中的平衡状态（稳态）是暂时的、相对的，连轧过程总是处于稳态→干扰→新的稳态→新的干扰这样一种不断波动着的动态平衡过程中。

4.4.1.4 连轧的微张力控制和活套调节

由式 4-17 可知，影响金属秒流量的因素一是轧件断面面积，另一个是轧制速度。轧件断面面积一旦调整好就固定不变（实际上，由于有摩擦而存在磨损，孔型面积有不断变大的趋势），只有通过调整轧制速度来满足金属秒流量的平衡关系。

由前面内容可知，轧件上的张力变化是由于轧件通过相邻机架的金属秒流量差引起的，所以调整各机架轧制速度就可以改变金属轧件的秒流量，以达到控制张力的目的。但在实际应用中，轧件面积无法给出精确的数值，故一般采用金属延伸系数的概念来加以描述。在连续小型轧机中，n 机架的延伸系数 μ_n 应等于 n 机架的速度和 $n-1$ 机架的速度之比，即：

$$\mu_n = \frac{v_n}{v_{n-1}} \tag{4-23}$$

根据式 4－23，只要给出基准机架的轧制速度和各机架的延伸系数，就可以求出各机架的轧制速度，据此进行各机架的速度设定。但是，因为操作者给出的延伸系数 μ_n 带有经验性，加上每根钢坯的具体条件和状况，如外形尺寸和温度变化等不可能完全一样，其结果导致上述关系遭到破坏。所以连轧过程中为了维持上述关系新的平衡，均在控制系统中设置了微张力控制和活套调节功能。

微张力控制和活套调节都属于张力控制的范围。微张力控制一般用在轧件断面大、机架间距小、不易形成活套的机架之间，如在粗轧和中轧机组等。而活套无张力调节则是用在轧件断面小、易于形成活套的机架之间，如在精轧机组。

轧制速度按控制方向有逆调和顺调之分。对于单线连轧机，采用逆调较为合理，即选用最后精轧机架为基准机架，逆轧制线方向调节上游机架的轧制速度，以此来控制全轧线的轧制张力。

与顺调相比，逆调有以下优点：

（1）可以减少精轧机基准机架后的辅助传动的速度波动。

（2）上游机架轧辊速度较下游机架慢些，与顺调相比系统动特性可以得到一些改善。

4.4.2 连轧机的调整与控制

对于儿个机架的连轧机的稳态过程，在任何一个位置上的秒体积流量都是常数：

$$Fv = C$$

此时如果轧件厚度、宽度、变形抗力、轧辊转速、轧件温度等其中任何因素发生变化，就会破坏已经形成的稳态过程。与此同时，各架间的张力、前滑、Δh、Δb 也将随之发生变化，此时轧件将重新处于动态过程，并在新的条件下向新的稳态过程过渡。例如，第一架压下量 Δh_1 减小，则第一架出口断面积 F_1 增大，$\sigma_{1,2}$ 减小或由拉钢转变为堆钢。在新的动态过程中如果不发生堆死或拉断事故，最终必将重新建立起新的稳态过程。

由于某些干扰，如孔型磨损、温度波动以及化学成分不均匀等在生产过程中是不可避免的，所以动态过程是绝对的。这些自然干扰因素在大多数的情况下能够自动得到调节，有时候需要人为地进行调整，以期获得稳定的生产工艺秩序。一套连轧机投入运行后，由于对某参数出现计算上的误差，给调整带来困难时，通常采取调节辊径的办法来调节各架秒流差的关系。

在调整实践中有如下规律：

（1）Δh 变化对下一道影响最为明显，对以后的架次影响逐渐削弱乃至消失。

（2）Δh 减小则使后一道次的拉钢减小。

（3）Δh 增大则使拉钢增加，使以后各道次的断面减少。

孔型轧制的重要特点是每道次之后进行翻钢（平立交替轧制时相当于翻钢），棒材由于断面较小，轧制压力不大，一般对轧件高度的变化可忽略不计，即连轧张力只考虑对轧件宽度的影响。所以调整时只要控制好轧件宽度就可以达到预期目的，当然，正确的孔型设计是先决条件。

连轧中还有一个现象，即始终有一个前端和后端长度不参与连轧的动态过程，而处于自由轧制状态。当机架间张力过大时，会出现前后头轧件宽度大大超过中间轧件的宽度。为了得到符合要求的中部尺寸，前后头的轧件宽度就可能溢到孔型外部而造成过充满（耳子），这种轧件会造成“肥头”，导致下一道次不进。所以微张力设计和调整乃是连轧生产所追求的目标。

为了把轧制过程调节成微张力的，通常采用改变压下量 Δh 的手段来改变轧件断面积，使秒流量趋于相等。如果工艺设计基本正确，这种调节范围应是足够的。例如，ϕ20mm 棒材，若使产品直径改变 ±0.35mm，其断面积变化率为 7%，从这一点可以看到调整工作的重要作用。调整工作是工艺设计的继续和补充。

多架连轧棒材轧机在轧制过程中由于张力的参与而产生了自动调节性能。

4.4.3 棒材轧制过程自动化

4.4.3.1 轧制过程自动化的基本概念

所谓轧制过程自动化是指在轧制过程中，采用自动化装置和电子计算机，使各种过程变量保持在所要求的给定值上，并合理地协调全生产过程以实现自动操作的一种技术。

轧制过程自动化可以提高和稳定产品质量，提高轧机等设备的使用效率，达到最经济地进行生产和经营的目的。

实现自动化的技术手段多种多样，其中以电气自动化控制方法最为普遍。

4.4.3.2 自动控制系统的基本组成和作用

A 自动控制系统的组成

自动控制系统基本上由以下几部分组成：

（1）被控对象。指轧钢机、轧制生产过程、各种容器或管线等。根据具体生产工艺不同，其控制对象也各不相同，由于控制对象是整个系统的主要组成，所以它对自动控制系统的影响很大。

（2）被控量。是被控对象中要求维持等于或接近于给定值的那个物理量，通常称为被控量（或被控制量），或称为输出量。

（3）干扰量（或称扰动量）。是一切扰动被控对象稳定运行，引起被控量偏离给定值的信号。例如当轧机正稳定运行时，突然电源电压发生了波动，致使轧机转速产生波动，电压的波动就是干扰量。

（4）检测装置（或称检测环节）。是用来测量被控对象中被控量大小，并进一步将它转换为与给定量同一量纲的一种装置。

（5）给定量（或称给定值）。是系统的输入量，它是由控制系统以外的装置（或叫给定环节）来给定，可以由计算机或专门的给定装置来提供。它可以是电量、非电量、数字量或模拟量等。给定量就是希望被控量所能达到的值或接近的值，例如给定轧机的速度，就是希望被控量能达到这个速度值。给定量与被控量（或叫反馈量）通常是同一个物理量。自动控制的目的就是希望在整个运行过程中被控量尽可能复合给定量。

(6) 比较环节。是将给定量与测量值进行比较的一种装置。经检测装置检测的信号值与给定量进行比较，利用比较的差值通过闭环系统的控制作用，使被控量接近或等于给定值，使偏差减小或消失。

(7) 控制器。是用来实现对被控对象进行自动控制作用的装置，一般由调节器和执行机构所组成。调节器是一闭环系统实现最优工作的关键部件，通常它对偏差信号进行比例 (P)、积分 (I)、微分 (D)，以及它们的组合 PI、PD 或 PID 运算，并输出控制指令。

给定环节、检测环节、比较环节、调节器和执行机构组合在一起，便构成该控制系统的控制部分，目的是对被控量进行控制。

B　自动控制系统的任务

自动控制系统基本上要完成三个任务：

(1) 对被控量的正确测量与及时报告。

(2) 将实际测量到的被控量与希望保持的给定值进行比较、计算和控制方向的判断。

(3) 根据比较的结果，发出执行控制命令，使被控量恢复到希望保持的数值上。

根据上述情况可以概括出自动控制系统的典型结构原理控制框图，如图 4－27 所示。

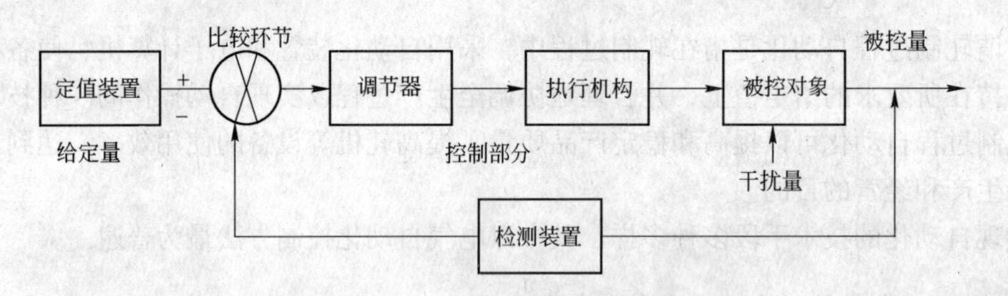

图 4－27　自动控制系统典型结构原理控制框图

4.4.3.3　轧机主传动特点

为了动态地满足各机架秒流量相等这一连轧关系的基本原则，在全连轧过程中，要求不断用调节有关机架主传动转速来微调轧辊间轧件的张力关系以及各种外扰因素带来的不利影响。为此，连轧机对主传动的要求有：调速范围大；调速精度高，静态速降小；咬钢时动态速降小与恢复时间短；调速快。

A　调速范围大

连轧机主传动（驱动轧辊的电机）普遍采用直流电机，以解决调速问题，直流电机有以下优点：

(1) 可以精确控制速度。

(2) 速度控制范围大。

(3) 可以定速运转。

(4) 可以制造起动转矩非常大的电机。

但也存在一些缺点：

(1) 结构复杂而维护困难。

(2) 重量大，价格高。

B 调速精度高，静态速降小

在实际生产中，为调整产品规格和改变轧件堆拉状况，改善产品尺寸精度，要求主传动的调速精确度达到很高水平才能准确地设定各架轧制速度，并在连轧过程中准确地纠正已经观察到的过度堆拉钢现象。

C 动态速降小与恢复时间短

轧机主传动直流电机在受到突加负载（咬钢）时，会产生转速的降低，由于速度调节系统的作用使电机在转速恢复过程中，转速的变化呈阻尼衰减的波动形状。其中开始转速下降至最大值称为动态速降值，转速恢复到静态速降的时间称为恢复时间。

轧钢主传动电机在咬钢发生动态速度降低时，连轧相邻机架的金属秒流量暂时失去平衡所采用的措施：

（1）在轧辊设定速度的基础上加动态速降系数为空载转速。

（2）处于轧制变形区的轧件头部因受堆挤而增大（增宽和增厚，主要是增宽）。为了保证轧件全长尺寸的一致性，故需切去轧件头部的增大部分。

综上所述，减少主传动动态速降和缩短恢复时间将对稳定转速关系即堆拉关系有利，从而能够获得稳定的轧制条件。

D 调速快

在实际操作中，更换产品、规格后的重新设定主传动转速的调速操作由主控室下载各相关品种规格轧制表进行，因此开机时自动执行轧制表的设定转速。但随机调速时，调整堆拉关系或补偿转速偏差，因在轧制过程中进行，则需要在尽可能短的时间内完成，以减少轧件中间尺寸变化对成品的影响。这就要求轧机主传动调速能做到快速，纠偏能力大。

4.5 轧制压力

4.5.1 轧制压力的概念

轧制过程中通常金属给轧辊的总压力的垂直分量称为轧制压力或轧制力。

轧制压力是解决轧钢设备的强度校核，主电机容量选择或校核，制定合理的轧制工艺规程等方面问题时必不可缺少的基本参数。轧制压力可以通过直接测量法或计算法获得，直接测量法是用测压仪器直接在压下螺丝下对总压力进行实测而得的结果。计算轧制压力的公式如下：

$$P=\bar{p}F \tag{4-24}$$

式中 $\bar{p}$——金属对轧辊的（垂直）平均单位压力；

F——轧件与轧辊接触面积的水平投影，简称接触面积。

由上式可知，决定轧制时轧件对轧辊压力的基本因素一是平均单位压力，二是轧件与轧辊的接触面积。在不同轧制条件下，轧制压力波动在很大范围内，例如，线材精轧机在轧制温度850～950℃，轧制速度8～20m/s时，轧制压力为5～10t；线材粗轧机在轧制温度1000～1200℃，轧制速度3～6m/s时，轧制压力为20～40t。中型轧机在轧制温度900～1200℃，轧制速度3～6m/s时，轧制压力为50～100t；连续带钢轧机在轧制温度800～1100℃，轧制速度5～20m/s时，轧制压力为500～2000t。

4.5.2 影响轧制压力的因素

影响轧制压力的因素主要包括：

(1) 轧件材质。含碳量高或合金成分高的材料，因其变形抗力大，轧制时单位压力也大，所以轧制力也就大。

(2) 变形温度。随着温度的增加，钢的变形抗力降低，所以轧制压力降低。

(3) 变形速度。热轧时，随着轧制速度的增加，变形抗力有所增加，平均单位压力将增加，故轧制压力增加。

(4) 外摩擦。轧辊与轧件间的摩擦力越大，轧制时金属流动阻力愈大，单位压力愈大，需要的轧制力也愈大。在光滑的轧辊上轧制比在表面粗糙的轧辊上轧制时所需要的轧制力小。

(5) 轧辊直径。轧辊直径对轧制压力的影响通过两方面起作用：一方面是当轧辊直径增大，变形区长度增长，使得接触面积增大，导致轧制力增大；另一方面，由于变形区长度增大，金属流动摩擦阻力增大，则单位压力增大，所以轧制力也增大。

(6) 轧件宽度。轧件越宽，接触面积增加，轧制力增加。轧件宽度对单位压力的影响一般是宽度增大，单位压力增大。

(7) 压下率。压下率愈大，轧辊与轧件接触面积愈大，轧制力增大。同时随着压下量的增加，平均单位压力也增大。

思 考 题

4-1　什么是前滑，摩擦系数对前滑有什么影响？

4-2　宽展有几种类型，棒材轧制时宽展属于哪一类？

4-3　影响宽展的因素主要有哪些？

4-4　什么是连轧，轧制速度对连轧有什么影响？

4-5　影响轧制压力的因素主要有哪些？

5 孔型基础知识

5.1 孔型及其分类

5.1.1 轧槽与孔型

5.1.1.1 轧槽与孔型的基本概念

热轧型钢时，为了将矩形和方形（也有使用异形断面的）断面的钢锭或钢坯轧成各种断面形状的钢材，轧件必须在连续变化的孔型中进行轧制。为了获得所要求的断面形状和尺寸的轧件，在轧辊上刻有凹入或凸出的槽子，我们把刻在一个轧辊上的槽子叫轧槽。所谓孔型，就是两个轧辊轧槽所围成的断面形状及尺寸，如图5－1所示。

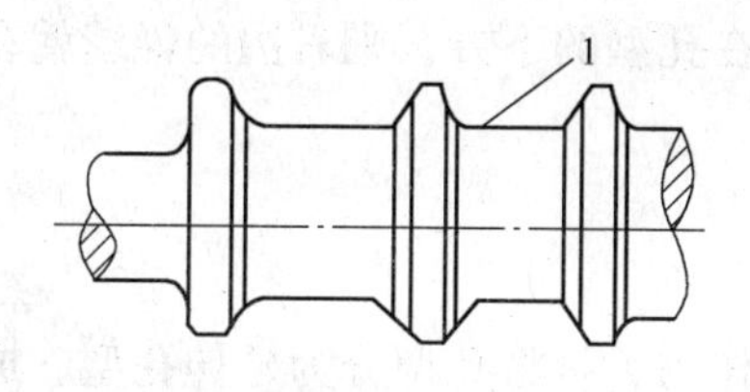

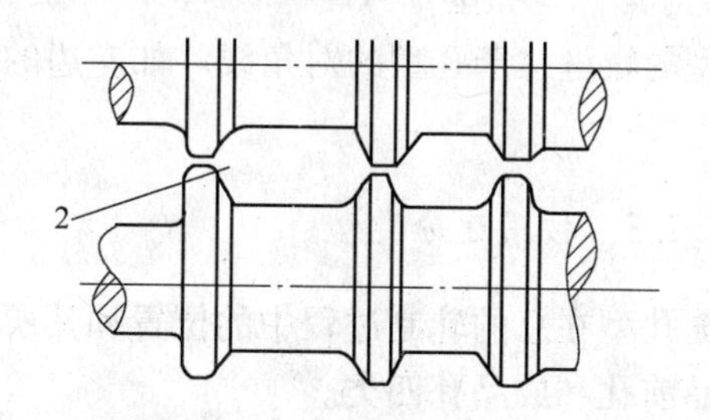

图5－1 轧槽与孔型示意图

1—轧槽；2—孔型

5.1.1.2 轧制面

通过两个轧辊或两个以上的轧辊轴线的垂直平面，即轧辊出口处的垂直平面称为轧制面。

5.1.2 孔型分类

孔型通常按孔型形状、在轧辊上配置及用途进行分类。

5.1.2.1 按形状分类

孔型按形状可分为两大类：简单断面孔型（如箱形孔型、菱形孔型、六角孔型、椭圆孔型、方孔型、圆孔型等）和异型断面孔型（如工字形孔型、槽形孔型、轨形孔型、T字形孔型等）。

5.1.2.2 按在轧辊上的切槽方法分类

孔型按在轧辊上的切槽方法分类可分为开口孔型、闭口孔型、半闭口孔型和对角开口孔型，如图5－2所示。

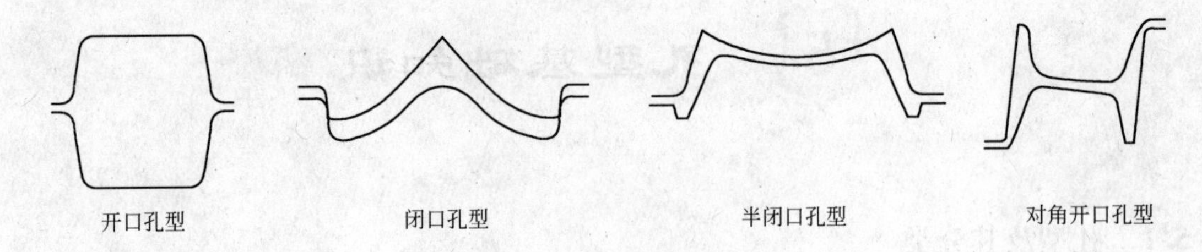

图5－2　孔型配置方式

A　开口孔型

孔型辊缝在孔型周边之内的称为开口孔型，其水平辊缝一般位于孔型高度中间。

B　闭口孔型

孔型的辊缝在孔型周边之外的称为闭口孔型。

C　半闭口孔型

通常称为控制孔型（如控制槽钢腿部高度等），其辊缝常靠近孔型的底部或顶部。

D　对角开口孔型

孔型的辊缝位于孔型的对角线。如左边的辊缝在孔型的下方，则右边的辊缝就在孔型的上方。

5.1.2.3　按用途分类

根据孔型在总的轧制过程中的位置和其所起的作用，可将孔型分为延伸孔型、成型孔型、成品前孔和成品孔四类。

A　延伸孔型（又称开坯孔型或毛轧孔型）

延伸孔型的作用是迅速地减小坯料的断面积，以适用某种产品的需要。延伸孔型与产品的最终形状没有关系。常用的延伸孔型有箱形孔、方形孔、菱形孔、六角孔、椭圆孔等，如图5－3所示。

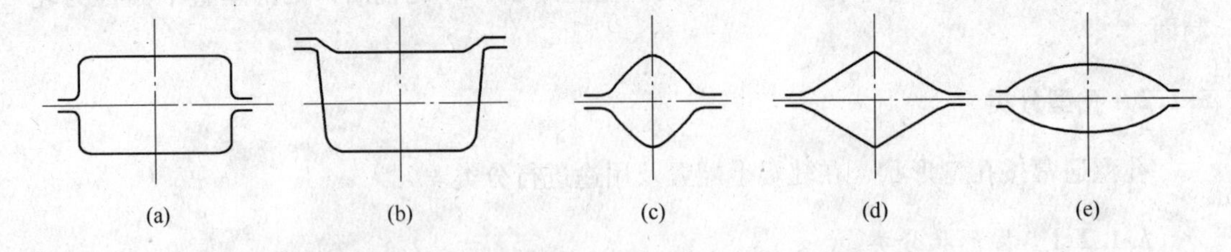

图5－3　延伸孔型

(a)，(b) 箱形；(c) 方形；(d) 菱形；(e) 椭圆形

B　成型孔型（又称中间孔型）

成型孔型的作用是除了进一步减小轧件断面外，还使轧件断面的形状与尺寸逐渐接近于成品的形状和尺寸。轧制复杂断面型钢时，这种孔型是不可缺少的孔型，它的形状决定于产品断面的形状，如：蝶式孔、槽形孔等。

C　成品前孔

成品前孔位于成品孔的前一道，它的作用是保证成品孔能够轧出合格的产品。因此，对成品前孔的形状和尺寸要求较严格，形状和尺寸与成品孔十分接近。

D　成品孔

成品孔是整个轧制过程中的最后一个孔型。它的形状和尺寸主要取决于轧件热状态下的断面形状和尺寸。考虑热膨胀的存在，成品孔型的形状和尺寸与常温下成品钢材的形状和尺寸略有不同。为延长成品孔寿命，成品孔尺寸按成品的负公差或部分负公差设计。

随着成品形状的不同，上述四种孔型的形状可以是多种多样的，但都是由上述四种孔型组成。图5－4表示了由上述的四种孔型所组成的轧制角钢的孔型系统。

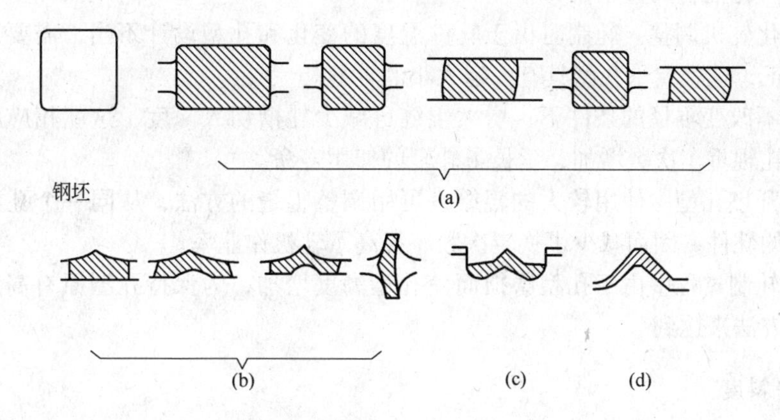

图5－4　轧制角钢孔型系统

(a) 延伸（或开坯）孔型；(b) 粗轧（或毛轧）孔型；(c) 成品前孔型；(d) 成品孔型

5.2　孔型组成及其各部分的作用

型材品种繁多，断面形状差异也很大。因此，生产型材所用的孔型也是多种多样的。但不论什么孔型在组成孔型的几何结构上却有共同的部分，如辊缝、圆角、侧壁斜度等。

5.2.1　辊缝

沿轧辊轴线方向用来把轧槽与轧槽分开的轧辊辊身部分称为辊环。在型钢轧机轧制轧件时，同一孔型两侧的上下轧辊辊环之间的距离叫做辊缝，以 S 表示。辊缝有如下作用：

(1) 在轧辊空转时，为防止两轧辊辊环间发生接触摩擦，要在两辊辊环间留有缝隙。此外，在轧制过程中，除了轧件的塑性变形外，轧机的各部件在轧制力的作用下还发生弹性变形，再加上各部件之间的缝隙因部件受压而变小。上述各种因素作用的结果，使上下两轧辊力求分开，而使其缝隙增大的现象称为“辊跳”。因此，在孔型图上所标注的辊缝值，应等于轧机空转时上下辊环间距加上轧辊弹跳，即弹跳应包括在辊缝之内，用公式表示如下：

$$S_{实际}=S_{设定}-\Delta S \tag{5-1}$$

式中　$S_{设定}$——空载设定的辊缝值（上下辊环间距），mm；

$S_{实际}$——实际轧制时的辊缝值，mm；

ΔS——轧机的弹跳值，mm。

确定带负荷轧制时辊缝值的关系式如下：

成品孔型　$S_{实际}=0.01D_0$

毛轧孔型　$S_{实际}=0.02D_0$

开坯孔型　$S_{实际}=0.03D_0$

式中　D_0——轧辊名义直径，mm。

（2）简化轧机调整。轧制时由于轧件温度的变化和孔型设计不当，需要用调整轧辊的方法来纠正，这就要求孔型具有一定大小的辊缝。

（3）在不改变辊径的条件下，增大辊缝可减少轧槽切入深度，这就相应的增加了轧辊强度，使轧辊重车次数增加，延长了轧辊的使用寿命。

（4）在开坯孔型中使用较大的辊缝，可用调整辊缝的方法，从同一个孔型中轧出断面尺寸不同的轧件，因而减少了换辊次数，提高了轧机作业率。

（5）在轧制过程中由于孔型磨损而使孔型高度增加，为保持孔型原有高度，可通过减小辊缝的方法来达到。

5.2.2　侧壁斜度

一般孔型的侧壁均不垂直于轧辊轴线而有一些倾斜。孔型侧壁倾斜的程度称之为侧壁斜度，如图5－5所示，通常用倾斜角的正切表示：

$$\tan\varphi=(B_k-b_k)/2h_k \tag{5-2}$$

如用百分数表示为：

$$\varphi=(B_k-b_k)/2h_k\times100\% \tag{5-3}$$

式中　B_k——孔型槽口宽度，mm；

b_k——孔型槽底宽度，mm；

h_k——槽的高度，mm。

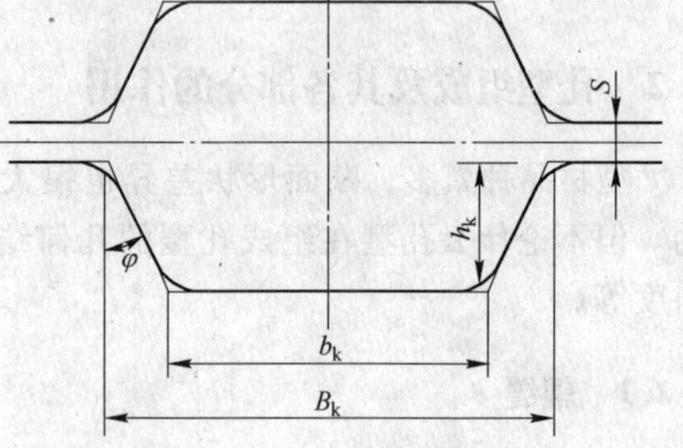

图5－5　带斜度的箱形孔

孔型侧壁斜度的作用如下：

（1）轧件易于正确的进入孔型。在垂直侧壁的孔型中，轧件入孔困难，送入不正又会碰到辊环上。而有斜度的孔型侧壁，像一个喇叭口，引导轧件顺利进入孔型，避免了上述缺点。

（2）有利于轧件脱槽。当孔型侧壁与轧辊轴线相垂直时，由于轧制时轧件产生展宽，轧件将严重地受到孔型侧壁的夹持作用，造成脱槽困难，严重时会缠绕轧辊。

（3）能恢复孔型原有宽度。如图5－6所示，孔型无侧壁斜度时，当孔型侧壁使用一定时间磨损后，轧辊车削时无法恢复轧槽原有宽度。

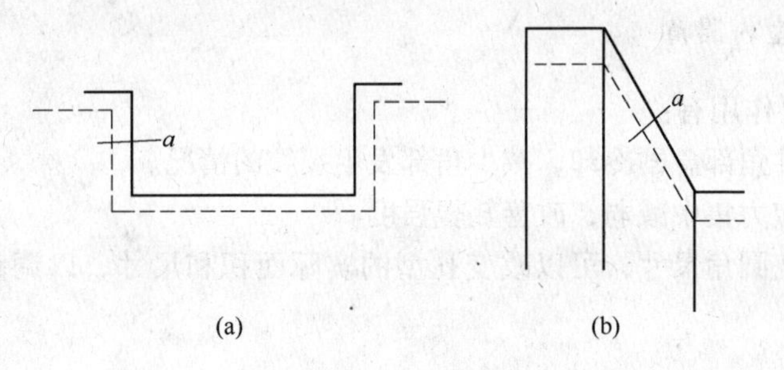

图5－6 有、无侧壁的孔型

（a）无斜壁孔型；（b）有斜壁孔型

（4）大侧壁斜度可减少轧辊车削量，增加轧辊使用寿命。因为孔型侧壁斜度不同，在侧壁磨损量相同的条件下，为恢复孔型原有宽度而车削轧辊的量也不相同，如图5－7所示。其关系式如下：

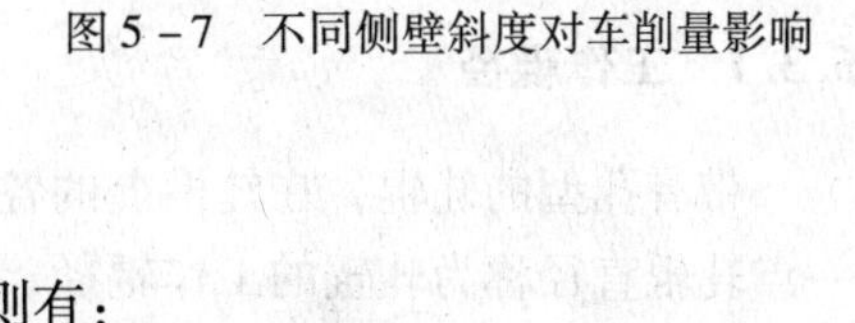

图5－7 不同侧壁斜度对车削量影响

$$\Delta D = D - D' = \frac{2a}{\sin\varphi} \quad (5-4)$$

式中 ΔD——轧辊重车量，mm；

D——轧辊原始直径，mm；

D'——轧辊车削后直径，mm；

φ——倾角，(°)；

a——孔型侧壁磨损深度，mm。

当侧壁倾角 φ 不很大时；$\sin\varphi = \tan\varphi$，代入上式则有：

$$\Delta D = D - D' = \frac{2a}{\tan\varphi} \quad (5-5)$$

由式5－5可知：当磨损量 a 一定时，φ 角越大，轧辊重车量就越少；反之，轧辊重车量就大。这就说明了孔型侧壁斜度对轧辊车削量和轧辊使用寿命的影响和它的意义。

（5）孔型具有共用性。孔型侧壁具有较大斜度时，如箱形孔，可以通过调整孔型的充满度，在同一孔型中轧出不同宽度尺寸的轧件，这对于生产钢坯的初轧机、开坯机的孔型具有重要作用。

孔型侧壁斜度固然有上述重要作用，但斜度过大也会使轧件断面形状“走样”。因为侧壁斜度小有利于夹持轧件，其侧面加工良好，断面形状比较规整。侧壁斜度与孔型的用途、产品的公差范围以及其他一些因素有关，一般取：

延伸用箱孔	$\varphi = 10\% \sim 20\%$
闭口扁钢毛轧孔	$\varphi = 5\% \sim 17\%$
工字钢、槽钢毛轧孔	$\varphi = 5\% \sim 36\%$

5.2.3 圆角

孔型的角部一般都做成圆弧形，由于孔型形状和圆角的位置不同，其所起的作用也不尽相同。

5.2.3.1　孔型内圆角

内圆角的主要作用有：

（1）防止轧件角部急剧冷却，减少角部发生裂纹的情况。

（2）使槽底应力集中减弱，改善轧辊强度。

（3）通过改变圆角尺寸，可以改变孔型的实际面积和尺寸，以调整轧件在孔型中的变形量和充满度。

5.2.3.2　孔型外圆角

外圆角的主要作用有：

（1）在孔型过充满不大的情况下能形成钝而厚的耳子，避免在下一个孔型内轧制时产生折叠，因为外圆角增加了展宽余地。

（2）较大的外圆角可以使比孔型宽的轧件进入孔型时，不会受到辊环的切割而产生刮铁丝的现象，也避免了刮导卫板事故。

（3）对于异型孔型，适当增大外圆角可以改善轧辊的应力集中，有利于提高轧辊强度。

5.3　孔型设计及现场调整中的几个基本概念

5.3.1　工作辊径

带有孔型的轧辊，在轧槽上的各点速度是不同的，我们把与轧件实际速度相对应的那一点轧辊直径称为轧辊的工作辊径，也称轧辊轧制直径。

$$D_k = D - \overline{h}$$

$$D_k = \overline{\Delta h}/(1 - \cos\alpha)$$

式中　D_k——工作辊径，mm；

D——轧辊辊环直径，mm；

$\overline{h}$——轧件平均高度，mm；

$\overline{\Delta h}$——平均压下量，mm；

α——咬入角。

5.3.2　轧辊压力

上、下轧辊轧制直径（工作直径）的差值，称为轧辊压力，其单位用 mm 表示。由于轧件速度与辊径有关，所以轧辊压力将导致轧件在出口处向上或下弯曲。有时用这个原理使出口导卫简化，轧件易脱槽，减少轧件对辊道冲击等。但在棒材生产中一般避免产生轧辊压力，以使轧件平直轧出，所以在配辊时有同架轧机辊径差值范围要求。

5.3.3　轧辊中线

上、下两个轧辊水平轴线间距离的等分线称为轧辊中线，也称轧辊平分线，如图 5－8 所示。

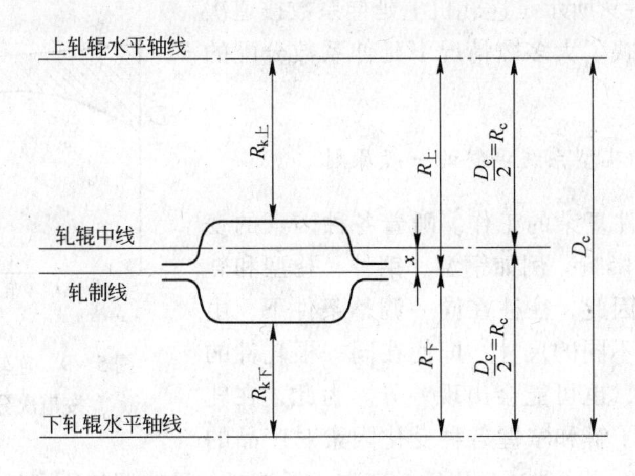

图 5-8 轧辊中线与轧制线

5.3.4 轧制线

轧制线是在轧辊上配置孔型的一条水平线，如图 5-8 所示。若不采用“压力”轧制时，轧制线与轧辊中线相重合，这时轧制线也就是轧辊中线。当采用“上压力”时，轧制线在轧辊中线下方，其间距离（x）等于1/4“上压力”值。当采用“下压力”轧制时，轧制线在轧辊中线的上方，其间距离（x）等于1/4“下压力”值。

5.4 延伸孔型系统

5.4.1 延伸孔型系统

为了获得某种型钢，通常在精轧孔型之前有一定数量的延伸孔型或开坯孔型。延伸孔型系统就是这些延伸孔型的组合。棒材连轧机常见的延伸孔型系统有：箱形孔型系统；椭圆-方孔型系统及椭圆-圆孔型系统等。

5.4.1.1 各道延伸系数的分配原则

延伸系数的分配原则是根据轧件的总延伸系数（或总压下系数）以及轧制道次确定以后，把轧件的总延伸系数（或总压下系数）合理地分配到各道次中去。一般情况下，各道次延伸系数的分配原则如下：

（1）轧制开始时，轧件断面大，温度高，塑性好，变形抗力小，有利于轧制。但此时氧化铁皮厚，可能处于熔化状态，摩擦系数低，咬入困难，故主要考虑咬入条件。

（2）随着氧化铁皮的脱落，且轧件断面减小，咬入条件改善。此时延伸系数可以不断增加，并达到最大值。

（3）随着轧件温度下降，金属变形抗力增加，塑性降低。因此，马达能力和轧辊强度成为限制延伸系数的主要因素，此时应降低延伸系数。

（4）在最后几道次中，为减少孔型磨损与保证断面形状和尺寸的正确，应采用较小的延伸系数。图5-9所示是连轧机上延伸系数按道次分配的曲线，它反映了大多数情况下延伸系数分配的特性。

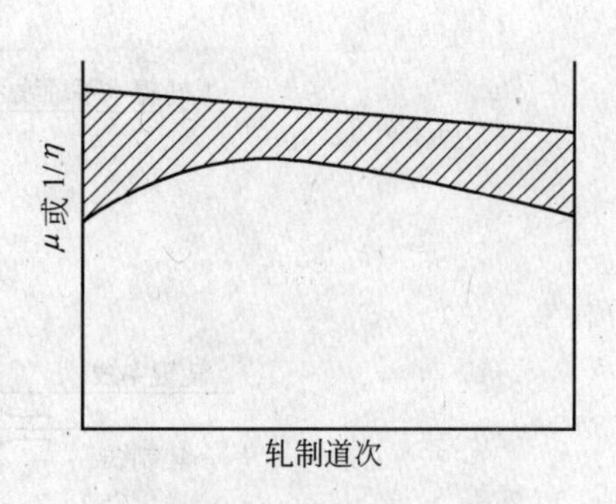

图5-9 连轧机上延伸系数按道次分配的曲线

5.4.1.2 延伸孔型系统调整的一般原则

轧机调整是一件复杂的工作。随着各种因素的变化，产品质量受到影响。例如钢温、钢种、孔型和轧机部件的磨损等。因此，往往在同一调整条件下，由于时间不同会得到不同的尺寸，即使在同一根轧件的各个横截面的尺寸，也可能会出现差异。为此，在轧制过程中，要充分了解和掌握各种变化因素对产品的影响，及时调整轧机，才能达到优质、高产、低消耗。具体调整原则如下。

A 掌握影响红坯尺寸的各种因素

（1）温度。一般情况下，温度高则变形抗力小，辊跳值小，压下量大，延伸大，宽展小。温度低则反之。

（2）钢种。一般情况下，随含碳量和含合金元素量的增加，变形抗力增大，宽展增大。反之则相反。另外，由于孔型及轧机各部件的磨损情况不同，对红坯尺寸的影响也不同。

B 熟悉轧机设备性能和工艺特点

要熟悉主电机能力、轧机类型、轧制速度、辊跳大小、零部件安装及作用和使用方法、孔型形状、变形特点、加热温度等。

C 严格工艺制度

（1）上班前要做好交接班工作，了解上一班的生产情况，导卫、孔型使用情况，并及时决策。

（2）熟悉工艺制度，熟练掌握操作技能，准确卡量红坯尺寸，善于用肉眼判断钢温，红坯尺寸变化。

（3）精心维护轧机设备，了解轧机技术性能，提高设备使用率。

（4）严格按照各钢种的工艺制度，操作规程组织生产，防止轧制缺陷的产生及轧制事故的发生。

5.4.2 箱形孔型系统

如图5-10所示，箱形孔型系统的特点为：

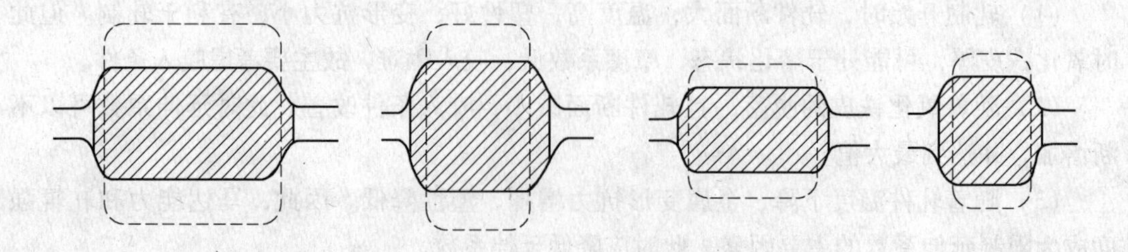

图5-10 箱形孔型系统

（1）用改变辊缝的方法可以轧制多种不同尺寸的轧件，其共用性好。这样可以减少孔型数量，减少换孔或换辊次数，提高轧机的作业率。

（2）在轧件整个宽度上变形均匀，因此孔型磨损均匀，且变形能耗少。

（3）轧件侧表面的氧化铁皮易于脱落，这对于改善轧件表面质量是有益的。

（4）与相等断面面积的其他孔型相比，箱形孔型在轧辊上的切槽浅，轧辊强度较高，故允许采用较大的道次变形量。

（5）轧件断面温降较为均匀。

（6）由于箱形孔型的结构特点，难以从箱形孔型轧出几何形状精确的轧件。

（7）轧件在孔型中只能受两个方向的压缩，故轧件侧表面不易平直，甚至出现皱纹。

综合箱形孔型系统的特点，它适用于初轧机组、大中型轧机的开坯机组以及线棒材的粗轧机。

轧件在箱形孔型中延伸系数的一般范围在1.15~1.6。

某厂在粗轧机的前两个道次，就使用了箱形孔型。

5.4.3　椭圆－方孔型系统

如图5－11所示，椭圆－方孔型系统的特点有：

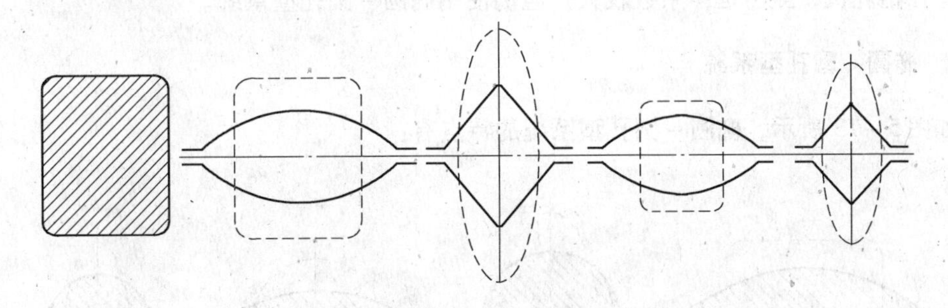

图5－11　椭圆－方孔型系统

（1）延伸系数大。方轧件在椭圆孔型中的最大延伸系数可达2.4，椭圆件在方孔型中的延伸系数可达1.8。因此，采用这种孔型系统可以减少轧制道次。提高轧制温度，减少能耗和轧辊消耗。

（2）没有固定不变的棱角，如图5－12所示，在轧制过程中棱边和侧边部位互相转换，因此，轧件表面温度比较均匀。

（3）轧件能在多方向上受到压缩（如图5－12所示），这对提高金属质量是有利的。

（4）轧件在孔型中的稳定性较好。

（5）不均匀变形严重，特别是方轧件在椭圆孔型中轧制，结果使孔型磨损加快且不均匀。

（6）由于在椭圆孔型中延伸系数较方孔为大，故椭圆孔型比方孔型磨损快。若用于连轧机，易破坏既定的连轧常数，从而使轧机调整困难。

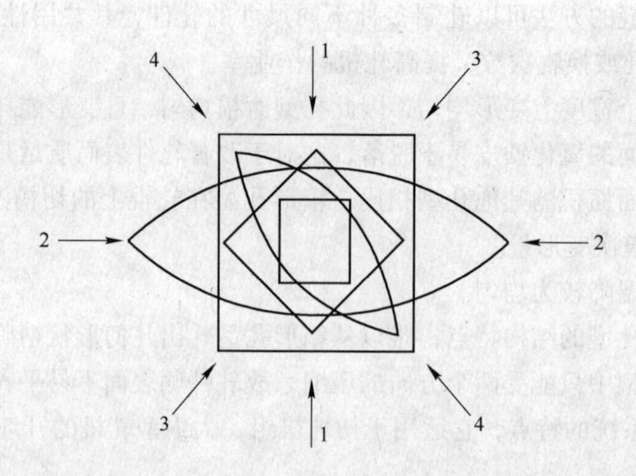

图 5 – 12　棱角的消失与再生

综合椭圆 – 方孔型系统特点，其被广泛用于小型和线棒材轧机。

某厂在生产 ϕ14mm 圆钢的孔型中，在中间道次采用了椭圆 – 方孔型系统。因为使用 150mm × 150mm 方坯经 18 道次轧制 ϕ14mm 圆钢，在采用椭圆 – 圆孔型系统时因为延伸系数较大，给生产带来困难。故在中间两个道次使用了方孔型。同时，为了保证成品尺寸精确度，在精轧机，虽然延伸系数较大，但仍使用椭圆 – 圆孔型系统。

5.4.4　椭圆 – 圆孔型系统

如图 5 – 13 所示，椭圆 – 圆孔型系统的特点有：

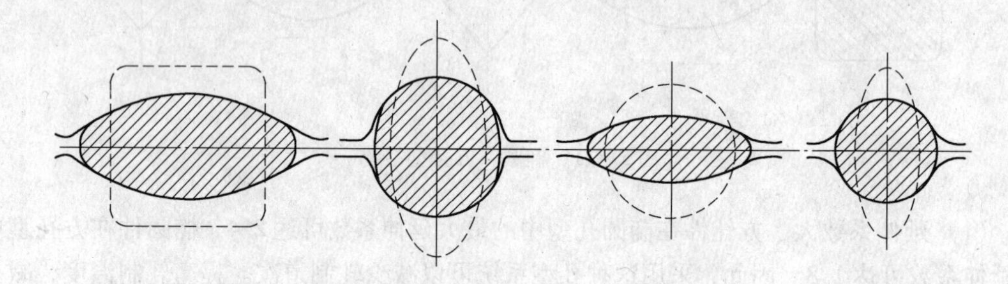

图 5 – 13　椭圆 – 圆孔型系统

（1）变形较均匀，轧制前后轧件的断面形状能平滑地过渡，可防止产生局部应力。

（2）由于轧件没有明显的棱角，冷却比较均匀。轧制中有利于去除轧件表面的氧化铁皮。

（3）在某些情况下，可由延伸孔型轧出成品圆钢，因而可减少轧辊的数量和换辊次数。

（4）延伸系数较小，一般不超过 1.3 ~ 1.4。由于延伸系数较小，有时会造成轧制道次增加。

（5）椭圆件在孔型中轧制不稳定。

（6）轧件在圆孔型中易出耳子。

综上所述，该系统尽管延伸系数小，但在某些情况下，获得质量好的产品是主要的，采用椭圆-圆孔型系统产量低，成本高些，但减少了废品率，经济上仍然是合理的。

椭圆-圆孔型系统被广泛应用于小型和线棒材连轧机上。

椭圆-圆孔型系统的延伸系数一般不超过1.3~1.4。轧件在椭圆孔型中的延伸系数为1.2~1.6，轧件在圆孔型中的延伸系数为1.2~1.4。

5.4.5 实际应用孔型系统介绍

某厂小型轧钢厂所使用的孔型系统和全部孔型为达涅利公司所设计，依产品大纲分为两个系统：圆钢、螺纹钢（即棒材）孔型系统；扁钢孔型系统。每一种系统都使用两种连铸坯，即120mm×120mm方坯和150mm×150mm方坯轧制。

5.4.5.1 棒材孔型系统

对于圆钢、螺纹钢的孔型系统，除ϕ10mm、ϕ11mm、ϕ12mm三种产品，仅能用120mm×120mm方坯单线生产，产品ϕ13mm、ϕ14mm既可用120mm×120mm方坯也可用150mm×150mm方坯生产，其余30种规格都用150mm×150mm方坯轧制。用120mm×120mm方坯生产的5个规格，在粗轧和中轧时孔型都共用，只在精轧时，孔型尺寸相应变化。使用150mm×150mm方坯生产的所有规格在粗轧孔型共用，在中轧和精轧孔型尺寸相应变化。但规格、尺寸在一定范围内的产品，孔型在精轧仍有较高的共用性。这样既简化了生产工艺，又降低备用轧辊数量，提高了生产率和经济效益。

图5-14为某厂小型轧钢厂圆钢、螺纹钢的孔型系统。

5.4.5.2 扁钢孔型系统

对于生产扁钢的孔型系统，120mm×120mm方坯用于生产厚5mm，宽35~40mm和厚6mm，宽35~40mm的扁钢，150mm×150mm方坯用于生产厚5~12mm，宽35~75mm的扁钢。在使用120mm×120mm方坯生产扁钢时，所用的1~8道次孔型与生产棒材时的孔型相同且覆盖所有规格，第9道次开始使用平辊-立箱孔型轧制，且粗、中轧孔型共用。使用150mm×150mm方坯生产时，所有的1~10道次与生产棒材时相对应，且在粗轧为所有圆、螺、扁钢所共用。

图5-15为小型轧钢厂扁钢的孔型系统。

5.4.6 典型产品孔型设计的分析

以150mm×150mm方坯生产ϕ14mm圆钢产品为例，分析这种典型产品的孔型设计（仍以某厂为例）。

圆钢ϕ14mm产品，其轧制速度保证值为18m/s，小时生产量为73.7t，每支钢坯轧制

	机架号	钢坯 120mm×120mm－1100kg					钢坯 150mm×150mm－1750kg		
轧辊直径 640mm	1H	①					㉚		
	2V	② 88.5					㉛ 115.5		
轧辊直径 520mm	3H	③					㉜		
	4V	④ 70.0					㉝ 92.5		
	5H	⑤					㉞		
	6V	⑥ 50.0					㉟ 66.0		
轧辊直径 400mm	7H	⑦					㊱		
	8V	⑧ 35.7					㊲ 47.1		
	9H	⑨					㊳		
	10V	⑩ 25.8					㊴ 34.0		
	11H	⑪					㊵		
	12V	⑫ 19.1					㊶ 25.0		
轧辊直径 345mm	13H	⑬			㉔		⑪		
	14V	⑭ 14.9	⑲ 15.6		㉕ 16.8		㊷ 19.5		
	15H	⑮	⑳		㉖		⑬	㉔	
	16H/V	⑯ 12.0	㉑ 13.17		㉗ 14.18		⑲ 15.6	㉕ 16.8	
	17H	⑰		㉒		㉘	⑳	㉖	㊸
	18V	⑱ 10.13		㉓ 11.4		㉙ 12.16	㉑ 13.17	㉗ 14.18	㊹ DB14
产品尺寸 /mm		RB10.0	RB13.0	RB11.0	RB14.0	RB12.0	RB13.0	RB14.0	DB14.0

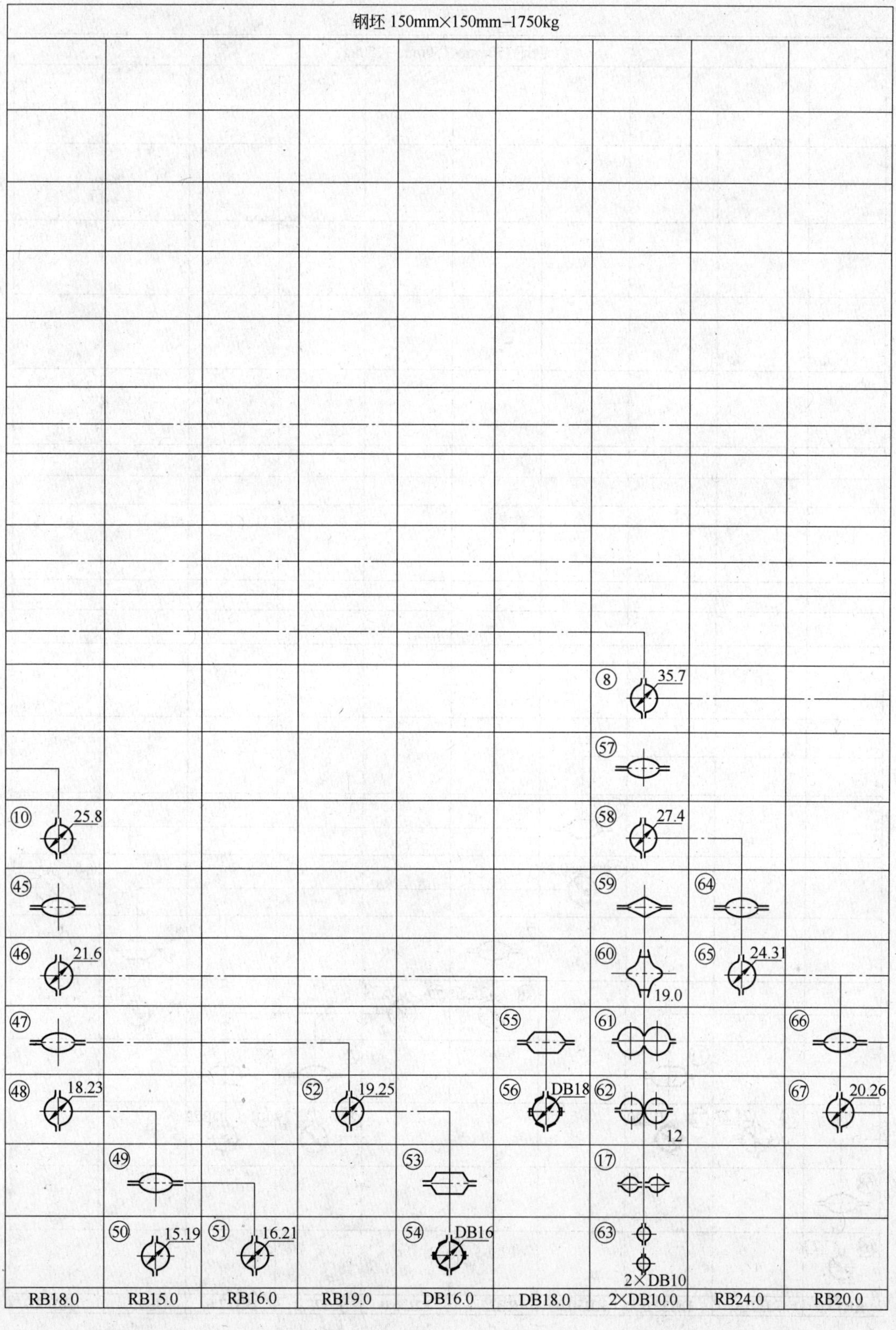

钢坯 150mm×150mm-1750kg

RB18.0	RB15.0	RB16.0	RB19.0	DB16.0	DB18.0	2×DB10.0	RB24.0	RB20.0
						⑧ 35.7		
						(57)		
⑩ 25.8						(58) 27.4		
㊺						(59)	(64)	
㊻ 21.6						(60) 19.0	(65) 24.31	
㊼					(55)	(61)		(66)
㊽ 18.23			(52) 19.25		(56) DB18	(62) 12		(67) 20.26
	㊾			(53)		⑰		
	㊿ 15.19	(51) 16.21		(54) DB16		(63) 2×DB10		

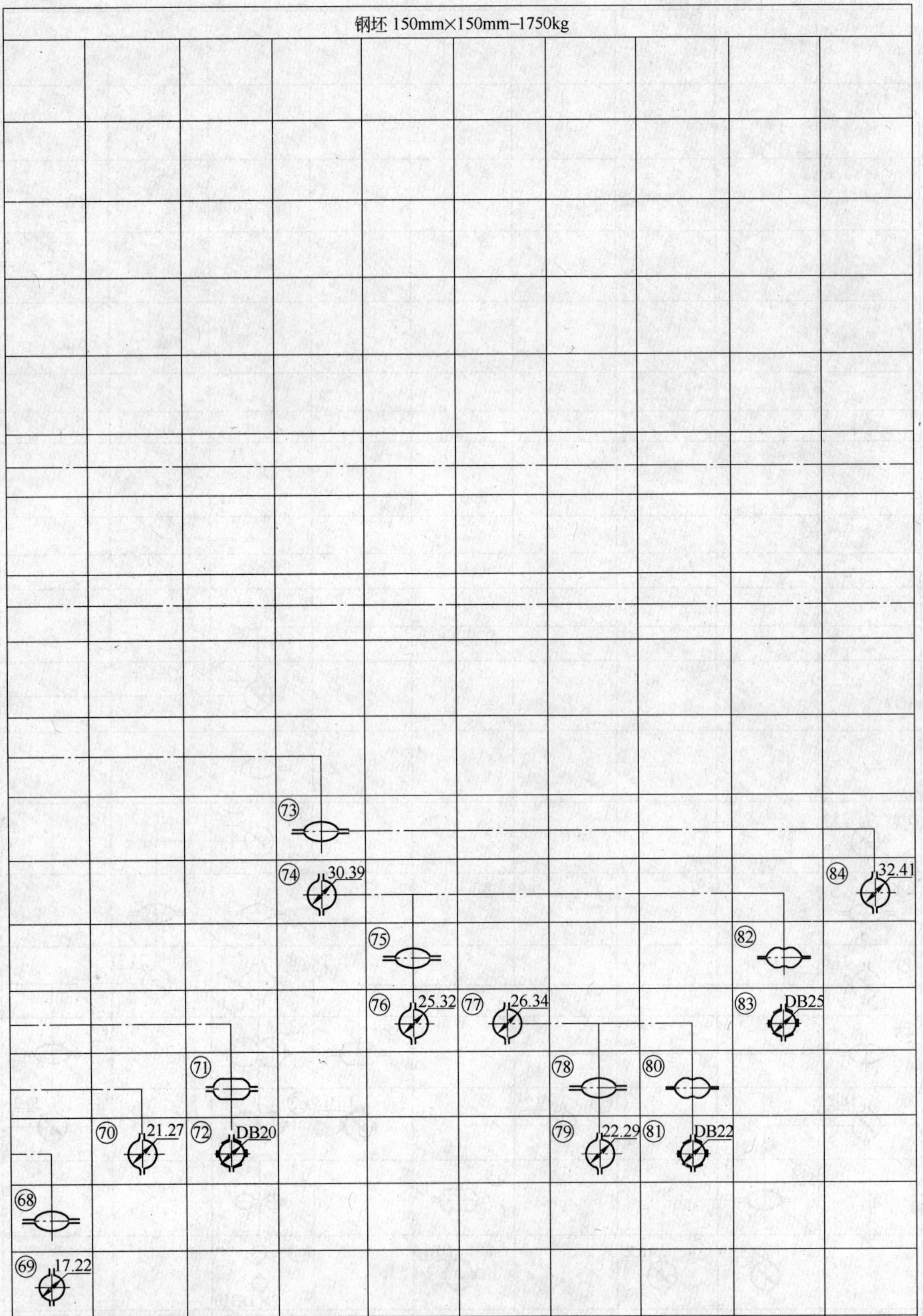

钢坯 150mm×150mm–1750kg

73
74　30.39
84　32.41
82
75
76　25.32
77　26.34
83　DB25
71
78
80
70　21.27
72　DB20
79　22.29
81　DB22
68
69　17.22

RB17.0　RB21.0　DB20.0　RB30.0　RB25.0　RB26.0　RB22.0　DB22.0　DB25.0　RB32.0

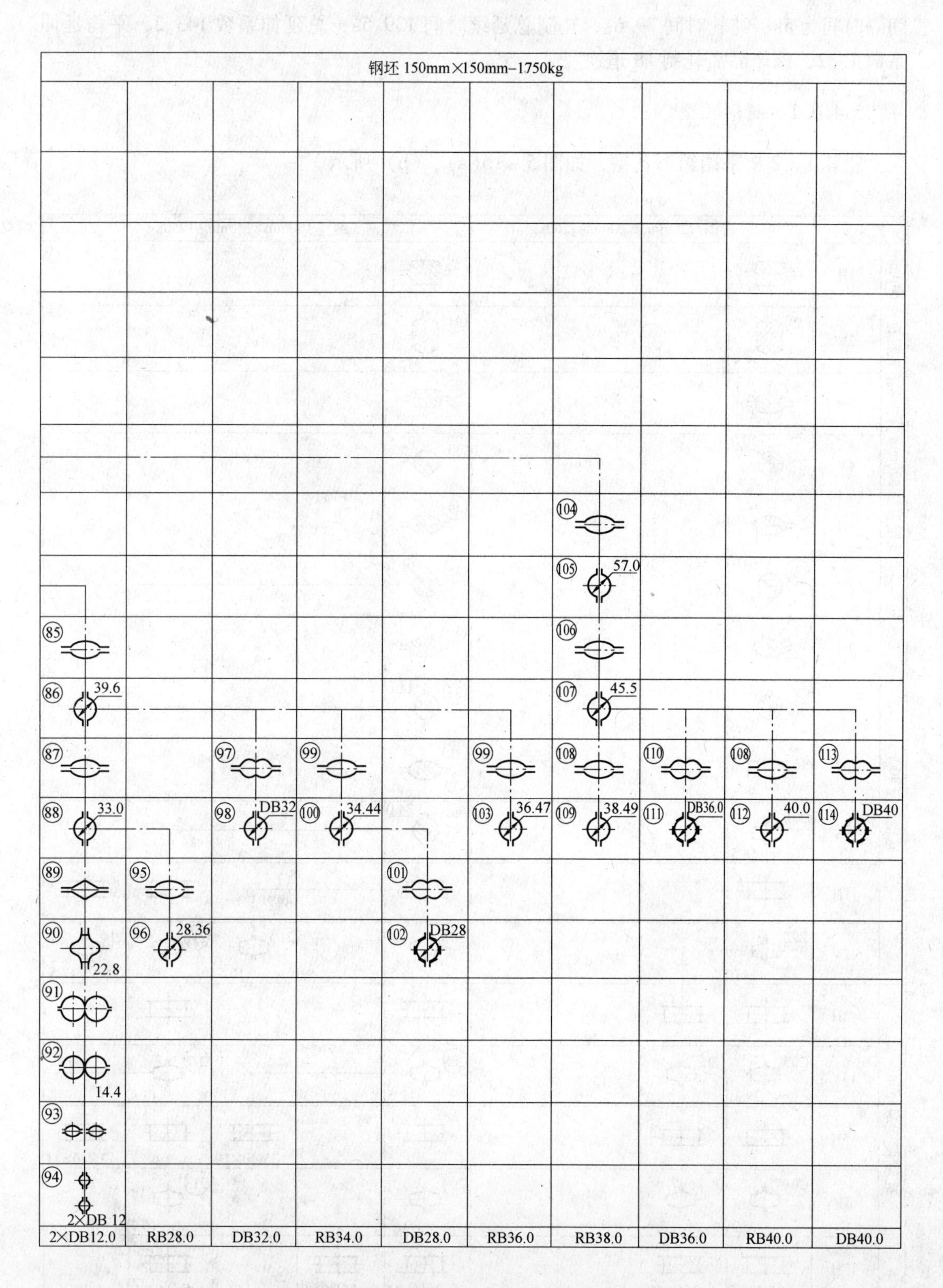

图 5－14　小型轧钢厂圆钢、螺纹钢的孔型系统

间隔时间为5s，纯轧时间79.6s，轧制总延续时间139.5s，总延伸系数143.2，平均延伸系数1.32，该产品需轧制18道次。

5.4.6.1　箱形孔型

粗轧1、2架采用箱形孔型，如图5-16(a)、(b) 所示。

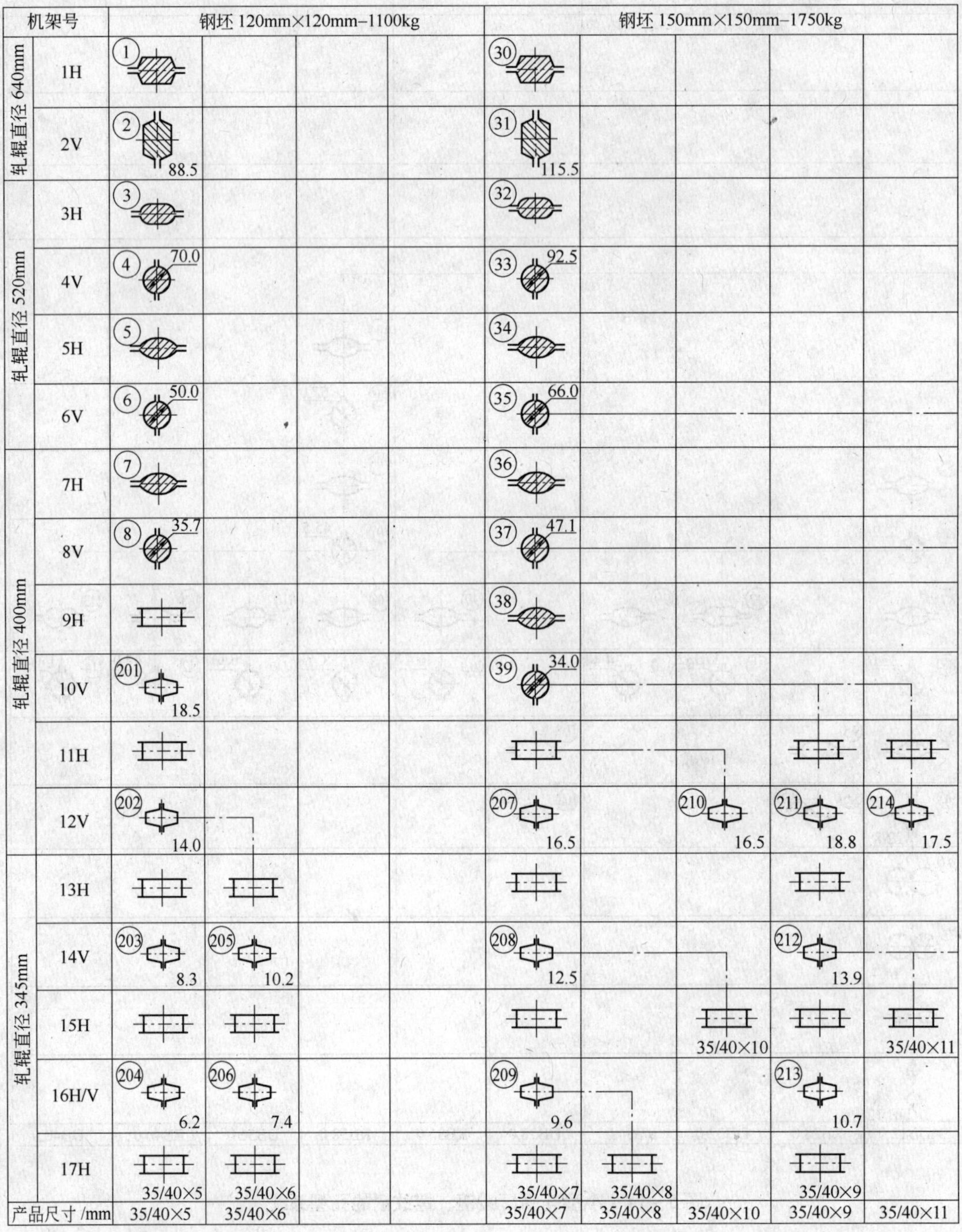

机架号		钢坯 120mm×120mm-1100kg				钢坯 150mm×150mm-1750kg				
轧辊直径 640mm	1H	①				30				
	2V	② 88.5				31 115.5				
轧辊直径 520mm	3H	③				32				
	4V	④ 70.0				33 92.5				
	5H	⑤				34				
	6V	⑥ 50.0				35 66.0				
轧辊直径 400mm	7H	⑦				36				
	8V	⑧ 35.7				37 47.1				
	9H					38				
	10V	201 18.5				39 34.0				
	11H									
	12V	202 14.0				207 16.5		210 16.5	211 18.8	214 17.5
轧辊直径 345mm	13H									
	14V	203 8.3	205 10.2			208 12.5			212 13.9	
	15H							35/40×10		35/40×11
	16H/V	204 6.2	206 7.4			209 9.6			213 10.7	
	17H	35/40×5	35/40×6			35/40×7	35/40×8		35/40×9	
产品尺寸 /mm		35/40×5	35/40×6			35/40×7	35/40×8	35/40×10	35/40×9	35/40×11

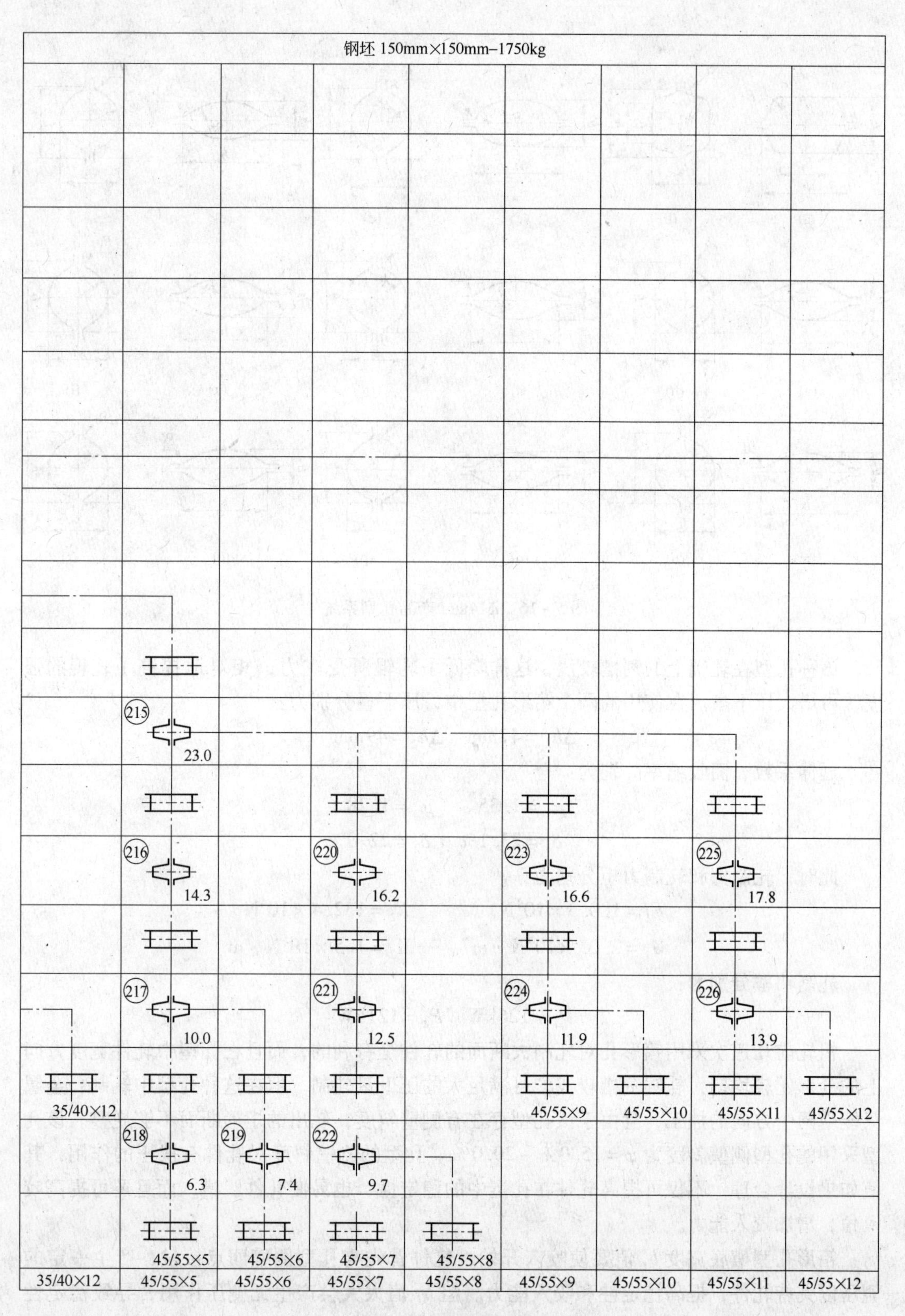

图 5－15　小型轧钢厂扁钢的孔型系统

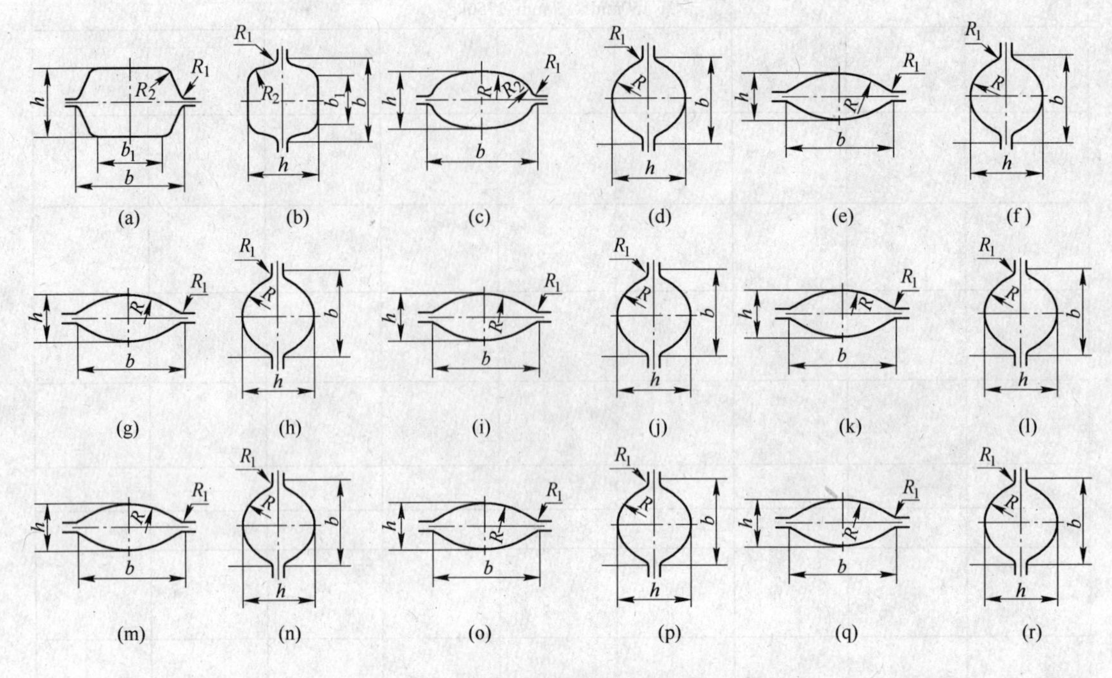

图 5－16　ϕ14mm 产品孔型系统

该种孔型在轧辊上的刻槽较浅，这样降低了轧辊所受应力，相对地提高了轧辊的强度，可增大压下量。在使用的两个箱形孔型中，压下量分别为：

$$\Delta h_1 = 47\text{mm} \quad \Delta h_2 = 49\text{mm}$$

延伸系数、面收缩率分别为：

$$\mu_1 = 1.35 \qquad \mu_2 = 1.28$$

$$\delta_1 = 23.1\% \quad \delta_2 = 22.0\%$$

此时，轧制力和轧制力矩分别为：

$$F_1 = 180.3 \times 10^4\text{N} \qquad F_2 = 132.4 \times 10^4\text{N}$$

$$M_1 = 2.05 \times 10^5\text{N} \cdot \text{m} \qquad M_2 = 1.5 \times 10^5\text{N} \cdot \text{m}$$

轧制功率分别为：

$$P_1 = 126\text{kW} \quad P_2 = 121\text{kW}$$

粗轧前几道次采用箱形孔对轧制大断面的轧件是有利的，而且在孔型中轧件宽度方向上的变形比较均匀，轧辊刻槽较浅，可满足大的压下量轧制。但在这种孔型中轧制，金属只能受两个方向的加工，且由于该孔型存在有侧壁斜度，轧出的矩形断面不够规整。该孔型采用的孔型侧壁斜度为 $\varphi = 15.0\% \sim 20.0\%$。孔型的侧壁斜度对轧件有扶正的作用，其值如果设计合理，不仅可提高轧件在孔型中的稳定性，也易使轧件脱槽，而且还可提高咬入角，增加咬入能力。

箱形孔型槽底宽度 b_1 值要使咬入开始，轧件首先与孔型侧壁四点接触，产生一定的侧压以夹持轧件，提高稳定性和咬入能力。但 b_1 值太大会产生无侧压作用，导致稳定性差，而 b_1 值过小，侧压过大，会使孔型磨损太快或出耳子，从而影响轧件质量。

原设计中，箱形孔型的延伸系数选用$\mu=1.25\sim1.5$。

5.4.6.2 平椭圆孔型

粗轧第3架采用弧底平椭圆孔型，如图5－16(c) 所示。

这道孔型是由箱形孔型进入后续的椭圆－圆孔型的过渡孔型，是变态的椭圆孔。它减轻了由箱形孔进入圆孔型轧制而引起的轧件断面形状巨变，以及由此产生的圆孔型的过度磨损，而且进入下一道圆孔型比椭圆断面轧件进入圆孔型有较好的稳定性和较大的延伸系数，该道次延伸系数$\mu=1.42\sim1.46$。同时，有利于进一步除去轧件表面的氧化铁皮，改善轧件表面质量。

5.4.6.3 椭圆、圆孔型

从粗轧第5架至精轧第18架，采用椭圆－圆孔型系统。椭圆和圆孔型如图5－16(e)、(f) 所示。

此系统中轧件在轧制前后的断面形状过渡缓和，所轧出的断面光滑无棱。但这种系统中圆孔型对来料尺寸波动适应能力差，易欠充满和出耳子，对调整要求较高，而且延伸系数也不大，特别是在精轧道次。对于ϕ14mm圆钢产品平均延伸系数$\mu_p=1.21$。因椭圆－圆孔型系统的延伸小，以往应用不太广泛，但在轧制优质或高合金钢时，采用这种孔型系统能提高产品的表面质量，虽然轧制道次有所增加，但可减少精整工作量和提高成品率，从经济上来说是合理的。随着棒材连轧技术的发展，椭圆－圆孔型系统的应用已逐渐扩展，而且在轧线上设置飞剪，切去轧件头部的缺陷，更有利于实现轧制的自动化。

另外，对于轧制螺纹钢与轧制相同尺寸的圆钢仅在成品前孔不同，其成品前孔变为平椭圆孔型，而不是椭圆孔型。其延伸系数μ与圆钢轧制时延伸系数比较如表5－1所示。

表5－1 螺纹钢与圆钢轧制时的延伸系数比较

坯 料	道 次	$\mu_{圆}$	$\mu_{螺}$
120mm×120mm	K_1	1.15～1.17	
	K_2	1.20～1.22	
150mm×150mm	K_1	1.16～1.18	1.2～1.4
	K_2	1.10～1.30	1.1～1.2

从表5－1可得：对于圆钢产品K_2与K_1相比延伸系数变化不大，K_1略小；对于螺纹钢产品，K_1孔延伸率较K_2孔延伸率为大，使得金属在螺纹孔型K_1中充满，形成正常的符合要求的筋肋。

椭圆轧件进入圆孔型轧制，孔型侧壁对轧件夹持力小，当轧件轴线稍有偏斜即产生倒钢，稳定性差，对导卫要求较高。因此，小型棒材连轧生产线中，椭圆进圆孔型轧制时，入口导卫都采用滚动式，以提供足够的夹持力，保证轧件以正确的方式进入下道次轧制。再者，孔型侧壁对宽展的限制作用小，圆孔型中的宽展大，但与其他孔型相比，在圆孔型中留有的宽展空间尺寸小，允许宽展的变形量也就小，因此这一方面限制了延伸系数，另一方面容易出耳子。

椭圆孔型如图 5 - 16(e) 所示。椭圆孔型的参数 h、b 与其后圆孔型参数 d 的关系由于所用的经验数据不同，所设计的孔型不外乎是薄而宽或厚而窄的椭圆，只要掌握压下与宽展的关系，灵活运用，靠轧制时的调整，都能轧出合格的产品。

对于原设计 ϕ14mm 的产品：

$$h = (0.65 \sim 0.85)d$$

$$b = (1.50 \sim 2.30)d$$

非成品圆孔型如图 5 - 16(f) 所示。实践证明，只用一个半径绘制出的圆钢孔型，是难以轧出合格圆钢的，这是因为在这种孔型中，轧制条件的微小波动，如轧制温度、孔型磨损以及来料尺寸等，会形成耳子或欠充满。此时，为得到合格成品，就必须不停地调整，从而使调整操作困难。为消除上述缺点，应将圆钢孔设计成孔型高度小于孔型宽度，即带有张开角 ψ 的圆孔型。但现常用的圆孔型则是带有弧形侧壁的孔型，而这种带直线侧壁圆孔型，由于两侧壁为直线形状而增加了出耳子的敏感性。

孔型高度为：

$$h = ad$$

式中 a——热膨胀系数。对于普碳钢 $a = 1.011 \sim 1.015$，终轧温度高，取上限。

孔型圆弧半径为：

$$R = h/2$$

槽口宽度为：

$$b = 2R/\cos\psi - S \times \tan\psi$$

式中 S——辊缝；

ψ——扩张角。

原设计的扩张角 $\psi = 30°$，则

$$b = 231R - 0.577S$$

对于成品圆孔 K_1 的设计，原设计采用单一半径的圆孔，如图 5 - 16(r) 所示。槽口圆角和辊缝选用较小的数值。通过延伸孔型和成品前孔精确的轧制，在此道次采用较小的延伸系数，ϕ14mm 产品，K_1 孔的延伸系数 $\mu = 1.16$，也有利于调整而轧制出合格的成品。

原设计的孔型依据产品规格的变化，而采用了不同尺寸的辊缝 S 和槽口圆角 r 值。

辊缝值具有补偿轧辊的弹跳，保证轧后轧件高度，补偿轧槽磨损，增加轧辊使用寿命，提高孔型的共用性，即通过调整辊缝得到不同断面尺寸的孔型。同时方便轧机的调整，且减小轧辊切槽深度。

在不影响轧件断面形状和轧制稳定性的条件下，辊缝值 S 愈大愈好，但在接近成品孔型的几个孔型中，辊缝不能太大，否则会影响轧件断面形状和尺寸的正确性。

原设计中，成品孔型辊缝值 S 与产品规格的关系如下：

产品规格/mm	S/mm
ϕ10 ~ 17	1.0
ϕ18 ~ 30	1.5
ϕ32 ~ 40	2.0

槽口圆角可避免轧件在孔型中略有过充满时，形成尖锐的耳子，同时当轧件进入孔型

不正时，它能防止辊环刮切轧件侧表面而产生的刮丝缺陷。

原设计中，圆钢成品孔型的槽口圆角 r 与产品规格的关系如下：

产品规格/mm	r/mm
ϕ10～11	1.5
ϕ12～25	2.0
ϕ26～30	2.5
ϕ32～40	3.0

5.4.7 切分孔型轧制

5.4.7.1 切分轧制的概念

切分轧制，就是在轧制过程中把一根钢坯利用孔型的作用，轧成具有两个或两个以上相同形状的并联轧件，再利用切分设备或轧辊的辊环将并联轧件沿纵向切分成两个或两个以上的单根轧件。

在小型棒材的生产中，直径小于 16mm 的规格钢筋占总产量的 60% 左右。而棒材的生产率随直径的减小而降低。此外，由于棒材的生产率随产品规格的不同而波动，使实现连铸连轧工艺变得困难。因为连铸连轧的一个重要条件是炼钢、连铸和轧钢的生产能力必须相匹配，所以要使轧制各种直径棒材的生产率基本相等，以实现棒材的连铸连轧，必须提高小规格棒材的生产率。

近来新建的小型棒材生产线在生产小规格产品 ϕ10mm～ϕ16mm 时采用两线、三线或四线切分轧制。ϕ10mm、ϕ12mm 产品采用两线切分轧制时，其小时产量在 75t/h 以上，与其他单线生产的产品小时产量相接近。这样既便于轧制节奏的均衡，同时在不增加轧制道次的前提下提高了产量，且充分发挥了轧机设备的生产能力。

切分轧制的工艺关键在于切分装置工作的可靠性、孔型设计的合理性、切分后轧件形状的正确性以及产品实物质量的稳定性。

5.4.7.2 切分轧制的特点

切分轧制具有以下特点：

（1）可大幅度提高轧机产量。对小规格产品，用多线切分轧制缩短了轧件长度，缩短轧制周期，从而可提高生产率。即使采用较低的轧制速度，也能得到高的轧机产量。

（2）可使不同规格产品的生产能力均衡，为连铸连轧创造条件。因为炼钢连铸的能力相对稳定，而轧钢能力波动大。采用切分轧制可以保证多种规格棒材的轧制能力基本相等，从而为连铸连轧生产创造有利条件。

切分轧制不仅使不同规格产品的轧制生产能力均衡，同时可使轧机、冷床、加热炉及其他辅助设备的生产能力得到充分发挥。

（3）在轧制条件相同的情况下，可以采用较大断面的坯料，或在相同坯料断面情况下，减少轧制道次，减少设备投资。

（4）节约能源，降低成本。轧钢的总能耗 80% 左右用于钢坯加热，由于切分轧制为连铸连轧提供了可能性，因此可节约大量能源。而且，因轧制道次少，钢坯的出炉温度可适当降低，为低温轧制创造有利条件。

切分轧制时燃料可节约20%～30%，电能可节约15%，水和其他吨钢消耗指标都有所降低。

但切分轧制仍存在一些问题，采用此项技术必须严格工艺制度及操作，存在的主要问题有：

（1）切分带容易形成毛刺，如果处理不当有可能形成折叠。因此，棒材连轧生产中切分轧制多用于轧制螺纹钢筋产品。

（2）坯料的缩孔、夹杂和偏析多位于中心部位，经切分后易暴露至表面，形成表面缺陷。

（3）当用切分装置分开并联轧件时，由于轧件受刀片的剪切力，剪切后轧件易扭转，影响轧件断面形状和切分质量。因此，应当调整好进、出口导卫位置和切分装置间距，保证轧件不被切偏。

切分孔型设计中需注意的问题有：

（1）充分考虑轧机弹跳。因为要求并联轧件的连接带很薄，一般为0.5～4mm，如果弹跳值过大，则不能保证切分尺寸的要求。

（2）切分孔型的楔角应大于预切孔的楔角，以保证楔子侧壁有足够的压下量和水平分力。楔角取值$\alpha=60°$左右。

（3）楔子角度和尖部的设计要满足楔子头部耐磨损、冲击，防止破损。

（4）切分楔子尖部应低于辊面（低0.4mm），保证尖部不被碰坏。

（5）连轧切分时，要精确计算轧件断面，确保切分后轧件在各机架间和两根轧件在同一机架上的秒流量相等，或使堆拉系数达到所设定的数值，减少轧件间相互堆拉而产生的生产事故。

此外，还要考虑切分后有采用双线或多线轧制的设备条件，同时还要考虑钢坯质量状况，以防止切分后金属内部缺陷暴露于成品外表面。

5.4.7.3 *切分方法*

热切分轧制的切分方法可分为两大类：纵切法和辊切法。

A 纵切法

在轧制过程中把一根轧件利用孔型切分成二根以上的并联轧件，再利用切分设备将并联轧件切分成单根轧件。

根据所用切分设备的不同，可进一步分成几种方法。

a 圆盘剪切分法

在并联轧件出口处安装一台圆盘剪，用以纵切轧件，由于圆盘剪的剪刃是互相重合的，切分时轧件容易产生扭转、影响质量。

b 切分轮切分法

切分轮是一对从动轮安装在机架的出口处，靠轧件剩余摩擦力剪切轧件。适用于安装在连轧机上的非终轧道次。

c 导板切分法

在出口下导板上装一把切刀，用以切开轧件。

d 火焰切分法

在轧件出口处用火焰切割机切开轧件，此法切分质量好，但金属损失大，氧气耗量大。

B 辊切法

在轧制过程中把一根轧件利用切分孔型直接切成二根或二根以上的单根轧件。也叫轧辊对切法。不需切分设备。但此法对轧辊要求高且增加换辊次数。

5.4.7.4 切分孔型

2×ϕ12mm 螺纹钢产品的切分孔型系统如图 5－17 所示。图中 *m*、*n*、*o*、*p* 孔型分别为菱形、菱方、预切分、切分孔型。

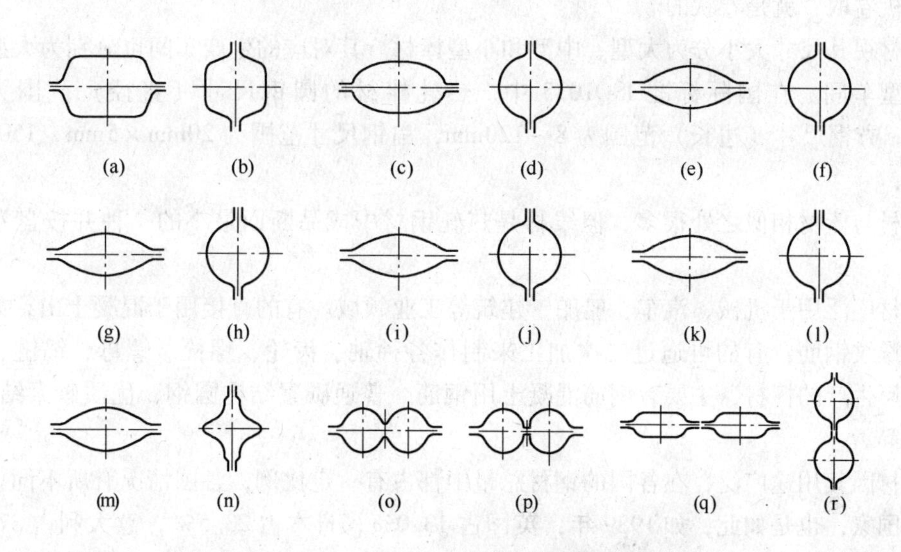

图 5－17 2×ϕ12mm 螺纹钢产品的切分孔型系统

该产品使用 150mm×150mm 方坯生产，共需轧制 18 道次，进入精轧后使用以上孔型，至 16 架切分孔型后，分成 2 根轧件，再轧制 2 道次出成品。

思 考 题

5－1 什么是开口孔型，闭口孔型？

5－2 孔型的主要组成部分有哪些，各部分的主要作用是什么？

5－3 熟悉棒材生产常用的孔型系统。

5－4 什么是切分轧制，轧件如何切分？

6 小棒材连轧生产简介

棒材是热轧的条状钢材中的一种，日本钢铁技术培训教材《钢铁概论》中把棒材定义为“热轧成棒状的按定尺长度切断而成的钢材”。根据它的断面形状一般分为圆钢、方钢扁钢、六角铆、八角钢等，也有周期断面型钢如螺纹钢。特殊情况下，也有卷状棒材，不是直条形式，如韩国浦项钢铁公司在高速线材车间生产 $\phi14\sim42$mm 的棒材，由加勒特式卷取机卷取，就是卷状的。

棒材视其尺寸大小分为大型、中型和小型棒材。其对应的生产车间也分别为大型、中型、小型车间。在国际标准 ISO1035 中，热轧棒材的圆钢尺寸（直径）范围为 8 ~ 220mm，方钢尺寸（边长）范围为 8 ~ 120mm，扁钢尺寸范围为 20mm × 5mm ~ 150mm × 50mm。

线材与棒材相似之处很多，但线材是热轧钢材中成品断面最小的一种并按盘卷状态交货。

棒材广泛用于机械、汽车、船舶、建筑等工业领域。有的直接用于混凝土山，如光圆钢筋和螺纹钢筋，有的可通过二次加工来制作各种轴、齿轮、螺栓、螺母、锚链、弹簧等。某厂生产的棒材，主要有钢筋混凝土用钢筋，普通碳素结构圆钢，优质碳素结构钢、弹簧钢等。

棒材因其用途广泛，在各国的钢材总量中都占有一定比例，各国情况有所不同。即使是西方国家，也是如此，如 1989 年，英国占 13.0%，日本占 23.5%，意大利占 37.9%，我国近些年来一直为 35% ~ 40%。

全连续式小型棒材连轧机则是目前小型样材生产的发展方向。全连续式小型棒材轧机的轧制度通常为 15 ~ 22m/s，最高可达 30m/s（加勒特卷取型）。只生产圆钢和螺纹钢筋的轧机，生产能力可达 75 万吨/年。成材率一般在 95% 以上。

棒材轧机不像高速线材轧机那样，有典型的摩根型、德马克型、阿希洛型等。但是，国际上的棒材设备制造商也各有特色。如达涅利公司的悬臂式粗轧机，波米尼的红圈轧机，日本钢管公司切分轧制的在线调整等。现代化的连轧小型棒材生产线一般都具有如下特点：

（1）以长尺连铸坯为原料，采用步进炉加热，并尽可能实现热送热装炉。使得成材率提高，能耗降低。

（2）大多数生产线为单线无扭轧制，即轧机平立交替布置，从而使生产事故减少。

（3）中、精轧机采用短应力线、高刚度轧机，成品尺寸精度提高。

（4）切分轧制。切分轧制可以减少轧制道次，降低能耗，提高小规格的机时产量。通常小规格的机时产量只有大规格的一半，但却占市场需要的一半以上。通过切分轧制技术，使轧机能力与加热炉能力匹配。

（5）采用控轧控冷技术。通过低温轧制实现晶粒细化或通过轧后热处理提高强度。

尤其是轧后在线热处理技术。螺纹钢轧后经水冷装置穿水冷却，利用轧件高温快速淬火，中心余热回火。钢材表面形成回火马氏体组织，芯部形成细化的珠光体组织，从而提高了钢材的综合机械性能，同时减少二次氧化铁皮量。

（6）采用直流电机传动及过程计算机控制。由于直流电机调速范围大、响应快、速度稳定，计算机可以控制生产中的各个环节，在粗中轧中实现了微张力轧制。中精轧中通过活套，实现了无张力轧制。为保证产品尺寸精度创造了条件。

（7）采用长尺冷却，精整工序机械化、自动化。现代化小型棒材生产线上，冷床长度一般为1201m左右，轧件上冷床之前用飞剪切成热倍尺。提高了定尺率和成材率。棒材可通过计数器按根数打捆，为负公差轧制创造了好的条件。

本文以某厂连续小型棒材厂为例进行讲述。其成品最高速度18m/s，产品规格为ϕ12~60mm，坯料为120mm×120mm和150mm×150mm的连铸坯。

6.1 产品大纲及产品标准

6.1.1 小棒材生产厂常见的生产规格和钢种

小棒材生产厂常见的生产规格和钢种主要见表6-1。

表6-1 小棒材生产产品大纲

序号	产品	规格/mm	钢种
1	圆钢（管坯）	ϕ12~60	优碳钢、弹簧钢、碳结钢、合结钢、冷墩钢
2	螺纹钢	ϕ10~50	低合金钢

6.1.2 小棒材生产厂产品执行标准

小棒材生产厂产品执行标准见表6-2。

表6-2 小棒材产品执行标准

钢种	执行标准
螺纹钢	GB 1499—1998
圆钢	GB 1222，GB/T 3077，GB/T 699，YB/T 5222，GB 702—86

6.1.3 小棒材产品精度

小棒材产品精度为：

（1）圆钢不圆度：不大于ϕ40mm，不圆度≤公称直径公差的50%；

大于ϕ40~85mm，不圆度≤公称直径公差的70%。

（2）弯曲度：每米弯曲度不超过4mm，总弯曲度不超过交货长度的0.4%。

（3）带肋钢筋公称横截面面积与理论重量如表6-3所示。

（4）包装标准执行GB/T 2101—1989及相关规定。

表 6 – 3　带肋钢筋公称横截面面积与理论重量

公称直径/mm	公称横截面面积/mm^2	理论重量/$kg \cdot m^{-1}$
ϕ10	78.54	0.617
ϕ12	113.1	0.888
ϕ14	153.9	1.21
ϕ16	201.1	1.58
ϕ18	254.5	2.00
ϕ20	314.2	2.47
ϕ22	380.1	2.98
ϕ25	490.9	3.85
ϕ28	615.8	4.83
ϕ32	804.2	6.31
ϕ36	1018	7.99
ϕ40	1257	9.87
ϕ50	1964	15.42

6.2　小棒材生产工艺流程

某棒材厂按生产组织形式全厂划分为四个区域：加热炉区、轧制区、精整区、外围辅助区域。生产工艺流程如图 6 – 1 所示。

6.2.1　加热炉区

主要设备有上料台架、装钢辊道、步进式加热炉、出钢辊道及剔出装置。

全梁式步进加热炉小时产量为 100t，步进机构可实现连续步进和后退，解决了过去其他各式加热炉不能满足加热工艺要求的一些缺陷。加热炉出钢侧在与轧制反方向侧也设置了辊道，处理生产事故十分方便。这种加热炉在我国近几年新建的较先进的棒材轧钢厂中被广泛应用。

6.2.2　轧制区

轧制区共 18 架轧机，平立交错布置，实现无扭轧制：

（1）粗轧机 1 ~ 6 架，为悬臂式高刚度轧机，其中 3 架 ϕ685mm（1 号、3 号为水平轧机，2 号为立式轧机），3 架 ϕ585mm（4 号、6 号为立式轧机，5 号为水平轧机），是意大利达涅利公司的专利技术。

（2）中轧机 6 ~ 12 架，全部为 ϕ470rnm 短应力线高刚度轧机（7 号、9 号、11 号为水平轧机，8 号、10 号为立式轧机，12 号为平立转换轧机）。这种轧机常见于棒材等小型轧机上，形式各有不同，世界各国制造商制造的此种轧机均有各自的特点，达涅利的轧机

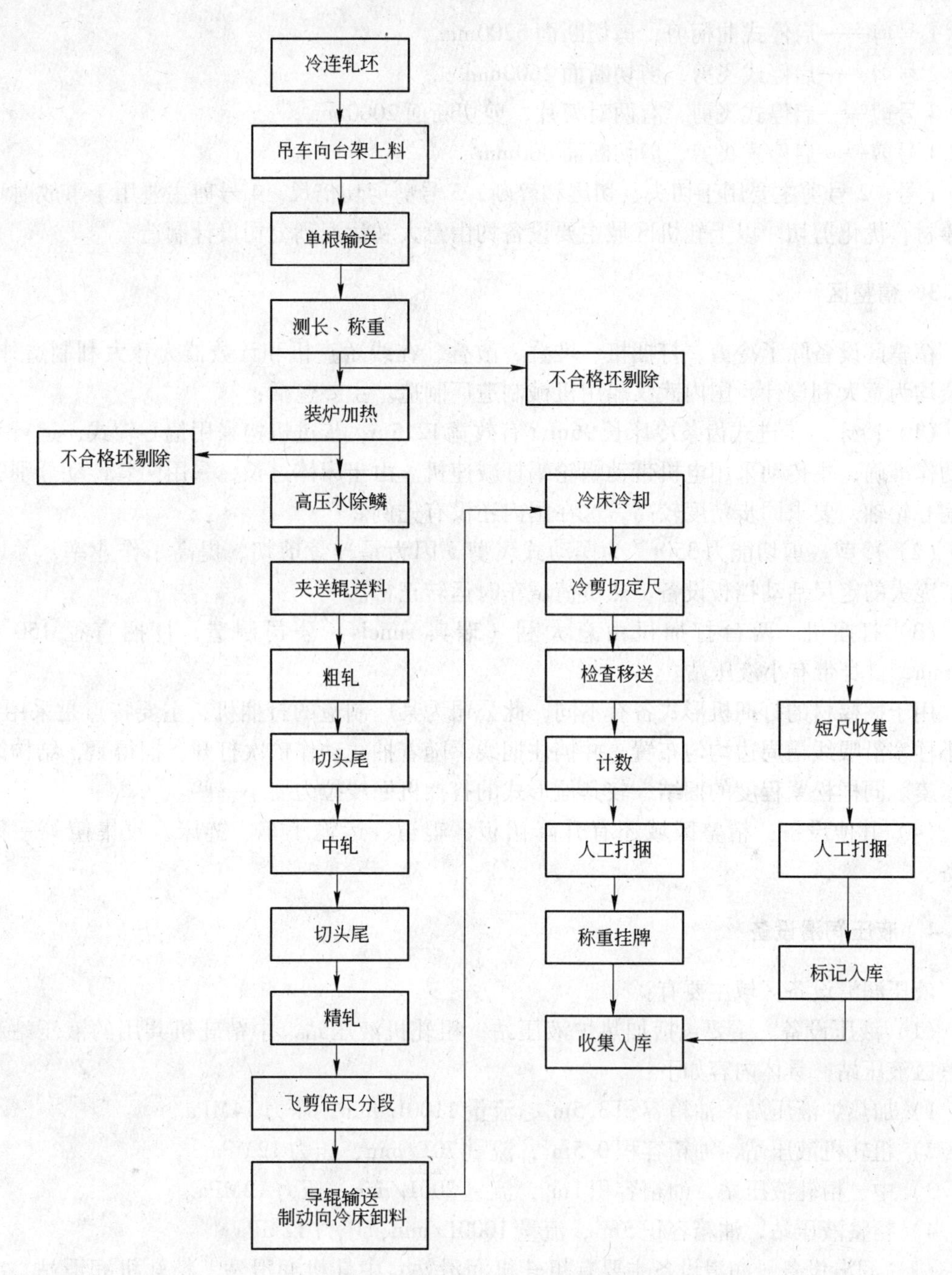

图 6-1 小棒材厂生产工艺流程

设计制造已成系列化，在欧美被广泛采用。

（3）精轧机 12~18 架，其中 3 架 ϕ470mm，3 架 ϕ370mm 短应力线高刚度轧机，与中轧机一样。其中 3 架立式轧机可立平转换，用以切分轧制。轧制过程全部由计算机程序自动控制，也可单体手动操作。

（4）热剪：每组轧机后边均有一台热剪，第 3 台热剪的旁路设置了一台碎断剪共 4 台。具体内容如下：

1 号剪——启停式曲柄剪，剪切断面 5200mm^2

2 号剪——启停式飞剪，剪切断面 2600mm^2

3 号剪——启停式飞剪，有两对刀片，剪切断面 2000mm^2

4 号剪——启停式飞剪，剪切断面 800mm^2

1 号、2 号剪主要用于切头、切尾和碎断，3 号剪剪切倍尺，4 号剪主要用于事故时切碎棒材，优化剪切。以上轧机区域主要设备均由意大利达涅利公司设计制造。

6.2.3 精整区

精整区设备除了冷剪、打捆机、堆叠、散叠、在线矫直机和计数器为意大利制造外，其余均为意大利设计，国内武汉船用机械制造厂制造。主要包括：

（1）冷床。步进式齿条冷床长 96m，有效宽 12.5m，步进机构采用偏心轮式，运行平稳动作准确，主传动采用电机带动蜗轮蜗杆减速机。由于床体过长，采用两套传动分别驱动偏心轮轴，要求同步精度较高，这在国内还没有先例。

（2）冷剪。剪切能力 350t，为摆动式飞剪，因为是连续剪切、提高了作业率，并取缔了庞大的定尺活动挡板设备。热负荷试车时运转正常。

（3）打捆机。两台打捆机由意大利（瑞典 suncls）公司制造，打捆直径 150 ~ 500mm，自身带有小液压站。

用于捆棒材的打捆机形式各有不同，此公司为某厂制造的打捆机，主要特点是采用 8 个小柱塞沿喂线槽周边均匀布置，并挡住捆线，随着抽线动作依次打开，捆得紧，结构简单紧凑。同样松紧程度的捆结，较其他形式的打捆机回线拉力要小一些。

（4）其他设备：精整区域还有升降裙板、辊道、运输小车、链床、收集筐等一些设备。

6.2.4 液压润滑设备

液压润滑设备区域主要有：

（1）液压设备。主要包括加热炉液压站，粗轧机液压站，中精轧机共用的液压站和精整区液压站。具体内容如下：

1）加热炉液压站，油箱容积 3.5m^3，流量 1100L/min，压力 14MPa。

2）粗轧机液压站，油箱容积 0.5m^3，流量 70L/min，压力 12MPa。

3）中、精轧液压站，油箱容积 1m^3，流量 200L/min，压力 12MPa。

4）精整液压站，油箱容积 5m^3，流量 1000L/min，压力 12MPa。

（2）润滑设备。润滑设备主要有粗轧机润滑站，中轧机润滑站，精轧机润滑站，冷剪润滑站，干油润滑系统和油－汽润滑系统。具体包括：

1）粗轧机润滑站，油箱容积 25m^3，供油膜轴承的润滑油流量 180L/m^3，压力 0.4MPa；供其他部位润滑的油流量 540L/min，压力 0.2MPa。

2）中轧机润滑站，油箱容积 25m^3，油流量 900L/min，压力 0.2MPa。

3）精轧机润滑站，油箱容积 25m^3，油流量 900L/min，压力 0.2MPa。

4）集中干油系统，油箱容积 0.04m^3，流量 0.13L/min，工作压力 50MPa。

5）油气润滑系统，油箱容积 0.5m^3，总流量 3L/min，压力 16MPa。

6.2.5 附属设备

附属设备包括空压机、起重机等：

（1）空压机。三台 $60Nm^3/h$ 的空压机，设备由北京第一通用机械厂制造。

（2）起重机。钢坯垮作用16t+16t的电磁吊4台，主轧垮20t+20t，桥吊和10t桥吊各两台，精整垮使用10t+10t电磁吊4台，机修间10t一台，生产准备10t桥吊一台。吊车均为大连起重机器厂制造。

6.3 坯料准备

6.3.1 坯料检查

坯料检查主要包括：

（1）坯料规格。连铸方坯150mm×150mm，长度8000～12000mm，短于12000mm的短尺不超过10%。

（2）连铸坯标准执行《连续铸钢方坯和矩形坯》（YB 2011—83）、《优质碳素结构钢和合金钢连铸方坯和矩形坯》（YB/T 154—1999）及技术中心下发的有关规定。

（3）不合格钢坯的处理。不合格钢坯在剔除装置处剔除后，通知外检人员确认，退回原料库，其单根坯料重量按所属炉号平均重量计。到原料库领料时，如发现某一炉号的钢坯中不合格坯料数量较多，可更换炉号领料。

6.3.2 坯料按炉送钢

坯料按炉送钢主要包括以下内容：

（1）原料工到原料库领料，必须按送钢卡片核对钢种、炉号、标识、根数、重量等，物卡一致，方可安排装炉顺序，根据装炉顺序将钢坯吊至上料台架布料，并将装炉顺序（包括上料台架号）和送钢卡片及时送往CPO。

（2）往上料台架上料时，必须将同一炉号的坯料放在一个上料台架上，一个上料台架上的不同炉号的坯料用明显的标记隔开。

（3）钢坯吊至上料台架之后，原料工要再次按送钢卡片核对钢种、炉号、标识、根数等，确认物卡一致，逐根检查钢坯外形和表面质量，对短坯测量实际长度，短于8000mm的坯料、扭转、弯曲和有表面缺陷的钢坯，及时通知CPO，以便在剔除装置处剔除。

（4）前一炉号最后一根坯料入炉后，方可切换至另一台架。

（5）炉号更换时，前一炉号最后一根坯料入炉后，在炉内空至少一个步距装料。

（6）CPO人员在一个炉号坯料装炉完成后及时将钢种、炉号、装炉根数、装炉重量、剔除根数、剔除重量、剔除原因等输入计算机，传送至CP1。

（7）当一个炉号的第一根坯料出炉后，CPO人员通知原料工立即将送钢卡片送往CP2。一个炉号的最后一根坯料出炉后，CPO人员应立即通知CP1下一炉号的钢种、炉号、根数。

（8）对于从退坯炉门退出的钢坯CPO人员应及时将钢种、炉号、退坯根数、退坯重量、退坯原因等输入计算机，传送至 CP1。

思 考 题

6 - 1　简述小棒材连轧的生产工艺流程。

6 - 2　什么是按炉送钢制度？

7 加热炉设备及操作

7.1 加热炉简介

有关加热炉的基本概念有：

（1）加热炉形式。一座上下加热步进梁式加热炉，能满足轧线 60 万吨的年生产能力。

（2）加热炉主要尺寸。加热炉主要尺寸包括：

1）炉子有效长度：24000mm；

2）炉内宽度：12800mm；

3）轧线标高：5700mm；

4）装出料辊道上部标高：5610mm；

5）炉子最高点标高：11300mm；

6）炉坑标高：1450mm；

7）烟囱顶部标高：75m。

（3）加热能力。额定 150t/h，最大 170t/h。

（4）燃料。高焦炉混合煤气，低发热值：$(1750 \pm 50) \times 4.18 kJ/m^3$（标态），压力：8000 ~ 8500Pa。

（5）加热坯料。150mm × 150mm × 8000mm ~ 12000mm 连铸坯，其中短于 12000mm 的连铸坯数量不超过 10%。

（6）装料温度。冷装 20℃。

（7）出料温度。1050 ~ 1150℃。

（8）加热温差。坯料表面和中心温差：30℃。坯料长度方向温度差：30℃，坯料两端温度比中间高 30℃（具体温度差根据不同钢种、不同轧制情况而定）。

（9）燃料分配。燃料分配如表 7 – 1 所示。

表 7 – 1　加热炉燃料分配

区域		150t/h 产量下的最大供应量（标态）/$m^3 \cdot h^{-1}$		预留能力/%
		混合煤气，$NH_v = 1750 kcal/m^3$（标态）	空气	
加热区	上	12750	23700	10
	下	13000	24600	15
均热区	左上	1400	3580	50
	右上	1400	3580	50
	左下	1750	4250	50
	右下	1750	4250	50

(10) 烧嘴布置及技术性能。烧嘴布置及技术性能详见表7-2。

表7-2 烧嘴布置及技术性能

区 域	上加热	下加热	上均热	下均热
烧嘴形式	BMF G10	BMF G10	BLF G3	BLF G3
烧嘴数量	6	6	9	8
空气量/m^3(标态)	3950	4100	797	1063
空气压力/Pa	5000	5000	5000	5000
煤气量/$m^3 \cdot h^{-1}$(标态)	2220	2350	397	510
煤气压力/Pa	1500	1500	1500	1500

(11) 助燃风机技术性能。具体技术性能有:

1) 数量:2台,一用一备;

2) 形式:离心式;

3) 静压:1.62×10^4Pa;

4) 流量:77000m^3/h(标态);

5) 电机:500kW,1500r/min。

(12) 换热器技术性能。换热器技术性能如表7-3所示。

表7-3 换热器技术性能

项目	数值
换热器入口烟气温度/℃	719
换热器出口烟气温度/℃	440
换热器入口烟气流量/$m^3 \cdot h^{-1}$(标态)	64879
换热器入口空气温度/℃	20
换热器入口空气流量/$m^3 \cdot h^{-1}$(标态)	44861
换热器出口空气温度/℃	500

(13) 步进梁。固定水梁:4根(装料端),5根(出料端);活动水梁:4根(装料端),4根(出料端)。步进行程与周期为:

1) 步进行程:升降:200mm;平移:根据坯料弯曲度的不同,步进梁的动作设计有四种步距,即平移行程。见表7-4。

表7-4 步进梁的平移行程

序 号	坯料弯曲度/nm	步距(平移行程)/mm
1	85	235
2	100	250
3	125	275
4	150	300

2) 步进周期:步进梁的最短步进周期为39s。

7.2 加热制度

7.2.1 加热钢种

加热钢种如表 7－5 所示。

表 7－5 加热钢种

钢　种	代 表 钢 号
碳素结构钢	Q195－Q235，Q255
优质碳素结构钢	45，20
低合金钢	HRB335，HRB400
弹簧钢	65Mn，60Si2Mn，55SiMnVB
合金结构钢	40Cr，40CrV，20CrMo，20CrMoA，20Cr

7.2.2 加热温度设定

不同钢种加热温度设定不同，具体有：

（1）碳素结构钢、优质碳素结构钢、低合金钢加热温度设定。出钢温度 1050～1150℃；开轧温度 950～1050℃，见表 7－6。

表 7－6 碳素结构钢、优质碳素结构钢、低合金钢加热温度

序　号	产品规格	产量/$t \cdot h^{-1}$	加热段温度设定值/℃	均热段温度设定值/℃
1	螺纹钢 $\phi 10 \times 3$	92.5	1050	1160
2	螺纹钢 $\phi 12 \times 3$	129.6	1110	1170
3	螺纹钢 $\phi 14 \times 2$	140.2	1120	1170
4	$\phi 14$	73.6	1030	1150
5	$\phi 15$	83.8	1050	1150
6	$\phi 16$	94.6	1070	1160
7	$\phi 17$	105.9	1090	1160
8	$\phi 18$	117.8	1090	1170
9	$\phi 19$	130.0	1110	1170
10	$\phi 20$	142.7	1120	1170
11	$\phi 21$	150	1120	1180
12	其他规格	150	1120	1180

（2）合金结构钢加热温度设定。出钢温度 1050～1120℃；开轧温度 950～1020℃，具体见表 7－7。

表7-7　合金结构钢加热温度

序　号	产品规格	产量/t·h⁻¹	加热段温度设定值/℃	均热段温度设定值/℃
1	φ14	73.6	1000	1130
2	φ15	83.8	1020	1130
3	φ16	94.6	1040	1140
4	φ17	105.9	1060	1140
5	φ18	117.8	1080	1150
6	φ19	130.0	1080	1150
7	φ20	142.7	1090	1150
8	φ21	150	1090	1160
9	其他规格	150	1090	1160

（3）弹簧钢加热温度设定。出钢温度1050～1120℃；开轧温度950～1020℃，见表7-8。

表7-8　弹簧钢加热温度

序　号	产量/t·h⁻¹	加热段温度设定值/℃	均热段温度设定值/℃
1	75	1000	1140
2	85	1010	1140
3	95	1030	1140
4	105	1050	1140
5	120	1070	1150
6	130	1090	1150
7	140	1100	1150
8	150	1110	1150

7.3　加热区域操作要点

7.3.1　炉前上料区域

7.3.1.1　CPO操作前确认

CPO操作前确认内容包括：

（1）确认所属区域操作设备的电源已投入。

（2）确认液压系统、润滑系统正常。

（3）确认摄像监视正常。

（4）按操作盘上“灯测试（LAMP TEST）”按钮，确认各操作按钮指示灯正常。

（5）确认上料台架前的受料辊道处于停转状态。

（6）确认操作盘上“A线—现场（LINE A LOCAL）”、“B线—现场（LINE B LOCAL）”灯灭。

7.3.1.2 手动操作

手动操作的内容有：

(1) 旋转“入炉辊道（ENTRY ROLLER TABLE）”至“手动（MANUAL）”。

(2) 按“上料台架（CHARGING TABLE）”的“启动（START）”按钮，此台架被启用。

(3) 按“入炉辊道（ENTRY ROLLER TABLE）”的“启动（START）”按钮，入炉辊道被启用。

(4) 按“上料台架（CHARGING TABLE）”的“开始循环（START CYCLE）”按钮，台架运动一周期。若钢坯不到位，重复按此按钮。

(5) 按“卸料小车（BILLET TRANSFER）”的“开始循环（START CYCLE）”按钮，卸料小车运动一周期，把钢坯放至入炉辊道上。

(6) 按1号、2号挡板的“下降（LOWERING）”按钮，1号、2号挡板下降。

(7) 扳动“入炉辊道（ENTRY ROLLER TABLE）”手柄至“前进（FORWARD）”，辊道正转，钢坯向前运动，到称重装置处松开手柄，使钢坯停止在称重装置处。

(8) 旋转“坯料称重（BILLET WEIGHING）”至“连接（CONNECT）”或“不连接（DISCONN）”，以选择是否称重。

(9) 若钢坯不合格（包括长度大于12080mm的钢坯），可在此位置按剔除装置的“提升（LIFTING）”按钮，剔除钢坯。

(10) 若炉内有装钢信号，按3号挡板“下降（LOWERING）”按钮，使3号挡板下降，扳动“入炉辊道（ENTRYROLLER TABLE）”手柄至“前进（FORWARD）”，辊道正转，钢坯入炉。

7.3.1.3 自动运转操作

自动运转操作有：

(1) 确认上料台架钢坯已整齐排列到挡钩处，确认“入炉辊道（ENTRY ROLLER TABLE）”的旋钮在“自动（AUTO－MATIC）”处。

(2) 按“入炉辊道（ENTRY ROLLER TABLE）”的“启动（START）”按钮。

(3) 按“上料台架（CHARGING TABLE）”的“启动（START）”按钮和“开始循环（START CYCLE）”按钮。

(4) 按“卸料小车（BILLET TRANSFER）”的“开始循环（START CYCLE）”按钮，上料台架、卸料小车、入炉辊道、称重测长装置、辊道升降挡板自动运转。

7.3.1.4 注意事项

需要注意的事项有：

(1) 上料台架换钢种时，要及时通知加热炉仪表室操作工。

(2) 加热炉倒钢时，要联络清楚，在做好剔除准备后，才允许倒钢。

(3) 设备有异常要及时通知班组长、作业长和CP1主控台。

(4) 根据轧制计划，通知天车上料。往上料台架上上料时，应确保上料台架不在提升过程中。

（5）操作工必须认真确认入炉的钢坯根数与计划根数相同，保证物卡一致。

（6）对有缺陷的钢坯，有权进行剔除。

（7）在清扫设备时，应切断电源。

（8）原料工应服从 CPO 人员指挥。

7.3.2 加热操作

7.3.2.1 加热操作要点

加热炉操作要点包括：

（1）严格控制加热段和均热段温度在设定值以下，超过设定值 30℃ 的持续时间不得大于 30min，一旦炉温超过规定值，必须在 10 分钟之内采取措施。

（2）小时产量在 100t/h 以下时，根据实际产量情况，点燃加热段南侧的上下各一对或两对烧嘴。

（3）在所有烧嘴全部点燃的情况下，控制烟气中的残氧量在 2%～4% 之间，减少氧化烧损。

（4）加热炉操作人员，要经常查看火焰状况和坯料在炉内的运行、弯曲、跑偏等情况。一旦发现某根坯料在到达错位梁之前端部弯曲下垂较为明显，迅速关闭加热段烧嘴，降低加热段温度，防止其在高温下弯曲加剧，最终不能步进到错位梁上。同时，与轧线取得联系，迅速出钢或退坯。

（5）轧线事故或加热炉事故状态下，以及交接班前，提前 15 根坯料的出炉时间，降低加热段炉温，必要时关闭加热段所有烧嘴，根据延迟时间，均热段温度依据“停炉与保温作业”规定进行控制，等轧线恢复正常连续生产，再将加热段升至正常温度。如出钢温度暂时不能满足轧线需要，可通知轧线待温。

（6）在轧线没有正常连续过钢之前，不得点燃加热段烧嘴。同时，生产过程中要与轧线勤加联系，了解生产情况，根据轧线的生产节奏随时调节炉温。

（7）轧线生产不顺时，根据轧机小时产量按相近规格的温度制度进行控制。

7.3.2.2 炉压

炉压大小及分布对炉内火焰形状、温度分布以及炉内气氛均有影响。炉压制度对坯料加热速度、加热质量乃至燃料的利用至关重要。

（1）加热炉测压点。加热炉测压点位于均热段上部。

（2）加热炉炉压。生产时炉压为 5Pa；烘炉时炉压为 -5Pa。

7.3.2.3 空燃比的设定

$1m^3$（标态）气体燃料燃烧理论上所需空气量（单位：Nm^3/Nm^3）为：

$$Lo = 0.0476[0.5CO^{燃} + 0.5H_2^{燃} + 1.5H_2S^{燃} + 2CH_4^{燃} + \sum(m + n/4)G_mH_nO_2^{燃}]$$

其中，$CO^{燃}$，$H_2^{燃}$…为在干燥气体燃料中所含的 CO、H_2 及其他组成的体积百分比。

建议取 $Lo = 1.84Nm^3/Nm^3$。

7.3.2.4 换热器保护

换热器保护包括换热器前废气入口温度过高报警、预热空气高温报警以及换热器管壁高温和低温报警。

(1) 换热器保护作业。

换热器保护有两种方式：冷风稀释和热风放散。

1) 冷风稀释：换热器废气入口温度超过800℃产生报警，稀释控制阀打开，往烟道内掺入冷风，降低烟气温度。

2) 热风放散：预热空气温度超过510℃产生报警，打开热风放散控制阀，进行热风放散。

(2) 换热器管壁高温、低温报警。

1) 换热器管壁高温报警，极限660℃。此时打开热风放散和烟道掺冷风，检查换热器是否出现故障。

2) 换热器管壁低温报警，极限260℃。检查换热器前后烟气温度、热风温度是否有异常，检查换热器是否出现故障。

(3) 注意事项。

1) 当产生换热器保护报警时，必须确认自动控制系统的相应控制阀是否打开，如果仪表系统出现故障，操作人员应到现场人工打开报警的相应控制阀。

2) 经常查看换热器前后空气、烟气温度情况及换热器管壁温度。

3) 严禁随意更改换热器保护所设定的温度参数。

4) 经常检查和维护温度控制阀。

7.3.3 停炉与保温操作

7.3.3.1 停炉操作—关闭加热系统

停炉操作—关闭加热系统主要有：

(1) 在各区温度控制器的控制下，加热炉从工作温度按50℃/h的速度降到1000℃。

(2) 在1000℃，关闭上加热和上均热区的烧嘴前煤气手动阀门，从安全控制柜和监控系统关闭支管煤气调节阀门，关闭支管煤气手动阀门。根据降温速度，调节助燃空气流量。

(3) 在下区温度控制器的控制下，按50℃/h的速度从1000℃降到800℃。

(4) 在800℃，关闭下加热区烧嘴前煤气手动阀门，从安全控制柜和监控系统关闭支管煤气调节阀门，关闭支管煤气手动阀门。根据降温速度，调节助燃空气流量。

(5) 800℃以下，下均热区在手动方式下运行，逐渐减少使用烧嘴数量。

(6) 600℃以下，关闭下均热区，助燃风机继续运行，并将炉压设为5Pa，以保证炉子缓慢降温。

(7) 400℃以下，将炉压设为2Pa，当炉温降至100℃，停止助燃风机。

(8) 各区关闭后进行蒸汽吹扫。

注意：在进入炉内作业前，必须首先启动助燃风机吹扫炉膛。

7.3.3.2 停炉作业结束工作

停炉作业结束工作包括：

(1) 确认各阀门状态。

(2) 全开烟道闸板和加热炉炉门。

(3) 停炉结束，及时向作业长、值班调度、煤气站汇报。

7.3.3.3 加热炉保温

炉子带负荷时2小时以上的停炉，将加热区和均热区设为950℃。空炉情况下1个班以上的停炉，将加热区和均热区设为850℃保温。

A 保温准备

保温准备工作有：

(1) 炉内装出料辊道上没有钢坯，辊道低速运转。

(2) 推钢机、出钢机在初始位置。

(3) 步进梁在“0”位。

(4) 装出料炉门全闭。

B 短时保温—炉子带负荷

短时保温主要因为轧机的非计划性停轧，如果延迟短于1小时，根据延迟时间，操作人员降低相应区域的温度设定值。如果延迟时间大于1小时，将加热区温度按50℃/h的速度降至950℃，将均热区度按50℃/h的速度降至1000℃，见表7－9。

表7－9 短时保温与延迟时间的关系

延迟分钟/min	加热区/℃	均热区/℃
15	－30	－20
30	－50	－20
45	－50	－30
60	－80	－40
+60	－100	－50

C 长时保温—空炉

长时保温适用于8小时以上的计划性停产，此时在停产前应将炉内坯料清空。清空炉子过程中，检查炉子出口的烟气温度，以保护换热器。需要的话，在清空期间，降低加热区设定值。

当最后一根坯料离开加热炉，将均热区温度按50℃/h的速度降至950℃。在1000℃，关闭上加热和上均热区，下加热和下均热区按50℃/h的速度降至850℃。

D 长时保温后的升温

根据下列原则进行：

(1) 当炉温达到1000℃，点燃上加热区和上均热区。

(2) 在850℃和1000℃之间，升温速度50℃/h。

(3) 从1000℃到工作温度，升温速度50℃/h。

（4）当坯料覆盖某区的30%时，该区必须达到工作温度。

7.3.4 烘炉操作

烘炉制度是根据炉子使用的耐火材料性质、炉子使用的燃料等情况制定的。

7.3.4.1 烘炉方法

新建炉子在筑炉完成后要求有3天以上的自然干燥时间。大修的炉子也应有3天自然干燥时间。烧煤气的加热炉，其烘炉方法是：首先点燃下均热区烧嘴进行烘烤，然后依次点燃下加热区、上均热区和上加热区的烧嘴。根据烘炉曲线，通过点燃烧嘴的数量进行温度控制。在800℃以上用自动控制代替人工操作进行温度控制。

7.3.4.2 烘炉曲线

新建炉子的烘炉曲线，如图7－1所示。

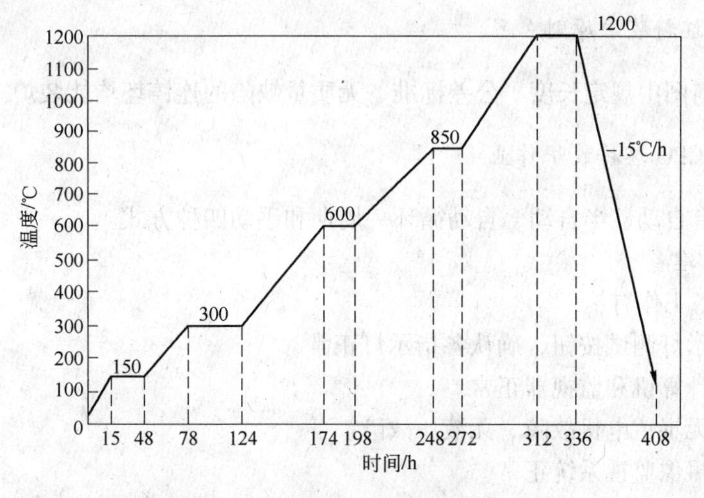

图7－1 加热炉烘炉升温控制曲线

一般新建炉子要进行较长时间的充分烘炉，烘炉时间越长，对耐火材料越有利。检修后炉子的烘炉曲线如图7－2、图7－3所示。

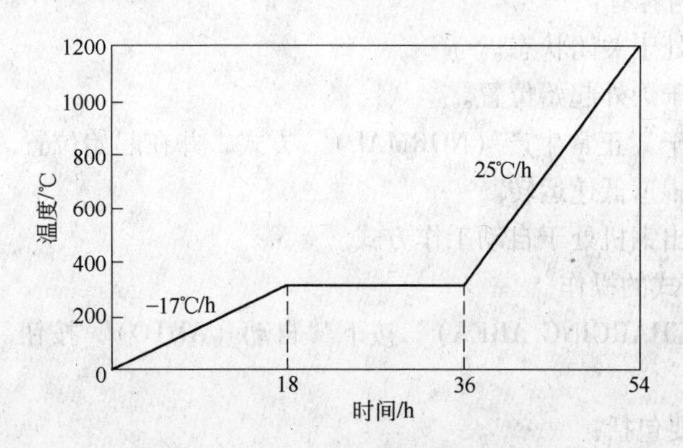

图7－2 没有用浇注料修补的烘炉曲线

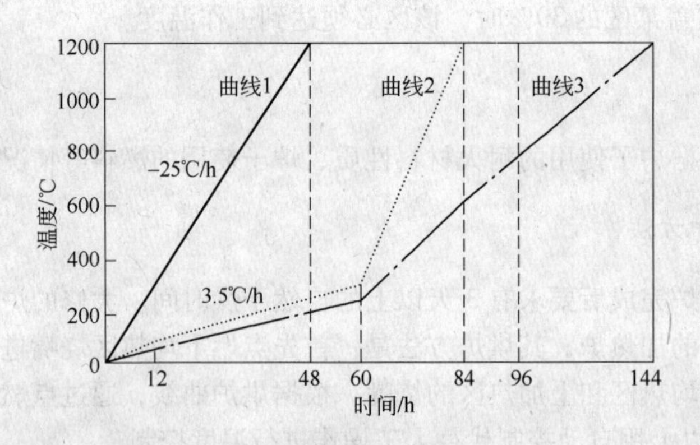

图 7-3　用浇注料修补后的烘炉曲线

7.3.5　坯料装炉操作

7.3.5.1　坯料装炉原则

凡符合装料图中规定长度、公差标准、无质量缺陷的连铸坯均能装炉。

7.3.5.2　CPO 坯料装炉作业

装料操作有自动、半自动、自动循环一周期和手动四种方式。

A　作业前准备

作业前准备工作有：

(1) 按指示灯测试按钮，确认各指示灯正常。

(2) 确认计算机和监视器正常。

(3) 确认无辊道电机故障、无液压故障。

(4) 确认摄像监视系统正常。

(5) 确认炉内坯料的位置、炉内坯料的炉号及炉前待装坯料的炉号。

B　自动方式

a　自动条件确认

自动条件确认内容有：

(1) 装料炉门处于关闭状态。

(2) 推钢机处于炉外起始位置。

(3) 步进梁处于“正常生产（NORMAL）”方式，并在起始位置。

(4) 炉内装料辊道低速运转。

(5) 步进梁和出钢机处于自动工作方式。

b　装料自动方式的操作

在“装料区（CHARGING AREA）”按下“自动（AUTO）”按钮。

C　半自动方式

半自动操作主要包括：

(1) 按下“装料区（CHARGING AREA）”的“半自动（S. A.）”按钮。

(2) 指示灯亮时，按下“装料炉门（CHARGING DOORS）”的“打开（OPENED）”按钮。

(3) 当“打开（OPENED）”指示灯亮时，按下“装料辊道（CHANGING ROLLER TABLE）”的“前进（FORWARD）”按钮。

(4) 通过摄像监视系统，观察进炉坯料运动状态，当完成坯料在炉内的定位后，按下“装料炉门（CHARGING DOORS）”的“关闭（CLOSED）”按钮，炉门下降至关闭位置。

(5) 当“装料炉门（CHARGING DOORS）”的“关闭（CLOSED）”指示灯亮时，按下“推钢机（PUSHER）”的“前进（FORWARD）”按钮。

(6) 通过摄像监视系统，观察推钢机的运动状态，当推钢机完成坯料推正动作后，按下“推钢机（PUSHER）”的“后退（BACKWARD）”按钮。

7.3.5.3 步进梁操作

A 自动方式

a 步进自动条件确认

步进自动条件确认内容包括：

(1) 推钢机、出钢机处于炉外起始位置。

(2) 步进梁处于循环运动中的“0”位（即C位）。

(3) 固定梁出料位置上没有坯料。

(4) 步进梁处于“正常生产（NORMAL）”方式或“移空（EMPTY）”方式。

b 自动启动操作

将控制面板上的“现场/远程（LOCAL/REMOTE）”选择开关切至“远程（REMOTE）”位置。在控制面板“加热炉区（FURNACE AREA）”按“自动（AUTO）”控制按钮。

c 自动运转实现过程

自动运转实现过程如图7-4所示，具体包括：

(1) 从C位下降到D位，步进梁下降到极限。

(2) 从D位后退到E位，步进梁后退到极限，处于装料辊道的下方。

(3) 从E位上升到A位，步进梁提升坯料至极限。

(4) 从A位前进到B位，步进梁前进至极限。

(5) 从B位下降到D位，活动梁下降过程中将坯料放到固定梁上。

B 自动循环一周期

自动循环一周期主要包括：

(1) 自动循环一周期方式条件确认。

(2) 自动循环一周期方式启动操作。

按下“加热炉区（FURNACE AREA）”的“自动循环一周期（1C）”按钮，启动自动循环一周期方式。

(3) 自动一周期循环运转实现过程。

步骤基本相同于自动启动操作，最后一步从B位下降到C位停止。

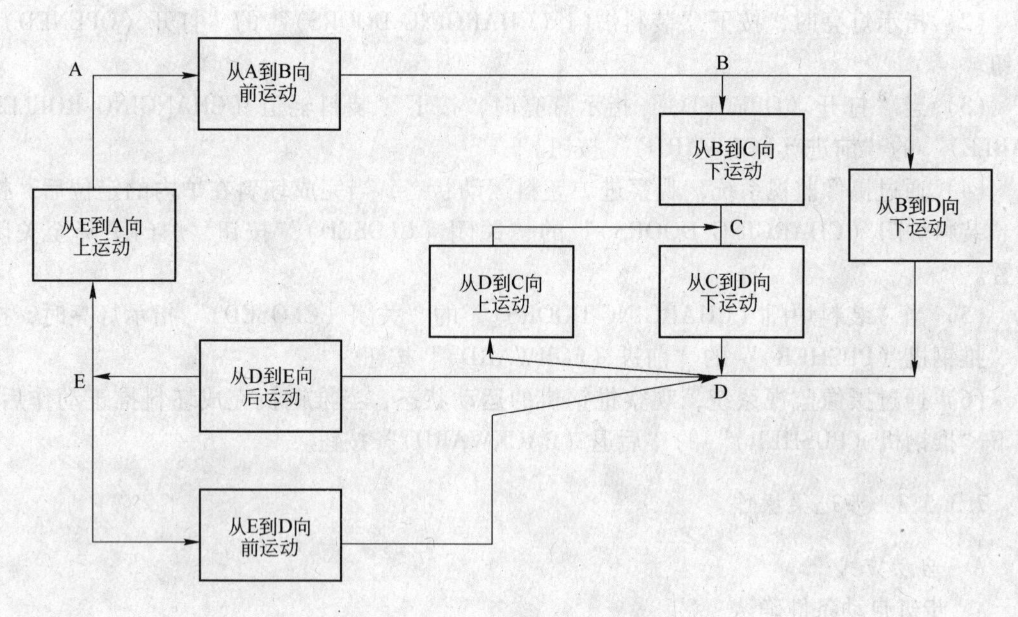

图7－4　步进梁自动运转过程

C　半自动方式

a　半自动操作条件确认

参照图7－4，步进梁可处于C，D，E，A，B的任何一个位置。

b　半自动操作

半自动操作步骤有：

（1）按下“加热炉区（FURNACE AREA）”的“半自动（S. A.）”按钮。

（2）按下“加热炉区（FURNACE AREA）”的“下降（DOWNWARD）”按钮，步进梁由“C”下降至“D”位，运动过程中，“下降（DOWNWARD）”指示灯闪烁。

（3）当“下降（DOWNWARD）”指示灯亮，按下“后退（BACKWARD）”按钮，步进梁由“D”，后退至“E”位，运动过程中，“后退（BACKWARD）”指示灯闪烁。

（4）当“后退（BACKWARD）”指示灯亮，按下“提升（UPWARD）”按钮，步进梁由“E”上升至“A”位，运动过程中，“提升（UPWARD）”指示灯闪烁。

（5）当“提升（UPWARD）”指示灯亮，按下“前进（FORWARD）”按钮，步进梁由“A”前进至“B”位，运动过程中，“前进（FORWARD）”指示灯闪烁。

（6）当“前进（FORWARD）”指示灯亮，按下“下降（DOWNWARD）”操作按钮，步进梁由“B”下降至“C”位。

7.3.5.4　异常处理

一般异常处理包括：

（1）钢坯入炉后撞击缓冲挡板。此时需：

1）通过摄像监视显示器，查看坯料的位置。

2）按下“装料区（CHARGING AREA）”的“手动（MANUAL）”按钮。

3）按着“装料辊道（CHARGING ROLLER TABLE）”的“后退（BACKWARD）”按

钮，将坯料退回到布料图规定位置松开按钮，辊道停止运动。

4）恢复正常操作。

（2）钢坯在炉内装料辊道上等待时间超过两分钟。此时需：

1）确认炉前入炉辊道无坯料。

2）按下“装料区（CHARGING AREA）”的“手动（MANUAL）”按钮。

3）按着“装料炉门（CHARGING DOOR）”的“打开（OPENED）”按钮，打开装料炉门。

4）按着“装料辊道（CHARGING ROLLER TABLE）”的“后退（BACKWARD）”按钮，将坯料退出炉外后松开按钮。

5）按着“装料炉门（CHARGING DOOR）”的“关闭（CLOSED）”按钮，关闭装料炉门。

6）按下“装料区（CHARGING AREA）”的“自动（AUTO）”按钮。

7）炉内装料辊道自动恢复到低速运转状态。

7.3.6 坯料出炉操作

7.3.6.1 作业前准备

作业前准备工作包括：

（1）确认机械设备、液压装置、压缩空气正常。

（2）确认摄像监视系统正常。

（3）查看坯料位置及炉号。

（4）确认有轧线要钢信号。

7.3.6.2 出钢操作

A 自动方式

在自动方式下，出钢机、出料炉门和出料辊道运动相互连接，自动完成连续、完整的出料操作，对退坯炉门，由操作者手动控制。

a 自动条件确认

自动条件确认的内容有：

（1）激光检测到固定梁上等待出炉的最后一根坯料。

（2）接受轧线要钢信号。

（3）步进梁处于初始位置或者下降极限位置。

（4）出钢机处于初始位置。

（5）炉内出料辊道上没有坯料，出料辊道低速运转。

（6）出料炉门处于关闭位置。

b 自动启动操作

按下“出料区（DISCHARGING AREA）”的“自动（AUTO）”按钮，启动自动出料方式。

B 手动方式

在手动方式下，按下相应的运动按钮，在设定的低速下分别执行出钢机、出料炉门和出料辊道各自的运动，当松开按钮或到达极限时运动停止。

a 手动条件确认

参照自动条件确认内容。

b 手动操作

手动操作内容有：

(1) 按下“出料区（DISCHARGING AREA)”的“手动（MANUAL)”按钮。

(2) 按着“出钢机（KICK OFF)”的“前进（FORWARD)”按钮，出钢机向前运动，当出钢臂上探头检测到钢坯后，向前运动150mm停止。

(3) 按着“出钢机（KICK OFF)”的“提升（UPWARD)”按钮，出钢臂上升将坯料托起至极限，松开按钮。

(4) 按着“出钢机（KICK OFF)”的“后退（BACKWARD)”按钮，后退至出料辊道上方，松开按钮，出钢机后退运动停止。

(5) 按着“出钢机（KICK OFF)”的“下降（DOWNWARD)”按钮，出钢臂下降将坯料放在出料辊道上，然后继续下降至极限，松开按钮。

(6) 按着“出钢机（KICK OFF)”的“后退（BACKWARD)”按钮，出钢臂后退至初始位置。

(7) 按着出料炉门“打开（OPENED)”按钮，打开出料炉门。

(8) 按着“出料辊道（DISCHARGING ROLLER TABLE)”的“前进（FORWARD)”按钮，将坯料送出炉外。

(9) 按着出料炉门“关闭（CLOSED)”按钮，关闭出料炉门。

C 自动循环一周期方式

在自动循环一周期方式下，出钢机、出料炉门、出料辊道相继运动，完成出料操作后停止。操作时，按下“自动循环一周期（1C)”按钮，启动自动循环一周期方式。

7.3.6.3 异常处理

异常处理的情况有：

(1) 钢坯在炉内出料辊道上等待时间过长。

(2) 探头检测到固定梁上坯料偏斜的处理操作。

此时，应首先确认出钢臂的最大行程能否到达坯料偏斜的最远端，如果不能到达，则步进梁再前进一步，如果能到达，采用下列操作：

(1) 通过摄像监视系统，点动出钢机“前进（FORWARD)”按钮，使出钢臂处于坯料偏斜的最远端的下方。

(2) 操作人员到出钢机现场，关闭通向提升液压缸油管路的手动阀门，使左右两组出钢臂脱开。

(3) 点动“出钢机（KICK OFF)”的“提升（UPWARD)”按钮，通过摄像系统监视，出钢臂上升托起坯料最远端的一头至上限，松开“提升（UPWARD)”按钮。

(4) 点动“出钢机（KICK OFF)”的“后退（BACKWARD)”按钮，通过摄像系统监视，出钢臂后退移动坯料将偏斜纠正，松开“后退（BACKWARD)”按钮。

（5）点动"出钢机（KICK OFF）"的"下降（DOWNWARD）"按钮，将坯料放在固定梁上，使出钢臂继续下降至极限。

（6）到现场打开通向提升液压缸油管路的手动阀门，使左右两组出钢臂联合。

（7）通过摄像监视系统，点动"出钢机（KICK OFF）"的"后退（BACKWARD）"按钮，出钢臂后退至原始位置，松开"后退（BACKWARD）"按钮。

（8）将"出料区（DISCHANGING AREA）"切换到"自动（AUTO）"。

（9）采用自动方式来完成出钢的后续工作。

7.3.7　退坯操作

退坯操作只能在手动方式下完成，其操作步骤如下：

（1）按下"出料区（DISCHARGING AREA）"的"手动（MANUAL）"按钮。

（2）按着"退坯炉门（DISCHARGING DOOR 2）"的"打开（OPENED）"按钮，打开退坯炉门。

（3）按着"出料辊道（DISCHARGING ROLLER TABLE）"的"后退（BACKWARD）"按钮，出炉辊道反转，钢坯出炉。

（4）扳动"退坯辊道（WITHDRAWN ROLLER TABLE）"的"前进（FORWARD）"手柄，把钢坯送往剔除装置。

（5）按着"剔除装置（WITHDRAWN ROLLER TABLE）"的"提升（LIFTING）"按钮，剔除钢坯。

（6）按着"剔除装置（WITHDRAWN ROLLER TABLE）"的"下降（LOWERING）"按钮，将坯料剔除臂恢复到低位。

（7）按着"退坯炉门（DISCHARGING DOOR 2）"的"关闭（CLOSED）"按钮，关闭退坯炉门。

7.3.8　修炉制度

定期修炉是根据炉子寿命情况，定期的周期性的计划修理。

定期检修可分为小修、中修和大修。修炉工期以生产为前提确定日程，有时不能充分作业，有时只好将某些部位延至下次检修。加热炉的检修工期如表7－10所示。

表7－10　加热炉的检修工期

小修工期	中修工期	大修工期	备　注
10～15天	20～30天	40～45天	包括冷却和烘炉

7.3.8.1　加热炉的小修作业

小修主要是更换加热炉局部（炉顶、炉墙、炉底和水梁等）的耐火材料，一般每年进行一次。

作业流程如下：

冷却—拆除—炉底砌砖—炉顶修补—水梁修补—养护—烘炉。

7.3.8.2 加热炉的中修作业

作业内容与小修作业基本相同。视炉子使用情况，每两年进行一次中修。

7.3.8.3 加热炉的大修作业

加热炉初定每5年进行一次大修。拆除作业应按均热段、加热段和预热段分别进行：

（1）均热段。炉顶—炉墙—炉底。

（2）加热段和预热段。炉顶—加热段炉墙—预热段侧墙—加热段炉底—预热段炉底—装料端墙。

思 考 题

7-1 了解加热操作的主要过程。

轧机区机械设备及基本操作

8.1 粗轧区机械设备及基本操作

粗轧机区域包括的机械设备有：除鳞机、输送辊道、剔除装置、保温罩、钢坯夹送辊及六架平立交替布置的悬臂式粗轧机。除鳞机的地面操作站P231提供除鳞机的地面控制，其他设备的地面控制由地面操作站P201提供。本节主要介绍以上设备的性能、结构、工作原理及操作、维护维修等方面的一些基本知识。

8.1.1 除鳞机

8.1.1.1 除鳞机的安装位置、功能及其工作原理

A 除鳞机的安装位置

除鳞机被安置在加热炉出口侧，距离加热炉出口约为8.5m。

B 除鳞机的功能

除鳞机的功能是把从加热炉中刚出来的钢坯上的氧化铁皮除掉，这对于保证钢坯顺利咬入第一架粗轧机，保护第一架轧机及导卫设备，以及保证最终产品的质量都有一定的好处。

C 除鳞机的工作原理

除鳞机的工作原理是在钢坯经过除鳞机时，除鳞机内的环形管上的各高压水喷嘴向钢坯按一定的角度（15°）喷射一定形状的高压水，水的压力为160~200Pa，利用高压水的强大冲击力将氧化铁皮剥落。

为了防止钢坯在除鳞过程中的温降过大，在除鳞过程中要求钢坯的运行速度较快，因此，这种除鳞方式又可称为快速除鳞法。

8.1.1.2 除鳞机的结构与主要组成部分

A 除鳞机的主体结构

除鳞机外部是用钢板焊接的箱体，箱体内装有环形管喷嘴和辊道，另外，为了防止喷到钢坯上的高压水顺钢坯向加热炉运动到炉内，在除鳞机上钢坯入口处，安装有由链条组成的幕帘。幕帘的主要作用是阻水。

除主体设备外，还配备有增压泵站、阀台、管线等辅助设备。

B 喷嘴

除鳞机的核心部件是喷嘴，其制造材料为硬质合金钢，一般工作寿命为5~6个月，在水质不好时寿命较低，只有2~3个月，在生产过程中，可根据除鳞的效果来判断喷嘴是否完好，也可从除鳞箱的窥视孔观察喷嘴喷出的水流形状来判断喷嘴是否完好。需要更

换时应及时更换，以确保除鳞效果。

8.1.1.3　除鳞机的操作

除鳞机的操作方式有自动和手动两种。

A　自动操作

在自动状态下，除鳞机的操作控制信号由位于加热炉出口和夹送辊之前的探测器给出。当探测器 HMD_1（如图 8-1 所示）探测到钢坯头部时，延时几秒钟，除鳞水开关自动打开开始除鳞；当探测器 HMD_1 探测到钢坯尾部后延时几秒，除鳞水开关自动关闭。

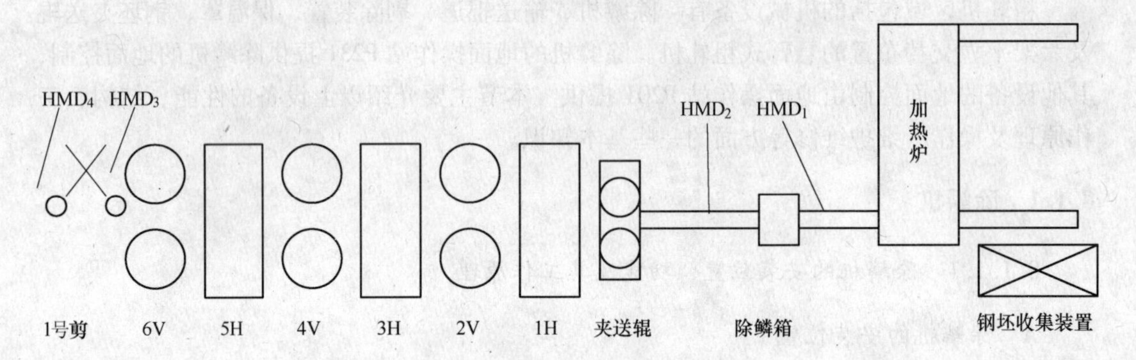

图 8-1　粗轧区工艺布置简图

H—水平轧机；V—立式轧机

在地面操作站 P231 中，有一个“除鳞机测试”按钮，用于开机前检查高压水工作是否正常。

注意：不除鳞时，管内仍需有部分水，防止水压增大时，损坏管件；如果发现除磷效果差，一般是由于水压不够或喷头堵塞造成的。

B　手动操作

除鳞机也可由手动操作完成除鳞。

手动操作按钮设在主控台，当使用地面操作站时，应与主控台联系，当手动控制时，要将选择开关打到“地面”位置，地面操作完成后，要将选择开关重新打到“主控”位置。

8.1.2　传输辊道

8.1.2.1　传输辊道的位置与功能

传输辊道安装在加热炉出口和钢坯夹送辊之间，其主要功能是把从加热炉出来的钢坯传送到第一架粗轧机，并能保证快速除鳞方式的实现，还对除鳞以后的待轧钢坯起一定的均热保温作用。

8.1.2.2　传输辊道的结构及主要组成

传输辊道的主要组成部分有辊子、传动装置、导槽、保温罩等部件。辊子由交流变频电机单独驱动，两端采用滚动轴承支承，轴承的润滑方式为干油自动润滑（建议采用耐高温的润滑脂），辊子的中间支承轴采用内部循环水冷却，这样可延长轴承和辊子的使用寿命。

8.1.2.3 传输辊道的操作

正常生产时，传输辊道主传动，辊道调速由主控台自动控制，地面操作站 P201 上“辊道向前、停止、向后”选择开关，用于应急处理，热坯回炉或剔除等。

8.1.3 保温罩

8.1.3.1 保温罩的位置与功能

保温罩处于剔除装置位置，其主要作用是对辊道上的钢坯保温，在正常轧钢生产中是不动的，在检修或更换辊子时用天车把保温罩吊走，检修完后再用天车把保温罩吊装好。

8.1.3.2 保温罩的驱动和操作

保温罩由液压缸驱动，由地面操作站 P201 上“保温罩打开”、“保温罩闭合”按钮进行手动操作。

8.1.4 剔除装置

8.1.4.1 剔除装置的位置与功能

剔除装置位于除鳞机与挡板之间，主要作用是剔除不合格的钢坯。

8.1.4.2 剔除装置的驱动和操作

剔除装置由液压缸驱动，由地面操作站 P201 上“剔除杆上升”、“剔除杆下降”按钮用于剔除钢坯时操作，当钢坯需要剔除时，其步骤为：

（1）将 P201 地面操作站上的选择开关打到“地面”位置。

（2）点动“输送辊道向前”或“输送辊道向后”开关，将钢坯驱动到剔除位置。

（3）按下“保温罩打开”按钮，驱动保温罩到打开位。

（4）按下“剔除杆上升”按钮，驱动钢坯剔除辊道，然后按下“剔除杆下降”按钮进行复位。

（5）按下“保温罩闭合”按钮，驱动保温罩到闭合位。

（6）完成操作后，将选择开关打到“主控位置”。

8.1.5 挡板

8.1.5.1 挡板的位置与功能

挡板位于夹送辊之前，其作用是应急时挡住钢坯运行。

8.1.5.2 挡板的驱动和操作

挡板由气缸驱动，由地面操作站 P201 上“挡板上升”、“挡板下降”按钮进行操作。

8.1.6　钢坯夹送辊

8.1.6.1　夹送辊的安装位置、主要功能与工作原理

A　夹送辊安装位置及主要功能

夹送辊安装在1号粗轧机和钢坯传送辊道之间，其主要功能是在必要时协助1号粗轧机咬入，在这种情况下的咬入又称为强迫咬入。

B　夹送辊的工作原理

下辊由电动机通过一个减速机驱动并按一定的速度匀速转动。当钢坯通过夹送辊时，如需要夹送，就通过液压缸把上辊向下拉，使上辊和下辊紧夹住钢坯，因下辊是主动辊，而上辊是自由辊，这样就对钢坯产生了一定的夹送力。

8.1.6.2　夹送辊的结构

夹送辊主要部件有电机、减速机、下夹送辊、上夹送辊、两个液压缸及联轴器等，由于上、下夹送辊在工作时经常与高温钢坯接触，为防止辊身和辊轴的热变形，延长辊子的使用寿命，在上辊的侧上方安装有喷水冷却装置，对上辊进行外部喷水冷却，下辊没设置单独的外部冷却装置，其外部冷却主要靠从上辊流落下来的水来实现。另外，上辊及下辊都具有内水冷功能，可通过操作侧的旋转接头对上、下辊进行水冷。因为在实际工作中上辊和下辊的磨损程度不同，为了提高设备的工作寿命，减少备件的品种，在设备的设计制造过程中考虑了使上、下夹送辊具有互换性，这样可经过不断调换上、下辊，使上、下辊的磨损程度基本保持一致。

8.1.6.3　夹送辊的操作

夹送辊的操作方式有自动和手动两种。

A　自动操作

在自动状态下，夹送辊闭合信号由位于夹送辊之前的探测器HMD_2给出，当HMD_2探测到钢坯头部时，延时几秒待钢坯头部进入夹送辊时，上夹送辊向下运动夹持住钢坯；当第一架轧机带负载时，夹送辊向上运动自动打开。

B　手动操作

在手动状态，上夹送辊打开和闭合及夹送辊正反转可由操作人员在主控台或地面站手动完成。

夹送辊的操作在地面操作站P201上进行。

8.1.6.4　夹送辊设备的维护与保养

A　润滑要求

夹送辊设备处于高温区，工作环境恶劣，为延长设备的工作寿命，润滑保养工作一定要跟得上，夹送辊的轴承采用的是自动干油润滑；接手采用手动干油润滑，要求使用耐高温的润滑脂，每两天要加油一次，每次加油量为2～3mL；减速机采用稀油飞溅润滑，要定期换油，减速机的密封及液压系统中的各接头密封应每天检查，不应有渗漏现象，一旦

发现有渗漏现象，应及时检修更换。

B 冷却要求

夹送辊的喷水冷却装置应时刻处于良好的工作状态，并应定期检查，发现堵塞不喷水应及时处理。内水冷系统的旋转接头及软管应时刻处于良好的工作状态，有问题及时更换。

8.1.7 粗轧机组

8.1.7.1 粗轧机组的设备情况

A 概述

棒材厂的粗轧机组共有六架轧机，呈平立交替布置，这样可以实现无扭转轧制作业，减少轧钢生产过程中的事故环节。六架粗轧机都是悬臂轧机，其结构形式和高线厂的中轧机组有类似之处，是在此基础上经过改进的性能优良的轧机，具有能力大、结构紧凑、操作维护方便、密封性好、寿命长等优点。粗轧机组由意大利的达涅利公司设计制造。

B 粗轧机组的性能和技术特征

a 机架布置情况与规格

粗轧机组的六架轧机共有两种规格，以所安装使用的辊环的公称直径为标记，因前3架轧机的辊环公称直径都是650mm，后3架轧机的公称直径都是550mm，所以我们的粗轧机组的两种规格轧机又叫650轧机和550轧机。现在，也有用辊环的最大直径来表示轧机规格的，因此也有人说粗轧机组为685轧机和585轧机。达涅利公司用ESS来表示悬臂轧机，用字母H表示水平式，用字母V表示垂直式，所以，粗轧机组都用以下几种符号表示：

ESS650H 表示公称直径为650mm的水平悬臂轧机

ESS650V 表示公称直径为650mm的垂直悬臂轧机

ESS550H 表示公称直径为550mm的水平悬臂轧机

ESS550V 表示公称直径为550mm的垂直悬臂轧机

ESS685H 表示最大直径为685mm的水平悬臂轧机，其所表示的机型与前面的ESS650H所表示的机型是一样的，其余类同：ESS685V，ESS585H、ESS585V。

b 粗轧机组的特征

粗轧机组具有以下几个特征：

（1）水平与垂直两种形式交替布置，无扭轧制，轧制线固定不变。

（2）辊环直接安装在轧辊轴的悬臂端头上，用天车配合专用吊具更换辊环，方便快捷。

（3）轧辊轴的径向负荷由油膜轴承承受，轴向负荷由轴向推力圆锥滚子轴承承受，承载能力大，轴的强度高，工作寿命长。

（4）在油膜轴承、止推轴承及轧辊轴等关键零部件发生故障影响生产时，可整体更换轧辊轴组件，缩短事故停产时间，降低抢修的劳动强度。

（5）根据每架轧机工作转速的不同，配备了不同类型的减速机。其中1号轧机配备的为双级行星减速机，2号、3号和5号轧机配备的是单级行星减速机，4号和6号轧机配备的是单级普通斜齿轮减速机。

C　粗轧机的工艺技术参数

1号和3号轧机的技术性能及参数如下。

型号：ESS650H；

外廓尺寸：2500mm×6850mm×2950mm；

重量：3155kg；

联轴器形式：带有安全剪切销的齿型联轴器；

额定扭矩：900kg·m；

辊环尺寸：最大直径为685mm，最小直径为590mm，辊身长度为300mm；

辊环中心距的调整：两个辊环同时调整，通过液压马达或人工传动转动偏心套实现调整；

工作中心距：最大为700mm，最小为590mm；

液压马达工作压力：100Pa；

辊环拆卸和锁紧装置：用可移动式液压小车拆卸或锁紧；

液压小车工作压力：0～600Pa；

锁紧时工作压力：100Pa；

理论拆卸工作压力：350Pa；

中心大螺栓拧紧力矩：500kg·m；

迷宫气密系统压力：8.5Pa；

压缩空气耗量：105Nm^3/h；

冷却水耗量：50m^3/h；

润滑油耗量：100L/min。

D　粗轧机的结构及说明（以685轧机为例）

带有悬臂安装辊环的ESS粗轧机为平立交替布置，其主要组成有驱动系统、齿轮轴箱系统、辊环锁紧系统、用于安装导卫设备的导卫梁、辊环保护装置、润滑系统、压力气动系统、水冷系统、辅助设备。

a　驱动系统

驱动系统由以下几部分组成：

(1) 一台调速直流电机。

(2) 一个带有安全剪切销的齿形联轴器，可在过载时保护机械设备及电机。

(3) 一台安装在机体输入轴上的行星减速机。

(4) 一个联轴器安全防护罩。

b　齿轮轴箱系统

齿轮箱部分包括主动轴和把运动传到一对轧辊轴上的水平齿轮减速箱。

齿轮轴箱内的所有轴承和齿轮均采用自动润滑系统中的压力润滑油润滑。

齿轮轴箱部分还包括用于提供各种工作介质的所有内部连接管线。

支撑辊环的轧辊轴在油膜轴承内转动，其径向负荷由油膜轴承承受。油膜轴承又被压装入一组偏心套内部，其中两个大偏心套的外部有一部分蜗轮牙形，当转动与此蜗轮相啮合的蜗杆时，偏心套就会随着蜗轮按一定方向转动一定角度，这样就改变了轧辊轴的中心距，也就是改变了两个辊环之间的中心距，也就是通常所说的辊缝调节动作。

各齿轮轴和轧辊轴的轴向止推轴承都采用圆锥滚子轴承。

轧辊轴的油膜轴承的润滑为压力润滑，其润滑系统的压力为4Pa，比齿轮及滚子轴承的润滑系统压力约高一倍，这主要是为了便于油膜的形成。

通过一个液压马达系统，也可通过手工方法达到调节辊缝的目的。

c 辊环锁紧系统

辊环锁紧系统主要包括以下零部件：

（1）锥形套。其主要功能是用于对中，在更换辊环的过程中，锥形套的拆或装都要用液压小车来完成。液压小车的工作压力范围为0～600Pa。

（2）帽子。其主要功能是传递扭矩，另外，换辊环时所需要的所有液压通路及液压接头，都制作或安装在该部件上。为了保证有效的传递扭矩，帽子与辊环上都制作有相互啮合的齿，帽子与锥形套的接合部位都制作有花键。

（3）法兰与中心大螺栓。法兰与中心大螺栓的主要作用是把帽子和辊环压紧到轧辊轴上，并保持帽子和锥形套之间的液压介质的压力。

（4）密封及密封支撑环。其主要作用是在帽子和锥形套的端部之间形成一个封闭的液压工作腔，并防止液压介质的渗漏，保持压力，从而保证在工作中锥形套及辊环等工作部件不松动。

（5）衬板及护丝。衬板及护丝的作用主要是保护设备及重要零部件，其中衬板主要是保护轴和帽子，护丝的作用主要是保护轴头螺纹。

d 导卫梁

导卫梁的主要作用是用于安装进出口导卫设备，导卫梁一般用螺栓连接在机体上，上面有安装导卫用的燕尾槽和带螺栓的固定支架。

e 辊环保护装置

辊环保护装置实际上就是一个用钢板制作的帽子，在轧钢过程中罩在辊环上，其主要功能是防止可能发生的一些人身及设备意外伤害事故，也可防止水及铁皮的四处飞溅。

f 润滑系统

整个粗轧机组采用集中强制润滑，润滑油是由中心润滑站提供，由于油膜轴承所需润滑油的压力为3.5～4Pa，而齿轮及滚动轴承所需润滑油的压力仅约2Pa，在齿轮箱的进油管线上安装了一个减压阀，以实现不同压力值的调节控制。这样，从中心润滑站出来的供油管线有两条，一条用于润滑轧辊轴的油膜轴承，另一条用于润滑滚动轴承和齿。另外，在润滑系统上还装配有一个控制台，其主要组成有：

（1）一个用于油膜轴承润滑供油管线上的最低压力控制开关。

（2）一个用于滚动轴承和齿轮润滑供油管线上的流量表。

通过这个控制台，可容易地观察到润滑系统中的压力和流量是否合适。

g 气密系统

气密系统的主要作用是防止冷却水和氧化铁皮进入迷宫密封，从而保护迷宫密封，延长其工作寿命。同时，也保护了轧箱。

气密系统所用的压缩空气压力约为8.5Pa，通过在供气总管上的减压阀来调节气密系统的工作压力。

在轧机的机体内部制作有一些通路，可把压缩空气输送到专用密封的外侧。

h 水冷却系统

水冷系统的主要作用是给辊环和导卫设备喷水降温，减小高温对设备造成的损害，延长设备的工作寿命，冷却水的压力和流量由液压站手工控制。

水冷却系统同时也为驱动装置的直流电机提供冷却。

i 辅助设备

辅助设备主要包括换辊环时所必需的全部专用设备，通过正确使用这些设备，并按操作规程操作，就能达到安全、迅速、正确的更换辊环的目的。当出现以下几种情况时就需要拆卸或更换辊环：

(1) 辊环磨损影响产品质量时。

(2) 轧机内部一些零部件需要维修或更换时。

(3) 生产计划变更需更换产品品种时。

主要辅助设备有以下几种：

(1) 更换单个辊环所用的专用吊具。

(2) 更换芯轴组件所用的专用吊具。

(3) 移动式液压小车。液压小车除有一套液压系统外，还有一套气动装置，同时还配备有一些专用的小手动工具。

8.1.7.2 导卫安装

A 导卫安装前检查

a 滚动导卫

滚动导卫安装前检查内容：

(1) 导卫开口度要适宜。

(2) 导轮转动要灵活，两导轮组装高度要一致。

(3) 两导轮之间中心线与夹板中心线要一致。

(4) 调整丝杆要灵活，防止丝杆打滑现象。

(5) 润滑油管线、冷却水管线要畅通。

b 滑动导卫

滑动导卫安装前检查内容：

(1) 检查开口度大小，高度要适宜。

(2) 检查各焊缝是否完好，导板磨损量是否严重等情况。

B 导卫安装

导卫安装步骤有：

(1) 用行车将所用的导卫吊到所对应的机架托架上。

(2) 保证导卫底座上的键槽与导卫托架上的定位键对正。

(3) 保证导卫与孔型对正，并且导卫与辊环之间应留有 5 ~ 10mm 间隙。

(4) 紧固导卫燕尾卡板上的两个螺母。

(5) 安装完毕后，接上润滑和冷却水管接头。

8.1.7.3 粗轧机辊环的拆装

A 辊环拆卸

a 准备工作

准备工作包括：

（1）准备换辊工具，包括换辊小车、气动扳手、压缩空气枪、清洗剂、专用纸、润滑剂。

（2）车停稳后，停水，拆下辊环保护罩。

（3）打开辊缝到更换位置。

（4）拆下导卫及润滑、冷却水管接头、快速接头防护套、指示杆防护塞等。

（5）用行车吊住辊环，准备拆卸。

b 拆卸操作顺序（水平轧机先拆上辊）

拆卸操作顺序为：

（1）用人工扳手松开两个锁紧螺母。

（2）用人工扳手松开两个顶丝，各松5～6圈。

（3）将换辊液压小车的两根油管接到锁紧装置的快速接头上。

（4）将小车的手柄打到“拆卸”位置，正常的拆卸压力为16～20MPa。

（5）观察指示杆向外移动，到达法兰外表面。

（6）将换辊液压小车手柄打到零位。

（7）拆下两根油管。

（8）用气动扳手松开中心大螺栓。

（9）用行车将辊环轻轻吊下，放到指定地点。

（10）另一只辊环拆卸重复上述操作。

c 注意事项

在换辊小车没有加压之前，必须保证两根顶丝已经松开；将辊环吊下后，应放在干净的木板上，禁止将其放到地上。

B 辊环安装

a 准备工作

准备工作包括：

（1）对芯轴进行清洗。首先用清洗剂清洗，操作时，不准戴手套，如果清洗剂有腐蚀性，可戴专用手套；然后用压缩空气枪将轧辊表面吹干，再用专用纸将芯轴表面擦干净。如还有油污，可用砂纸轻打，直到芯轴干净为止；最后在芯轴表面涂一层润滑油（注意不能用干油润滑芯轴）。

（2）将新辊环吊到现场，核对辊号无误，检查轧槽无缺陷后，方可使用。

（3）用汽油清洗锥形套内表面，然后用专用纸擦干净。

（4）用专用纸将辊环擦干净，辊环底面上不得有颗粒物。

b 安装操作顺序（水平轧机先装下辊）

安装操作顺序为：

（1）安装前将辊环锁紧装置内的衬板位置大致与芯轴的扁头位置对正，用行车将辊环和锁紧装置装入芯轴，并且保证辊环靠着迷宫垫片。

(2) 使用气动扳手用规定扭矩的一半将中心螺栓拧紧。

(3) 将换辊液压小车上的两根油管接到锁紧装置的快速接头上。

(4) 将换辊液压小车手柄打到“锁紧”位置。

(5) 观察指示杆向内移动10mm时，保持压力。

(6) 固定住两个锁紧螺母，用人工扳手拧紧顶丝与锥形套全部接触，但不施加扭矩。

(7) 用人工扳手拧紧两个锁紧螺母。

(8) 将换辊液压小车手柄打到“零位”。

(9) 使用气动扳手用规定扭矩将中心螺栓全部拧紧。

(10) 拆下换辊液压小车的两根油管。

(11) 正确安装好快速接头上的防护套和指示杆防护塞。

(12) 在另一只辊环上，重复上述安装过程。

(13) 安装好导卫、冷却水管和辊环保护罩。

(14) 按工艺要求调整好辊缝。

c 注意事项

将换辊液压小车的手柄打到“锁紧”位置之前，应首先确认中心螺栓已经拧紧。

8.1.7.4 粗轧机在线预调整

轧机在换辊、换槽后，在正常轧制之前，必须按规程要求进行预调整。根据棒材连轧生产粗轧机的形式为悬臂式轧机，所以在线预调整的主要内容有辊缝的设定与调整、导卫的调整、轧制线对中调整。

A 辊缝的设定与调整

辊缝是轧制工艺的重要参数之一，它的设定、调整是轧机操作的一项重要内容。辊缝的设定通常在更换新孔后进行，对于已经磨损的孔槽，需根据试轧后的轧件实际高度来确定辊缝，也可根据轧槽使用吨位（寿命）来推算（详见轧制过程中的调整操作部分），还可用内卡尺测量轧槽的实际高度。

在轧制力的作用下，机架各部分将会发生不同程度的弹性变形，同时各部件之间的间隙也会消除，轧辊的辊缝会发生“弹跳”，使辊缝值增加，增加值的大小，一般称为弹跳值。

不论是何种情况下的辊缝设定都应考虑弹跳值。弹跳值为实际轧制时的辊缝 $S_{实际}$ 与空载设定辊缝 $S_{设定}$ 的差值 ΔS，用公式表示为：

$$S_{设定} = S_{实际} - \Delta S$$

式中 $S_{设定}$——空载设定辊缝值，mm；

$S_{实际}$——实际轧制时的辊缝，mm；

ΔS——轧机弹跳值，mm。

通常轧辊辊缝的设定采用如下的方法及操作过程：对于新轧槽，在轧辊孔槽车削准确的情况下，孔型相应的辊缝值应反映出孔型的高度，但轧辊车削往往存在误差，调整工在测量辊缝的同时，也可用内卡尺来测量孔型高度，以核对孔型车削是否存在问题，从而保证设定辊缝满足合理的轧件高度要求。

设定辊缝的测量有三种方法，即用塞尺塞辊缝法、标准辊缝试棒法及小圆钢压痕法。

粗轧机的辊缝较大，不宜使用塞尺，通常选择后两种。对粗轧机由于调整精度不太高，两种方法可单独使用，也可同时使用。

辊缝试棒法可用一圆钢做成如图 8－2 所示的形状，使用时辊缝的大小与试棒扁平位置吻合为好。

小圆钢压痕法是选用比设定值大 3mm 左右的较软圆钢，将轧机以“点动”速度空运转，调整工手持同长尺寸精度较高的圆钢条，并将圆钢从辊环处轧过，然后取出测量其压痕厚度，并与辊缝设定值相对照反复调整辊缝，直到压痕厚度与辊缝设定值相等为止。图 8－3 为圆钢压痕设定辊缝时平、立轧机所使用的不同形式的圆钢及压痕形状，注意在使用带有弯曲状的圆钢喂入立辊轧机辊环时，应从轧辊转动方向的出口伸向入口，再将圆钢轧过，以避免发生人身伤亡事故。

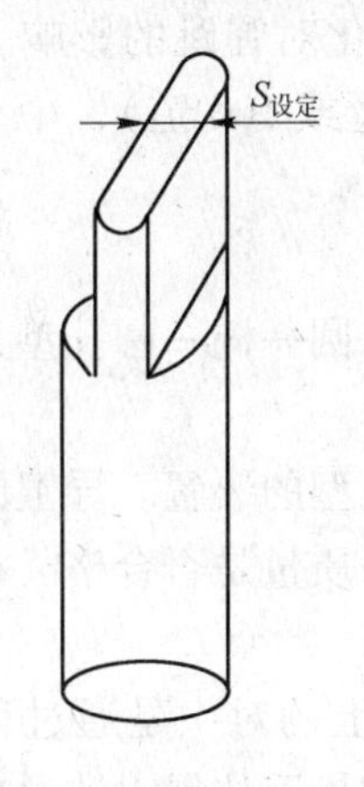

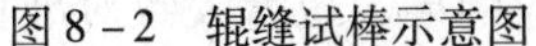

图 8－2 辊缝试棒示意图

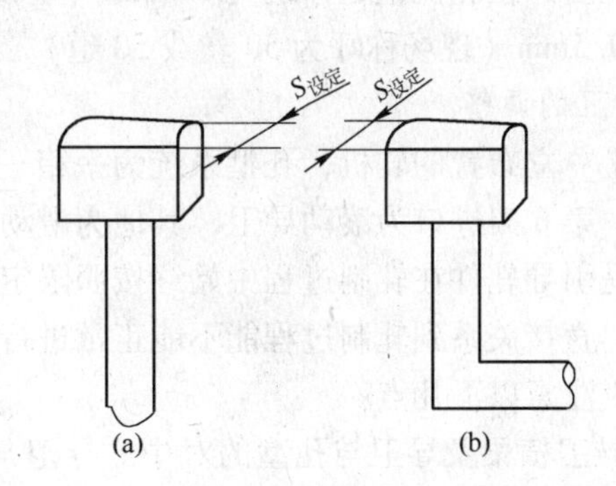

图 8－3 圆钢压痕设定辊缝时圆钢要求及压痕形状
(a) 水平轧机用；(b) 立式轧机用

不论采用何种方法设定轧辊辊缝都应注意与轧辊水平调整结合进行，即轧辊两端辊缝都要测量，并要求两端使用的圆钢直径及压痕宽度要相近，压痕厚度要求相等。否则两端误差过大的辊缝将导致轧件偏离轧线而发生堆钢事故。

这里需说明的一点是圆钢压痕法测量的辊缝值并非是消除“弹跳”后的实际轧钢辊缝，而是设定辊缝，因为软材质的小圆钢从辊环处轧过，它的作用力远不如轧制力那样大。

设定辊缝值的大小主要取决于某架轧机“弹跳”的大小，因为轧制时辊缝已在孔型设计时计算好。弹跳值的确定有三种方法：

(1) 第一种方法是在轧机试生产之前由设备制造商提供该设备的单位轧制力轧制弹跳（也称弹性变形量），如某厂第一架轧机轧制 ϕ20mm 螺纹钢，钢种为 20MnSi，开轧温度为 1050℃，轧制力为 2328kN，单位轧制力轧制弹跳量为 0.0005mm/kN，弹跳值就应该等于 2328 × 0.0005 = 1.2mm。这样可以根据孔型设计时各道次的轧制力及各类型轧机单位轧制力轧制弹跳来求得弹跳值，而轧制力的大小又与轧制钢种、轧制温度、压下量有关。

(2) 第二种方法是用试轧小钢的方法，通过用小圆钢压痕方法来测量轧机空转及轧制小钢时压痕厚度差来确定。由于小钢温度低等原因，轧辊弹跳值比实际轧制大钢时要大些，应考虑减掉一个值（详见中、精轧机调整部分）才为真正的轧机弹跳值。由于粗轧钢料尺寸较大，一般试轧小钢的方法很少采用。

(3) 第三种方法是在正常轧制过程中用圆钢压痕测量轧机空转及轧制时的压痕厚度即为该架轧机轧制某品种时的弹跳值，此种方法简单准确，现场多被调整工及工程技术人员所采用。

在试轧新品种过程中，由于各架次轧制力与原有品种不同，所以轧机弹跳值有所变化，可用第一、三种方法相结合的手段，通过原有品种的弹跳值及轧制力来反算试轧品种的弹跳值。

在淮钢棒材车间，由于达涅利轧机的刚度比较大，棒材轧制时轧制压力又很小，因而造成的弹跳很小，所以现场工作人员认为对于每架轧机而言，轧机的弹跳是固定的，也就是说可以忽略外界条件（钢种、轧件的温度、辊径等）的变化对弹跳的影响。当轧制压力均衡分配后，粗轧机组的弹跳为1.0mm（现场称呼为100丝或100道），中、精轧机组的弹跳为0.5mm（现场称呼为50丝或50道）。

B 导卫的调整

对于平－立布置的轧机，孔型系统为平箱—方箱—扁椭—圆—椭—圆孔型系统。一般在第4架、第6架进口为滚动导卫，其他为滑动导卫。

导卫是引导轧件在轧制过程中始终按照限定的方向进出孔型的装置。导卫的安装调节是否正确，直接关系到轧制过程能不能正常进行，关系到产品质量是否合格。在导卫安装调整时，应注意以下几点：

(1) 导卫横梁及导卫与孔型的对中。导卫与孔型在横向上的对中是通过移动导卫横梁来实现的。在导卫安装操作过程中，需将横梁移动，相应的导卫位置大致对准孔型，然后再安装导卫，使其与孔型准确对中，并与轧槽在此轧制方向上留有一定的间隙。

(2) 导卫的固定。导卫在孔型上下、横向及轧槽深度方向上找正找准，根据轧机及导卫形式不同，可采用螺栓和压板固定或楔铁紧固。

C 轧制线对中

连续轧制要求各机架轧制线处于同一直线上，机架轧制线的偏移，轻者可导致轧槽磨损不均，损坏导卫，重者可直接导致机架间发生堆钢事故。

轧制线对中的含义既包括同一机架的进出口导卫与在轧孔型的对中，又包括整个机组在轧制线上的一致性。关于导卫与孔型的对中方法已在前面介绍过，这里主要介绍机组轧制线的对中方法。

在机架安装（包括筹建及大修）过程中，每个机架轧制线的定位通常是选择整个轧线两端的两个坐标点，通过挂钢丝的方法来确定每一机架的坐标。使钢丝的中线与机架轧制中心线重合，并安装固定机架。现场换辊、换槽后轧制线的对中由于时间关系不可能采取挂钢丝的方法找准，通常可采用如下三种方法对中轧制线：

(1) 轧制线坐标标记法。对于机架底座及牌坊固定的卡盘轧机，可在底座或牌坊位置做轧制线中心坐标标记（指针等形式）。在机架横移或安装过程中，使导卫中心线与标记重合，即每个机架孔型的轧制中心线自然找准，从而使机组的轧制中心线也相对一致。

(2) 用机架间的导槽位置对中。机架间的导槽可通过挂钢丝的方法在安装过程中一次找准轧制线。机架孔型在横移或安装过程中可以用人工观察，结合直尺横向测量的方法，使机架进出导卫中心线与导槽位置中心线重合，从而对中机架轧制线坐标。

(3) 利用光源观察对中。对于平－立交替布置的轧机，可用相邻机架孔型高度方向的位置来确定中间机架孔型辊缝方向的位置。在采用方法 (1) 或 (2) 来对1号、3号平辊孔型进行初步轧制中心线找中后，可在1号孔型处设置光源，以3号孔来观察2号立孔的位置，并在上下方向上机架做横移，直到1号、3号孔型中心线重合为准。反过来，经找正对准后的2号、4号孔型，可对3号平辊孔型进行同样的在水平方向上的进一步的轧制线定位对中。

上述几种方法在轧制线对中过程中，根据轧机形式不同，可相互配合使用，以达到各机架轧制线处于同一直线上的目的。

D 换辊、换槽后的试轧

通常情况下，由于粗轧机轧件断面较大，轧速较低，很少出现堆钢事故，所以一般不用试轧小钢，而是直接轧制。

新槽轧制最常见的问题是咬入困难和轧件咬入后在孔型内打滑，造成堆钢事故。顺利地咬入第一支钢可采取如下措施：

(1) 除去新槽上的油污，用砂轮打磨轧槽，增加表面的粗糙度，以增加摩擦力。

(2) 适当抬高新槽的孔型高度，一般可抬高0.5～1mm。

(3) 将新槽轧机的前面（上游）轧机串级降速2%～5%。

(4) 关闭轧槽冷却水，以减小轧件的温降。

8.1.7.5 粗轧机轧制过程中的调整操作

A 导卫操作

辊式入口导卫的辊间距在导卫安装前就已设定，在生产过程中一般不予调整，只有在发生堆钢事故后，为取出卡在导卫导辊之间的轧件而变动了辊距的情况下，才需要重新设定。辊间距的设定应通过标准试棒进行，以试棒在两导辊间能推拉带动两辊同时转动为合适。通常情况下为了节省时间，上述工作一般在轧辊准备间来进行，调整工必须对预先调整好的导卫备件认真检查，根据上、下道的轧件情况进行调整。

在轧制过程中应经常用铁锤等工具敲击导卫的紧固螺栓和紧固楔铁等紧固件，检查其松动情况。在事故停车或检修后应立即将整个机组的导卫重新紧固一遍，同时利用停机时间检查导卫内是否有脱落的结疤或氧化铁皮等残留物，以及辊式导卫的导辊是否转动良好等。

B 轧件尺寸的检查

轧件尺寸的检查包括轧件高度、轧件宽度以及轧件形状的检查。

a 粗轧机组末架出口轧件尺寸的检查

由于机组后都设有切头（尾）、事故碎断飞剪，所以在换辊、换槽、换钢种、换轧件尺寸规格及调整轧机后，可通过轧后飞剪取样，并用游标卡尺测量轧件尺寸。测量时卡尺应与轧件垂直，读数应精确到小数点后一位数。轧件的高度尺寸可通过测量切头（尾）来获取准确的结果。轧件的宽度尺寸，由于头（尾）为自由无拉钢轧制，同时温度偏低，一般尺寸较大，可作为参考值。为了获取较为准确的轧件宽度尺寸，可让主控台操作工利用飞剪碎断功能来获取一段较长的轧件，并测量轧件上远离尾部的尺寸。为避免堆钢事故的发生，应尽量少使用飞剪“碎断功能”，应在轧件头部多切几次来获取测量尺寸用的钢样。

轧件头、中、尾的尺寸是有波动的，取样测量的往往是轧件的头尾尺寸，中部尺寸不容易得到。在生产的品种、规格、工艺操作已经成熟的情况下，应尽量少使用或不使用在尾部切取较长轧件的方法。所以在生产中掌握轧件头、尾尺寸与轧件中部尺寸的关系是十分重要的，它是判断机架连轧关系的直接途径，调整工应在平时的经验积累中摸索并掌握所使用的各道次的辊缝、速度与轧件头尾尺寸、中部尺寸的变化关系。

测量轧件尺寸时应注意冷、热轧件尺寸的差异。轧制钢料的尺寸为热轧件尺寸，而测量的钢料为轧件的冷尺寸，通常1000℃左右的热轧件尺寸可取冷轧件尺寸的1.013倍（线膨胀系数）。

b　中间道次轧件尺寸的测量

除非机架间发生堆钢事故，一般很难获得准确的中间轧件尺寸，但是仅了解机组末架轧件尺寸是不够的，有时为了建立良好的连轧关系得到准确的末架轧件，还应严格控制中间道次的轧件。由于粗轧机组轧件速度低，轧件的尺寸检查可直接用外卡钳在线测量运动着的热轧件尺寸，尤其是箱型、方型及椭圆轧件的高度方向尺寸更容易被测量。测量时可预先将外卡钳开度在直尺上按轧件尺寸要求设定好，然后再伸向运动着的轧件。测量的轧件尺寸，根据调整工所用外卡钳与运动轧件接触时的“松紧”程度的不同，可能比实际尺寸要大些，调整工应根据现场经验来摸索这个差值。

用内卡钳测量轧件尺寸存在着较大的误差，一般在1mm左右，但它们可作为平时正常生产时的一种测量手段。在一些对轧件尺寸精度要求较高的情况下，如轧制大规格产品在中轧机前四架出成品，可采用内卡钳测量孔型高度来对辊缝进行重新调整设定，从而保证轧件尺寸。

C　轧件高度及宽度尺寸的调整

由于粗轧机主要是在高温状态下以进行大变形量轧制为主，所以轧件尺寸公差要求相对比中、精轧机要宽，一般六机架粗轧机轧出的轧件尺寸精度控制在 -1.0 ~ +1.5mm 内即可。

若发现轧件高度及宽度尺寸不符合要求，调整工应根据轧件尺寸的检查结果，及时准确地判断产生轧件尺寸不合格的原因，从而采取正确的调整手段。

机组末架轧件高度尺寸超差大体上有两种情况和原因：

（1）第一种是轧件中间高度尺寸与头尾尺寸变化不太大，在正常的尺寸波动范围内，只是在轧件通条长度上高度普遍过大或过小。此种情况与张力关系不大，而产生的原因与各道次的轧件高度尺寸过大或过小有关，应着重调整各道轧件高度尺寸，即辊缝。当末架轧件尺寸在高度上过大或过小超差，而在宽度方向上也是过大或过小超差时，可直接通过压下或放大末架辊缝来调整，调整完后看轧件宽度尺寸是否在正常范围内，再判断是否存在前面各道次轧件高度过小的问题。

（2）第二种是轧件头尾尺寸合适，而中间尺寸过小，此种情况与轧件高度设定关系不大，而主要是与机架间存在张力有关，应着重调整张力，使机架达到初始的张力设定状态。

a　轧件高度尺寸与辊缝调节

粗轧机辊缝调节除了根据上述轧件尺寸情况，在线对轧件高度进行测量调节外，为了避免不合理的调整，造成尺寸超差及多次调整，大多采用辊缝补偿调节以保证各道次轧件尺寸的相对稳定。

换辊换槽后，引起轧件高度尺寸变化而导致轧制过程中调整辊缝的主要原因是孔型磨损，而孔型磨损规律又是一个十分复杂的问题，它和轧辊的材质、轧制钢种、轧制温度、轧制速度、孔型冷却效果、压下量、导卫安装、上道来料尺寸大小及几何形状等密切相关。对于粗轧机，由于轧辊辊径大、轧制断面较大、轧制速度低，轧辊多采用耐磨损的球墨铸铁，这样轧槽磨损速度相对比中、精轧机组的轧机慢，寿命要长一些，所以在轧机进行辊缝的初始调整与设定后，在轧制相当多的轧件后，轧件的高度尺寸变化也不大。当然这并不是说粗轧机的轧件尺寸调整不重要，而是根据要求不同所采用的调整手段与中、精轧机组的轧机有所不同。调整工多根据各架轧槽、单位轧制量、轧槽磨损深度多少及轧件精度要求来进行几次分阶段性的补偿轧槽磨损的压下辊缝调整，并尽可能利用交接班时间有计划、有规律地来完成。对于一些大断面产品的生产，粗轧机轧出轧件尺寸精度要求可能要比上述所提尺寸精度要高。这样粗轧机轧件高度的调整应根据尺寸检测情况与中轧机组和主控台一起进行在线灵活调整，以满足成品尺寸需要。

如果轧槽寿命期内总的磨损量为 $W_{总}$，相当的总轧制吨位为 $T_{总}$，而各道次轧件尺寸的要求精度为 Δh，那么该架轧机轧槽寿命期内要进行补偿调节的次数 n 和每次调节量 ΔS 为：

$$n \leqslant W_{总}/\Delta h \tag{8-1}$$

$$\Delta S \leqslant \Delta h \tag{8-2}$$

而每次调节的间隔时间用相应的轧制吨位 T 来表示，并有：

$$T \leqslant T_{总}/n \tag{8-3}$$

或

$$T \leqslant T_{总} \times \Delta h / W_{总} \tag{8-4}$$

$W_{总}$ 可根据使用过的旧轧槽通过孔高及辊缝按孔型样板图要求经计算得出，$T_{总}$ 为生产统计数据。

b　机架间张力的判断及调节

机架间张力对轧件尺寸的影响是一个很复杂的塑性力学过程。图 8-4 所示为三个道次的连轧过程，当轧件由圆孔进椭圆孔时，在 1 号、2 号孔型中产生拉钢，即 2 号和 1 号轧机之间要产生张力，此张力使沿轧制方向产生的阻力减小，从而使金属沿轧制方向的流动增加而向宽展方向的流动减少，使轧件宽度方向尺寸变小。相反分析可得，堆钢过程可使轧件宽度方向尺寸变大。

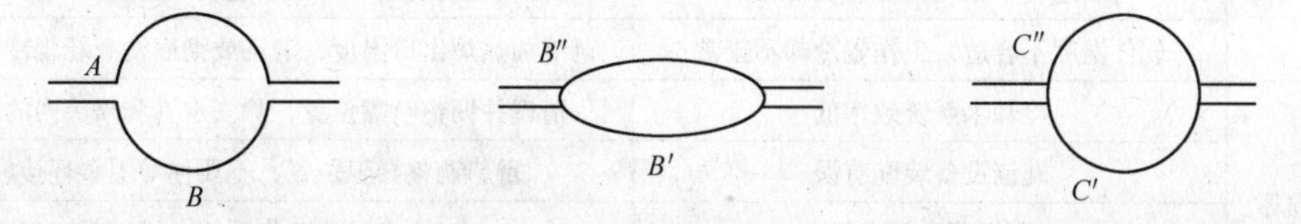

图 8-4　连轧过程分析图

通过以上分析可见，当轧件尾部离开前一机架时宽度又变大了，则说明前一机架与该架之间存在张力，因为张力一旦消失后，该机架轧件宽度就变大了。宽度变化越大，则表明张力越大，这样调整工可通过测量或判断轧件头尾宽度尺寸与中间轧件宽度尺寸的变化来确定机架间是否存在张力。中间轧件宽度尺寸的变化可采用轧件两旁（辊缝处）未轧部分的宽度来判断。现场具体采用两种方式：一是用肉眼观察，二是用烧木印来判断，后者适用于较小尺寸的轧件。

机架间张力的大小可直接由主控台通过电机负荷电流的变化来判断。当轧件咬入第一根钢后，电流值为 a，若轧件咬入第二架后电流值保持不变，则为无张力，当电流值发生变化时，如小于（或大于）a 值，则表明一、二架之间存在拉钢（或堆钢）。

粗轧机在各架轧件高度得到确认后，就可以利用轧机的调速来逐架消除张力了。调整张力应首先从第一架开始，逐架向后调整。如果从末架开始调整，就有可能调好了后面，再调前几架时，又使后面的张力关系重新得以破坏，而引起堆钢事故。

可以使前一架升速，但升速应当是少量的、累进的，边升速边观察该机架轧件在宽度方向上是否有所增大。升速时要注意观察此两机架间轧件是否有微量立活套产生。速度一直升到该架轧件宽度符合要求为止。如果一根轧件在宽度方向上尺寸变化无规律性，则可能是由于局部钢温不均所至，如果有周期性，则可能前面若干道次中，其中有一架轧辊偏心转动，或孔型上脱落一块，俗称“掉肉”而引起周期性的来料大小不一致。以上情况的发生则要根据具体原因加以处理。

一般来说，调张力的主要方法是调整轧机的转速，但是在实现这一过程之前，必须保证各机架轧件高度尺寸符合工艺要求，切不可又调转速，同时又调辊缝，两项调整同时进行势必造成调整混乱。

8.1.7.6　粗轧机常见事故原因和处理

粗轧机常见事故原因和处理方法如表 8 - 1 所示。

表 8 - 1　粗轧机常见事故原因和处理方法

事故种类	原　因	处 理 方 法
机器停转	断电	检查电系统
	电机安全连接轴损坏	更换新的
	传动马达停转	检查马达和电系统
	稀油润滑站停止供油	检查稀油润滑系统
轧制缺陷	轧槽与轧制线不对正	重新对正
	导卫与轧制线不对正	重新对正
	轧制速度不正确，控制设备有误	检查轧制规程中的级联速度并且进行必要调整
	轧件温度不合适，工作辊冷却不正常	调节加热炉出口温度，清洗或彻底检查轧辊冷却系统
辊环损坏	冷却水系统效率低	清理并调整喷嘴位置，除去水管和喷头内的杂质
	轧制设备装配有误	重新调整导卫位置，不要使导卫辊环接触
	两辊环之间卡钢	检查紧急工作系统是否正常
	堆钢时，不适当使用气焊枪	禁止在辊环附近使用气焊枪
轧件堆钢	轧槽与轧线不对正	重新对正
	导卫与轧线不对正	重新对正
	速度不合适	检查轧制规程中的级联速度，并做必要调整

粗轧机机架间堆钢后，处理程序如下：

（1）冷却水继续打开冷却辊环。

（2）停车。

（3）调整辊缝直到松开堆卡住的轧件。

（4）关闭冷却水。

（5）把堆卡住的轧件从进口导卫处抽出。

（6）用气焊碎断轧件，注意不要离辊环太近。

（7）处理完后检查轧件是否损坏辊环及其他设备和部件。

（8）修理或更换破损件。

（9）查找堆钢原因并清除，使轧机复位。

（10）重新安装好导卫。

8.1.7.7 预防性维修

预防性维修作业就是为保证工厂能以最大的工作效率生产，并预防设备损坏而进行的一些必要的检查作业，也就是我们通常所常说的点检工作，通过点检人员发现了设备事故隐患后立即采取适当的补救措施直至停车检修，从而避免形成重大设备事故。

上述的各项检查作业不但要依据一些理论计算，更要依靠有实践经验的技术工进行的检查观测来验证设备各零部件的工作状况。

点检及点检方法如下：

（1）听。主要是听设备在运转过程中所发出的各种机械噪声，并根据经验判断设备上的各个发声部位是否正常。

（2）看。主要可看流体管路各接头处有无渗漏，各转动部件的连接螺栓是否有松动等。

（3）摸。主要是检查设备的温度状况，也能判断设备的振动是否正常。

以上所述的各项检查及观测必须按预防性保养维护程序表的安排进行，点检检查人员要把检查观测到的零部件的工作状况，详细准确的填制报告单，如实地报告情况，以便在事态发展之前能够找到正确的处理方法。

根据检查的情况再加上工作人员的实践经验，我们就能够决定是立即停车检修还是等到一个生产周期后再检修。

8.1.7.8 事故维修

事故维修主要包括以下内容：

（1）更换在意外事故中出故障而报废的零部件。

（2）更换磨损量较大，超标报废的零件。

（3）遵照适当的预防性维修标准，在零件的保证工作期内进行维修。

8.2 中、精轧机组机械设备及基本操作

8.2.1 工艺与设备

8.2.1.1 工艺

中、精轧机组的功能是使轧件在轧槽中经逐架压缩而延伸，最终轧出形状正确、尺

寸合格、表面良好的成品。为此，棒材厂的中、精轧机选用意大利达涅利公司的 Cartridge 轧机，单独驱动，平 – 立交替布置。中、精轧机组各有 6 架轧机，机架号为 7 号 ~ 18 号。其中，14 号、16 号、18 号为平 – 立可转换机架。10 号 ~ 18 号轧机间设有八个水平活套装置，中轧机组与精轧机组间设 2 号飞剪，具有切头、切尾和碎断功能。

从粗轧机轧出的圆轧件，经 1 号剪切头，进入中轧机组，然后轧件经 2 号飞剪切头，通过精轧机轧出成品钢材。其中，7 号 ~ 10 号轧机采用电流记忆法微张力轧制，10 号 ~ 18 号轧机采用活套无张力轧制。对于 ϕ12、ϕ14、ϕ16 的螺纹钢，采用切分轧制技术，14 号、16 号、18 号轧机根据孔型进行平立布置形式的转换。

目前，棒材轧机采用的孔型系统多为椭 – 方孔型系统和椭 – 圆孔型系统。棒材厂根据成品分组不同而采用不同的孔型系统。对于尺寸较小的 ϕ14 圆钢，采用了椭 – 方孔型系统与椭 – 圆孔型系统相结合的综合型式，即在 8 号 ~ 10 号机架间采用了椭 – 方孔型系统，这样，既解决了总延伸过大的问题，也有必要在方轧件出口使用扭转导卫，同时也保证了产品质量。轧制 ϕ12、ϕ14、ϕ16 规格螺纹钢时，采取了切分孔型系统，以保证达到提高产量，降低成本的目的。其他品种采用椭 – 圆孔型系统，尽量采用共用孔型，使轧槽充分发挥其优越的共用性，且可缩短更换品种的时间。

从轧制工艺角度来说，无扭无张力轧制是轧制过程中的最理想状态。无扭为提高轧制速度、进行无张力轧制创造了条件，同时也简化了导卫装置。无张力轧制改善了轧件长度方向上断面尺寸的均匀性。基于这一目标，棒材厂中、精轧机组的轧制线固定，所有轧机均为平立布置，因而轧件无扭转。各机架均为直流电机单独驱动，使轧机具有很大的灵活性。在 7 号 ~ 10 号机架间实现微张力轧制，在 10 号 ~ 18 号机架间实现活套无张力轧制，这种轧制工艺最接近于理想的轧制状态，从而保证了生产线的优质高产。

8.2.1.2　中轧机组轧机

中轧机组位于粗、精轧机之间，由六架卡盘式轧机组成。机组布置如图 8 – 5 所示。机组这种平立交替布置形式，可以实现棒材同时在几个工作机座中连续无扭转轧制。工作机座的轧制速度符合“秒流量相等”的原则。轧机间的速度匹配由电气系统的级联调速实现。

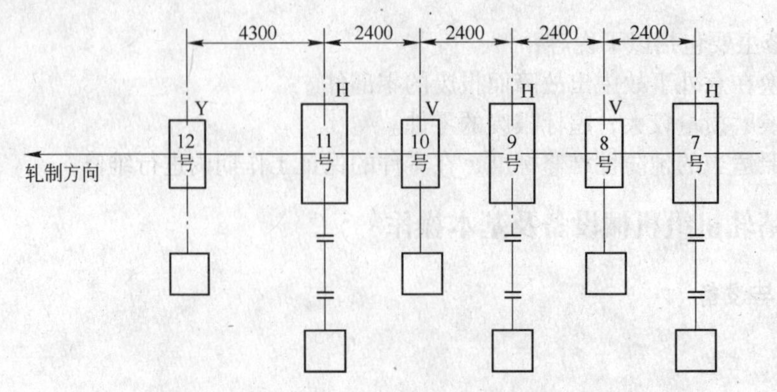

图 8 – 5　中轧机组平面布置图

为了便于使用和调整，每台轧机由一台水冷直流电机单独驱动。

A　机组的性能和特点

中轧机组的六架卡盘式轧机由意大利达涅利公司设计制造。这是一种短应力线轧机。由于采用了卡盘式机架和四拉杆机构，使得轧机结构紧凑、体积小，提高了刚度。该种轧机的四个轴承座套装在四个拉杆上，拉杆由卡盘支架支撑。由于拉杆靠近轧制中心线，设计时考虑了拉杆的尺寸和安装位置，由此，轧机获得了高刚度。轧制时辊缝大小，是通过辊缝装置调节的。调整时，由液压马达（或扳手手动）驱动一套传动机构，得到要求的辊缝，用该装置还可以单独对一侧轴承座进行调整。为了轧制不同的产品，可以更换相应的轧槽。该动作由滑动支座上的液压马达丝杠系统带动轧机沿轧辊轴线方向移动，使得轧制需要的轧槽对准轧制线。轧制力矩由直流电机→主减速机→万向轴传递到轧辊，轧制速度由直流电机调速调节。

六架卡盘式机架可以互换。

卡盘式轧机的径向轧制力由装在轴承座内的四列圆柱滚子轴承承受，轴向力由装在轧辊尾部的轴承座内的推力轴承承受。其万向轴托架是自平衡型，能与辊距相适应而保持在相应位置。在该轧机上，还配有冷却水管、液压管路、润滑管路。

B　轧机的组成

立式机架比水平机架多配有一个伞齿轮箱，一个机架推出液压缸，两个万向轴提升液压缸，其余组成部分完全相同。因此，先以水平轧机为例，介绍其构成和各部分功能，最后就立式轧机与水平轧机不同之处加以说明。

水平卡盘式轧机构成如下：驱动系统、传动装置、卡盘式轧机、稀油润滑、液压系统、干油润滑系统、油气润滑系统、水冷系统。

a　驱动装置

驱动装置由以下部分组成：

（1）固定在地基上的底座，用于驱动装置定位安装。

（2）直流电机，该电机装在底座上，备有水冷系统。

（3）齿形联轴器，用于连接电机和主减速机（在立式轧机上，连接电机和伞齿轮箱）。该联轴器配装有安全销，用于轧机过载保护，此处还设有防护罩。

（4）直流电机水冷系统，该系统用于冷却直流电机的冷却空气。

b　传动装置

传动装置由下面几部分构成：

（1）主减速机。主减速机为单轴输入、双轴输出型二级或一级圆柱斜齿轮减速机。通过主减速机，把电机转动力矩传递给万向轴。水平轧机的主减速机安装在地基上，立式轧机的主减速机安装在立式机架支座上。减速机箱体由两半壳组成，靠定位销定位，输入轴及输出轴的轴头为迷宫密封，用螺栓把紧。

（2）万向接轴。在中轧机上，万向接轴连接主减速机和轧辊，与减速机相接的一端，万向接轴内孔为锥孔，锥度为1：30；与轧辊轴相接的一端万向接轴的内孔为扁形孔，与轧辊轴扁头相配合，万向轴托架装置即托在万向轴扁形孔外的套筒上，该套筒外表面经过加工。这样，万向轴在传递动力的同时，又能与轧辊保持在相应位置（辊缝不同，位置就变化）。万向轴上各处均为手动干油润滑。在万向轴外部设有保护罩。

(3) 万向轴托架。万向轴托架底部装有导槽，可以与机架相连，在滑动机座上沿轧辊轴线方向横移，实现更换轧槽。

万向轴托架与机架相连，是通过一个液压销锁定的。在换机架时，脱开此销钉，机架在液压马达丝杠系统带动下移出轧线。正常工作时，销钉插入，保证换轧槽时，万向轴托架与机架一起运动。

万向轴托架中的两个轴承座可以在该装置内的竖直滑道中对称上下滑动，两轴承座用弹簧和链子连在一起，处于自平衡状态，以适合不同辊缝的大小。

(4) 丝杠传动装置。丝杠传动装置固定在固定底板上（在立式轧机上固定在立式支架上），与滑动机座相连，由液压马达驱动。用该装置完成轧槽更换。换机架时也使用该装置。

c 卡盘式轧机

二辊卡盘式轧机由下列几部分组成：滑动机座、轧辊及轧辊轴承座、四个大拉杆、辊缝调整装置、编码器、走轮机构（立式轧机上使用）。

(1) 滑动机座。在滑动机座底部的导槽上装有滑板，可沿固定底板上的轨道滑动。卡盘机架由四个铰接在滑动机座上的螺栓夹紧在滑动机座上。调整时，固定底板上的液压马达丝杠装置带动滑动机座，便可完成机架的横移（换槽或调整）。换机架时，把机架推出，打开液压螺母，用天车吊走轧机即可。液压螺母的液压源由液压缸提供，工作压力为400kN。

(2) 轧辊轴承座。中轧机的轧辊轴承座套装在四个拉杆上。该轴承座内装有铜螺母和碟簧。铜螺母与拉杆上的螺纹配合，当拉杆转动时，螺母便沿拉杆轴线移动，带动轴承座，完成辊缝调整。碟簧用于消除螺母和拉杆间的间隙，实现轧辊轴承座的机械式平衡。为了保证上下轴承座的对称开合，拉杆上的螺纹旋向相反。装在轴承座内的四列圆柱滚子轴承承受径向轧制力，轧辊尾部的止推轴承承受轴向力。

(3) 四个大拉杆。轧机上有四个拉杆，每个拉杆的两端加工有螺纹，可以与轴承座内的铜螺母配合，这两端螺纹的旋向相反。四个拉杆中，装在轧辊轴线一侧的左右两个拉杆完全相同，轧辊轴线另一侧的左右两个拉杆完全一样。因此，每种拉杆加工两个，就能装配一台轧机。在拉杆中部，加工有带轴肩的环形槽，卡盘支架即支撑在此处。通过卡盘支架，把轧制负荷和重力传到地基上。同时，卡盘支架上装有滑板，使调整辊缝时轴承座平行滑动，在拉杆端头加工有键槽，可以和辊缝调整装置相连接。

(4) 辊缝调整装置。辊缝调整装置位于轧机上部，四个蜗轮套装在四个拉杆上，通过平键与拉杆连到一起。动作原理是：当液压马达转动（手动）时，蜗杆旋转，驱动蜗轮转动，带动拉杆转动，从而完成辊缝调整。如果脱开接手，可以单独对一侧轴承座进行调整。

(5) 编码器。编码器与辊缝调整装置连接，是自动化控制的眼睛，通过它可以在主控台调节辊缝，并显示其大小。

(6) 走轮机构。走轮机构用于立式轧机，机架立式时，走轮机构装在机架下面，在更换机架时，由推出/拉入液压缸拖动该机构，把机架推出到换机架位置，或把新机架拉入到卡盘卡紧位置（用液压夹子）。

d 稀油润滑系统

轧机主减速机内的齿轮和轴承为稀油强制润滑。由中轧机润滑站经稀油润滑管路供油，工作压力为0.2MPa。

在稀油管道进口侧，装有杂质过滤器、流量表和压力表，可以检查润滑是否正常。

齿轮啮合部位由喷嘴喷油润滑，滚动轴承直接从油路得到稀油。润滑后的稀油由箱体下部的回油管送回油箱。

在减速箱上装有空气过滤器。

e 液压系统

中轧机组上的液压装置有：

（1）辊缝调节装置，执行元件为液压马达。

（2）机架沿轧辊轴线横移装置（液压马达-丝杠系统），执行元件为液压马达。

（3）万向轴提升液压缸（只在立式轧机上有，换机架时用）。

（4）机架推出/拉入液压缸（只用在水平轧机上，换机架和换孔时用）。

中轧机组液压系统由中、精液压站供油，工作压力为10MPa。

f 干油润滑系统

中轧机轧辊轴承、万向轴托架轴承为自动干油润滑。万向轴、联轴器、机座滑道等手动干油润滑。

g 油气润滑系统

中轧机上的滚动导卫为油气润滑。系统按设定的时间间隔，在轴承间歇时提供油气。工作压力为16MPa。

h 水冷系统

轧机上的水冷系统由管路和喷嘴组成，轧钢时喷水冷却轧辊和导卫。

水冷系统还为主直流电机提供冷却。

8.2.1.3 精轧机组轧机

A 机组的性能和特点

a 三架两辊卡盘式水平机组

型号：“DOMS3400”。

位置：第13号、15号和第17号机组。

特点：

（1）轧制部分使用的是卡盘式紧凑型机架。

（2）轧机的刚度是靠四条拉杆螺栓本身的形体尺寸和四个拉杆螺栓的坐落位置紧靠轧线来保证的。

（3）采用此种形式的轧机有整体布局紧凑和机架刚度极高的特点。

（4）能承受较大的载荷。

（5）轧线固定。

（6）可快速更换机架。

（7）轧机采用四列短圆柱滚子轴承，承受轴的径向载荷，并在轧辊轴的尾端采用双向止推球轴承用于承受轴向载荷。

（8）机架平衡采用的是机械平衡形式。

（9）机架和减速机之间由万向可伸缩传动轴连接。

(10) 精轧机区稀油润滑压力为0.2MPa。

(11) 精轧机区13、14、15卡盘机架及16、17、18卡盘机架是可以互换的。

b 三架两辊卡盘式可平立转换的轧机

型号：DCRS3400。

位置：第14、16、18号机架。

特点：除旋转系统由液压驱动整个旋转部分布局十分紧凑外，其余与水平式机架特点相同。

B 轧机的组成

轧机分为水平机架、立式机架的传动系统和卡盘式机架三部分。

a 三架带有卡盘式两辊机架的水平式轧机

型号：DOMS3400。

位置：精轧机组第13、15、17架。

DOMS型带两辊卡盘式机架的轧机由以下几部分构成（内容不包括卡盘机架）：驱动系统、主减速机、齿型接手、可伸缩的万向传动轴、传动轴的支撑装置、丝杆传动系统、干油润滑系统、稀油润滑系统、油气润滑系统、水冷系统、液压系统。

(1) 驱动系统。具体组成部分有：

1) 驱动系统有独立的地脚板，锚固在地基上，用于该系统的安装。

2) 驱动电机为820kW，该电机为带水冷的直流电机。

3) 马达和减速机之间装配着一个带过载保护安全销的齿型接手。该齿型接手带有安全防护罩。

(2) 主减速机。13、15、17架水平轧机的主机都是一级减速，单轴输入，双轴输出的斜齿轮减速机。

(3) 齿型接手。电机和减速机之间装配一个带安全销的齿型联轴器，每套接手上有两个安全销，对称成180°排布。当机组运行过程中出现过载时安全销会剪断，这时电机和后面机列之间的运动便脱开了，不至于因过载而损坏传动系统。

(4) 可伸缩的万向传动轴。可伸缩的万向传动轴，位于机列中主减速机和卡盘式机架之间。每个机组使用一对万向传动轴，用于连接主减速机的两个输出轴和卡盘式机架的两个轧辊轴，从而传递运动和动力。该万向传动轴与轧辊轴相接合的端头是中间带有扁孔的轴套，可实现与轧辊的扁插头间快速的脱开和接合。该轴套外部也是经过特殊加工的，用于装配传动轴支撑装置。该种万向传动轴轴杆部分为内外滑键式配合，在机架换轧槽和换机架时可配合控制要求而伸缩。

(5) 传动轴的支撑装置。传动轴支座主体是两个自平衡（通过链轮，弹簧等装置实现）的轴承箱，该支座位于传动轴靠机架侧，两个轴承箱分别与两个万向传动轴的轴套配合从而托起传动轴，并不妨碍传动轴的旋转。由于两轴承箱是自平衡式的，所以该套支撑可配合轧辊轴的开合而开合。另外该传动轴支座的底部有通过螺栓和蝶簧等连接构成的滑槽，使整个支撑装置可沿卡盘式机架滑动的滑道滑动，以配合传动轴的伸缩而改变支撑位置。正常生产时，传动轴支撑和卡盘式机架之间是通过一个手动销子锁定的，只有换机架时才脱开该锁定销。

(6) 丝杆传动系统。该系统由液压马达、蜗轮蜗杆减速机（蜗轮轴中心装配传动螺母）丝杆（与传动螺母相配合）等组成。丝杆的端头与卡盘式机架的滑动底盘相连，该系统工作时由液压马达带动蜗轮旋转，蜗轮又通过螺母带动丝杆的轴线方向运动，从而拉动机架可沿垂直轧线方向左右运动，从而实现换轧槽和换机架等运动。

（7）轧机的干、稀油和油气润滑系统。精轧机区第13、15、17架轧机的润滑情况如下：电机是手动干油润滑，齿型接手为手动干油润滑，万向传动轴本体为手动干油润滑，传动轴支撑和卡盘式机架为集中自动干油润滑，主减速机为稀油强制润滑。

（8）水冷系统。水冷系统由刚性管、柔性管和各种喷头等组成，其作用是为轧辊和导卫等提供冷却。水冷系统同样为直流电机提供冷却水。

（9）液压系统。轧机13、15和17架轧机应用液压系统的执行机构有：辊缝调节系统的液压马达，丝杆传动系统的液压马达，液压源为中精轧区液压站，工作压力为10MPa。

卡盘机架的液压螺母动作的液压源为移动式液压小车，其提供的工作压力为40MPa。

b 三架带有可平立转换的两辊卡盘式机架

型号：DCRS3400。

位置：精轧机组第14、16、18架。

轧机的组成（内容不包括卡盘机架）：驱动系统、带快速接手的齿轮箱、快速接手、伞齿轮箱、可旋转的主减速箱、可伸缩的万向传动轴、传动轴支撑、控制机架旋转系统及卡盘机架系统、丝杠传动系统、润滑系统、水冷系统、液压系统。

（1）驱动系统。14、16、18架轧机的驱动系统主要由以下几部分组成：

1）驱动系统电机有独立的地脚板锚固于地基上用于主驱动电机的安装。

2）三台驱动电机的功率为750kW，带水冷系统的直流电机。

3）马达和减速机之间有一个带安全销的齿型接手，接手上安全销共有两个成180°对称分布，当机组出现过载时安全销首先剪断，这时电机和机组后部分就分开了，这样不至于由于过载而造成大的设备损害。该齿型接手带有安全防护罩。

（2）带快速接手的齿轮箱。该减速箱有单独的脚板锚固在地基之上用于该减速机的安装，该减速机的输入侧通过齿型接手与主驱动电机相连，输出侧是通过快速接手可和旋转齿轮箱上两个传动输入轴中的任意一个相连。

第14架轧机的主减速箱，有变速操纵杆，通过该操纵杆控制输出轴上的花键套前后移动，便可控制输入速度相同时，后两个空套齿轮的离合，从而决定一级减速机在输入速度相同时，可有两种不同的输出速度。

第16和18架轧机的减速机都为简单的一级斜齿轮减速机，可见当机架处于平、立两种状态要求不同的转速主要通过电机调节。

（3）快速接手。左边的半接手，为旋转齿轮箱上带的接手，右边的半接手为地面上固定齿轮的半接手，这两个半接手是通过中间的内滑键套件过渡实现离合的，而内滑键套的左右移动是通过手动搬把控制的，该手动搬把与轴承件的外圈相对固定，而该球轴承的内圈则与中间滑键套相对固定，所以当滑键套连接了两个半接手并与传动轴同步旋转时，手动操纵杆可保持自身位置的相对固定，而搬动该手动杆又可左右移动内滑键套，从而实现传动轴的离合。

(4) 伞齿轮箱。三个可实现机架平立转换的轧机的伞齿轮箱部分是完全一样的。

该减速箱主要由一对伞齿轮付及相应的支撑轴承和壳体等构成。该伞齿轮箱水平方向的右轴头通过齿型联轴器和主旋转箱输入轴的左轴头相连，而竖直轴的下轴头用于安装与快速接手中滑动轴套相连的齿头，当机架采用立式时该齿头旋转到与地面固定减速机上快速接手相配合的部位。该伞齿轮箱是该种机组的机架可实现平立转换的主要环节。

(5) 可旋转的主减速箱。第 14、16、18 架轧机的旋转主减速箱部分是完全相同的。该减速箱下边的高速轴右边的轴头是用来安装与快速联轴器上带滑键的内齿圈相配合的齿头的，而左边的轴头则是用以安装与伞齿轮箱相配合的齿头的。伞齿轮箱和该减速箱是安装在同一旋转支架上的，当机架形式为水平式时，运动和动力是从该高速轴的左轴头传入的，而当机架形式为立式时，运动和动力要从伞齿轮箱的输入轴输入。当运动和动力传递到末端万向接轴的驱动轴时，该驱动轴首先把该种运动和动力传递给右边两个万向铰的壳体（通过螺栓），又通过该壳体带动万向铰的十字头从而驱动万向接轴的。

(6) 可伸缩的万向传动轴。每个机组中都使用一对可伸缩的万向传动轴，用于连接机架和旋转减速箱从而传递运动和动力。该种平立转换型的机组的万向传动轴安装位置、结构形式和水平机架都有很大不同，首先从其安装位置上讲，工作时其主体处于旋转齿轮箱中万向传动轴驱动轴的内空腔中，另外，该种万向传动轴右边的万向铰结构有特别之处，其中间为大通孔，这样万向传动轴的轴杆大量收缩时，便可由该孔中穿过。正是采用该种结构形式和整体布局形式，使该种机组的整体结构变得十分紧凑，得以实现旋转功能。

(7) 传动轴支撑。该种机组传动轴支撑装置的结构形式、工作原理和水平式机组的传动轴支撑装置是完全一样的，请参考前面有关内容。

(8) 控制机架旋转系统。对于机列 14、16 和 18 架来讲控制机架旋转系统都是一样的，都是由对称布置的两个液压缸通过曲轴推动机架旋转的。当机架无论旋转到水平工作位或垂直工作位时都是限位开关发出指令信号，这时锁机架的液压系统投入工作。

(9) 丝杠传动系统。第 14、16 和 18 机架的丝杠传动系统的结构原理、传动原理、工作原理和水平式三机架的丝杠传动系统都是相同的，不同的是作为机架立式使用时，在垂直方向传动机架比水平式在水平方向传动机架的工作负荷要大得多，所以该套机构比水平式的形体尺寸大。此外该传动丝杠的动力丝杠是从主旋转减速机第二根轴的空腔中穿过，目的也是实现整体布局的结构紧凑。

(10) 润滑系统。对第 14、16、18 三套带平立转换机架的轧机列的润滑情况如下：三台主驱动电机是手动干油润滑，齿型接手、万向传动轴、丝杠传动系统等都是手动干油润滑，地面固定减速箱、旋转减速箱（包括伞齿轮箱等）采用的是强制稀油润滑。

(11) 水冷系统。为轧辊和导卫装置提供冷却的供水管路采用的是软管以不影响机架旋转。

(12) 液压系统。在该种机列中，卡盘式机架调辊缝系统用的是液压马达驱动；控制机架移动的传动丝杠系统用的是液压马达驱动，控制机架旋转的是两个液压缸，在平、立位锁机架用的是四个液压缸。所有液压动力源由中精轧区液压站统一提供。与旋转机架相关的液压配管采用的是软管，以不影响机架的旋转，液压系统工作压力为 10MPa。在机架移动底盘上锁定卡盘机架的四个液压螺母由移动式液压小车提供液压源，其工作压力为40MPa。

c 六个四拉杆卡盘式机架

3个470机架，13、14、15号轧机使用。3个370机架，全部可互换。

精轧机区的机架，前3架轧辊辊径为470mm，后3架轧辊辊径为370mm。

该种四拉杆式卡盘机架的各个组成部分为卡盘式机架的支撑拉杆的卡盘式托架、四个轴承座、四个大拉杆机构、机架的平衡系统、轧辊的中心距调整机构、往活动底盘上卡固机架的四个固定螺栓、机架的走轮机构、导卫调节系统。

（1）卡盘式机架上用于支撑四个大拉杆的卡盘式托架。该卡盘式托架分为均匀对称的四个部分，沿轧辊轴线方向看，每部分都从大拉杆的中间托起拉杆，并通过轴承座使左右两部分连成一体。该四个托架的下底座上部有带月牙形开口的凸台，用于使用液压螺母和机架滑动底盘进行锁定。在该托架上沿轧辊轴线方向看，有四个圆孔，下边两个用于安装导卫调节装置的横梁，上边两个用于安装前、后两组牌坊架的连拉拉梁。该牌坊架的主要作用是由四个拉杆的中部把机架重力传递到滑动托盘，并从整体上稳定机架。

（2）四个轴承座。每个机架都有四个轴承座，轴承座中安装有用于承受轧辊径向载荷的四列圆柱滚子轴承，用于承受轧辊轴的径向载荷，在轧辊轴的尾端的轴承座内安装有双向止推轴承，用于承受轧辊轴的轴向载荷。该机架的四个轴承座，每个两边都有两个通孔用于安装螺母、球垫和大螺栓拉杆。

（3）四个大螺栓拉杆。四个大螺栓拉杆两端的螺纹牙的旋向是不同的，拉杆转动时，通过与之相配合的螺母，能够对称地、均匀地传动四个轴承座，从而既保证两轧辊轴中心距的可调，又可保证该种调节的对称性、均匀性。由于拉杆的位置靠近轧制中心线，加之四个拉杆本身尺寸（指直径）很大，有足够的刚度。所以采用该种结构的机架，既能有紧凑的整体结构，又能有足够的刚度，用于精轧机区有利于提高产品质量。

（4）机架的平衡系统。机架的平衡形式主要有液压式和机械式两种。我们选用的卡盘式机架采用的是机械式平衡。在压紧八个大螺母的法兰内压有大量的蝶形弹簧，通过弹簧压紧螺杆，抵消螺母和大拉杆螺纹牙间的间隙。

（5）轧辊轴的中心距调整机构。轧辊辊缝调节系统是由液压马达驱动蜗杆旋转，然后由蜗杆同时驱动四个蜗杆分别做顺、逆时针旋转，然后由蜗杆带动四个螺杆转动，四个螺母驱动四个轴承座对称的、均匀地对开对合。从而带动轧辊轴向运动实现辊缝的调节。

该种轧机上辊末端轴承座上装有一套手动蜗轮蜗杆机构可进行上辊的轴向调节。

（6）走轮机构。该种卡盘机架在轧辊的末端方向装有四个走轮，该机构工作中无作用。

（7）导卫横梁。平行轧辊轴向装有两根导卫横梁，其作用是支撑进出口导卫和沿轧辊轴线方向连接机架。

8.2.1.4 导卫和替换辊道、导槽

棒材厂中、精轧机导卫形式有滚动入口导卫、滚动扭转导卫、滑动入口导卫、滑动出口导卫、切分导卫等。滚动入口导卫用于扶持椭圆轧件对正轧槽。滚动扭转导卫用于三线切分时17号轧机出口椭圆轧件的扭转。滑动入口导卫用于方、圆轧件的导向。滑动出口导卫用于其他轧机出口轧件的导向。切分导卫专用于切分轧制，分三线切分导卫和二线切

分导卫。

中、精轧机的导卫都固定在 Cartridge 的导卫横梁上。导卫和底座通过键、燕尾槽、压板与导卫横梁上的滑动底座相连接，如图 8－6 所示。旋转螺旋丝杠，即可带动滑动底座移动，从而使导卫整体沿轧辊轴向对正轧槽调整。纵向调整螺丝可以调整导卫与轧辊的间距。

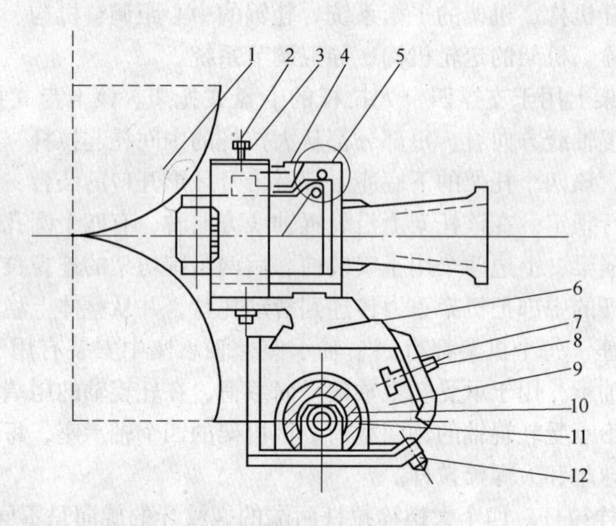

图 8－6　导卫安装示意图

1—轧辊；2—固定螺丝；3—导卫框架；4—纵向调整螺丝；5—滚动导卫；6—底座；7—压板；8—固定螺丝；9—移动底座；10—导卫横梁；11—螺旋丝杠；12—螺栓

根据轧制表生产某些品种钢材时，有的机架需要空过，如 9 号～12 号机架，15 号～18 号机架以及这些机架间的活套。空过的机架要用天车从轧制线上吊走，再安装上替换辊道，活套的替换辊道是在线的。替换辊道有两个由电机单独驱动的辊子。替换辊道运转是以组为单位的，中轧机组替换辊道为一组，粗轧机组替换辊道为一组，同时启/停，每组的转速相同，等于替换辊道前一架轧机出口轧件的速度。主控台控制替换辊道的启/停，地面站可以实现替换辊道的点动正转/反转。

在进行切分轧制时，16 号～18 号轧机间的活套不再投入使用，需要用导槽进行替换。三线切分时，由于 16 号～18 号轧机全部采用水平布置形式，所以三条轧件在同一平面上沿替换导槽的三个通路对正三个入口导卫，在三个轧槽中同时轧制。两线切分轧制时，16 号、17 号轧机采用水平布置形式，18 号轧机采取立式布置形式，所以从 16 号轧机轧出的两条轧件在同一平面沿替换导槽的两个通路对正两个入口导卫，进入 17 号轧机，从 17 号轧机轧出后，轧件要进入立式布置的 18 号轧机，必须从同一平面转移成上下排列的立式形式。这就需要采取特殊的导槽将两条轧件从水平排列位置引导到立式排列位置，这样才能在同一垂直面上对正立式布置的 18 号轧机的轧槽。

8.2.1.5　*冷却与润滑*

A　*轧辊冷却*

轧辊孔型表面在轧制过程中先与热钢接触，继而又被水冷却，在加热与冷却的交替作用下，轧辊表面出现网状裂纹，即所谓龟裂现象。裂纹处金属发生强烈氧化，使裂纹扩展，导致摩擦系数增大，磨损加快。这样，由于轧辊冷却不当会造成轧辊表面磨损和破坏。如果轧件出口处冷却水充足，那么既能充分冷却轧辊，又能防止冷却水随同轧件进入孔型。此种冷却方法可延长孔型使用寿命。反之，若冷却水随轧件进入轧辊，水在变形区的高温高压下迅速汽化，不但容易造成轧件打滑堆钢事故，也使轧辊表面磨损和破坏。轧辊冷却水用量要充足，但用量越大，成本就会随之提高，所以只要能够满足轧辊冷却要求即可。棒材厂冷却水压力不低于4Pa。

B 滚动导卫的冷却

滚动导卫的导轮长时间与高温轧件接触，如不进行冷却就会迅速升温直至红热，造成导轮磨损严重，导轮轴承严重破坏等现象，使导卫失去扶持轧件的作用。因此，必须保证导轮的充分冷却。冷却水从系统进入导卫盒，经管路到达导轮支撑臂，然后从三个开孔向导轮喷出，达到冷却目的。值得注意的是，滚动导卫与轧辊共用同一系统的冷却水，而这种冷却水杂质含量较高，易堵塞导卫的冷却管路，因此操作人员需经常检查冷却水供应状况，防止发生因导轮烧毁而堆钢的事故。

C 轧辊轴承的润滑

轧辊轴承的润滑方式为油气润滑。

D 滚动导卫的润滑

滚动导卫的导轮轴承润滑方式为油气润滑。油气润滑是使用充分清除了水分、灰尘等异物的压缩空气将润滑油雾化，然后使油雾与空气的混合物强制性地通过专门通路输入轴承内部的润滑方式。与干油润滑相比，具有润滑效果好的优点。但是，在实际生产中，如油气供应不正常，就会破坏导轮轴承。操作人员要特别注意油气的供应情况。棒材厂辊式导卫采用的是油气润滑方式。

8.2.1.6 活套

A 设置活套的目的

活套是为了保持良好的轧件形状、尺寸、进行无张力轧制而在轧机之间所设置的一种导向装置。轧机间产生的活套常常由于孔型的磨损、轧材温度的变化等而产生变动。活套变动的调整，一般用活套扫描器来检测活套量，再通过调整电机转速来调整活套量。

B 活套的种类

活套有立活套和侧活套两种。立活套容量小，多用于中、精轧机，侧活套容量大，多用于中、精轧机组间。棒材厂中、精轧机组共有8个水平活套。

C 活套起落过程

活套扫描器处于启动状态，当轧件头部咬入A机架时，产生一个信号，活套扫描器检测出轧件的存在，轧件再咬入B机架时，产生冲击速降，使两机架之间的轧件产生一定的活套，且轧件咬入B机架的信号激发活套支承辊升起帮助形成水平活套。活套扫描器根据预设定的活套高度使上游机架A按一定比例升速。在连续检测活套高度与轧机升速的交互过程中，活套形成，高度达到预设定值。当轧件尾部离开A机架时产生一个信号，活套支承辊落下，活套随之消失。

8.2.1.7 地面站

地面站有 P204、P205、P206、P207、P208、P209、P300、P301、P302，分别控制中、精轧机和2号飞剪、3号飞剪。

8.2.1.8 飞剪

2号飞剪为启/停式飞剪，位于12号机架后，具有切头、切尾、优化剪切和碎断功能，由直流电机单独驱动，最大剪切速度7.1m/s。2号飞剪有飞轮，用于棒材速度低于3.43m/s时的情况，可以人工选择是否使用飞轮。2号剪有两套共4个剪刃。一套用于切头，另一套用于切尾。飞剪的速度根据轧件速度进行调整，剪刃速度要大于轧件速度10%。热金属探测器在飞剪中心线前2700mm，用来决定何时启动飞剪进行切头或切尾。

8.2.2 轧制准备操作

8.2.2.1 接班作业

接班作业主要包括：

（1）与上一班各岗位工对口交接，询问轧制情况、红坯尺寸与成品质量。

（2）停车后，检查或调整各机架辊缝。

（3）检查各轧槽轧制吨位及磨损情况。当轧槽磨损严重或出现掉肉、麻坑、裂纹等缺陷时，应及时更换，要合理使用轧槽，保证同一辊上的轧槽磨损均匀一致。

（4）检查各机架进出口导卫磨损情况及所有导槽、喇叭口、辊道等磨损情况，滚动导卫滚轮是否转动灵活。换导卫时要先用试棒对滚动导卫开口度进行推拉试验，并做适当调整。

（5）清除导卫、导槽及活套台内的氧化铁皮、飞刺等异物。

（6）检查并确认导卫与轧槽对中情况，导卫前端与轧辊间隙是否符合要求。

（7）紧固导卫与横梁。

（8）检查并确认轧机和导卫的油气润滑是否正常，有问题及时处理。滚动导卫手动给脂。

（9）检查活套器导辊磨损情况及转动是否灵活，确认活套器中的卡断剪打开。

（10）检查并确认设备气缸动作正常。

（11）检查各飞剪剪刃磨损情况。

（12）检查夹送辊的磨损情况及运转情况。

（13）检查 Thermex 线设备供水、供气情况。

（14）全线对中轧制中心线。

（15）检查夹送辊、活套器及各机架轧辊、导卫冷却水管。打开冷却水，检查冷却水管是否有水，喷嘴是否正常并使冷却水管对正轧槽。

（16）检查活套器及空过辊道进出口连接牢固，活套器上盖、辊道上盖、飞剪门等安全装置盖上、关到位。

（17）通知 CP1 操作工准备完毕。

8.2.2.2 试运转作业

试运转作业包括：
(1) 轧机运转中是否有异常声音。
(2) 各飞剪动作是否正常。
(3) 配合 CP1 主控台模拟动作，察看各活套器起套辊动作是否正常。

8.2.2.3 更换孔型

换孔型操作在地面操作站上实现。
A 换孔前的检查
换孔前检查内容包括：
(1) 检查待用孔是否符合工艺要求。
(2) 检查原导卫是否继续使用。
(3) 对不能使用的导卫进行重新更换。
B 换孔步骤
换孔步骤为：
(1) 停机、停水。
(2) 在对应的地面操作站上将选择开关打到“地面”位置。
(3) 选择要操作的机架号。
(4) 按一下“机架锁紧夹，解锁”按钮。
(5) 按下“机架更换向前或向后”按钮，驱动原用孔和待用孔移离轧线。
(6) 操作“辊缝打开”相应开关到进出口导卫能自由横移。
(7) 用人工扳手松开滑动底座紧固螺杆。
(8) 用扳手旋转导卫横梁的调整螺杆，使导卫对正新孔型。
(9) 操作“辊缝闭合”相应开关，使辊缝调整到要求值。
(10) 用扳手旋转横梁的调整螺杆，使导卫对正孔型。
(11) 拧紧进出口导卫上滑动底座螺杆。
(12) 将冷却水管移动到新孔型位置，并且拧紧。
(13) 按下“机架更换向前或向后”按钮，使新孔对准轧线。
(14) 按一下“机架锁紧夹，锁紧”按钮。
(15) 试轧小钢。
(16) 将选择开关打到“主控”位置。
C 注意事项
注意事项包括：
(1) 更换立式轧机和平立转换轧机的处于垂直位置孔型时，在打开机架锁紧夹之前，应确认接轴支撑销锁定。
(2) 在更换 7 号 ~13 号轧机时，必须对新孔进行打磨。
(3) 试轧小钢时，应将小钢加热到 1050℃左右，严禁煨低温钢、黑头钢。

8.2.2.4 更换机架操作

中、精轧机是以换机架的方式来代替传统的换辊。机架由备品间预装好，吊放在现场备用。

A　新轧机检查

新轧机检查内容包括：

(1) 检查轧辊号是否同工艺给定一致。

(2) 检查径向调整、轴向调整、导卫横移装置是否灵活有效。

(3) 检查上下轧槽是否对正。

(4) 检查导卫安装是否符合标准。

(5) 检查各轧槽是否符合要求。

(6) 检查上下轧辊冷却水管是否安装就绪。

(7) 检查上下轧辊扁头是否处于更换位置。

(8) 检查轴承油气润滑连接是否完好。

(9) 将检查好的新机架用行车吊到机架更换小车的备用位置上。

B　水平轧机的更换

拆机步骤：

(1) 停机、停水。

(2) 在对应的地面操作站上，将选择开关打到“地面”位置。

(3) 选择要操作的机架号。

(4) 按一下“接轴定位”按钮，使万向接轴处于更换角度。

(5) 按一下“机架锁紧夹，解锁”按钮。

(6) 按下“机架更换向前”按钮，驱动轧机第一孔对正轧线。

(7) 按一下“接轴支撑销，解锁”按钮。

(8) 按下“机架更换向前”按钮，驱动轧机到更换小车上。

(9) 按一下“叉提升”按钮。

(10) 按下“机架更换向后”按钮，驱动缸头与机架分离。

(11) 按一下“叉下降”按钮。

(12) 按下“机架更换小车向右”按钮，使新轧机处于更换位置。

装机步骤：

(1) 确认新机架已处于更换小车上的更换位置。

(2) 按下“机架更换向前”按钮，驱动缸头与机架底座联结。

(3) 按下“机架更换向后”按钮，驱动轧机与接轴支撑联结，拉至指示灯亮。

(4) 按一下“接轴支撑销，锁紧”按钮。

(5) 按下“机架更换向前或向后”按钮，驱动轧机使用孔对正轧线。

(6) 按一下“机架锁紧夹，锁紧”按钮。

(7) 将选择开关打到“主控”位置上。

注意事项：

(1) 拆卸中，接轴支撑销解锁时，机架中间孔必须在到达最后一孔位置之前才能打开。

(2) 机架更换小车移动时，液压杆头完全与机架分离，并且液压叉在低位。

C 立式轧机的更换

拆机步骤：

(1) 停机、停水。

(2) 拆下更换机架的进出口导卫的润滑、轴承油气润滑、辊缝调整马达、冷却水管接头。

(3) 在对应的地面操作站上，将选择开关打到“地面”位置。

(4) 选择要操作的机架号。

(5) 按一下“接轴定位”按钮。

(6) 确认接轴支撑销锁定的情况下，按一下“机架锁紧夹，解锁”按钮。

(7) 按下“机架更换向上”按钮，驱动轧机到中间位。

(8) 人工驱动立式换辊小车到等待位置。

(9) 按下“同机架更换向下”按钮，驱动轧机到最低位。

(10) 按一下“机架锁紧夹，锁紧”按钮。

(11) 按一下“接轴支撑销，解锁”按钮。

(12) 按下“机架更换向上”按钮，驱动轧机到中间位。

(13) 按下“立式轧机拉入”按钮，人工将链条上的钩子挂到立式轧机换辊小车上。

(14) 按下“立式轧机推出”按钮，驱动立式轧机换辊小车到机架更换小车上。

(15) 人工取下立式换辊小车上的钩子。

(16) 按下“机架更换小车向右”按钮，使新轧机处于更换位置。

装机步骤：

(1) 确认新机架在机架更换小车上，处于更换位置。

(2) 按下“机架更换向下”按钮，驱动接轴支撑与轧机联结。

(3) 按一下“接轴支撑销，锁紧”按钮。

(4) 按一下“机架锁紧夹，解锁”按钮。

(5) 按下“机架更换向上”按钮，驱动轧机到中间位。

(6) 人工将立式换辊小车推出。

(7) 按下“机架更换向上或向下”按钮，驱动轧机使用孔对正轧线。

(8) 按一下“机架锁紧夹，锁紧”按钮。

(9) 接上进出口导卫的润滑、轴承油气润滑、辊缝调整马达、冷却水管接头。

(10) 将选择开关打到“主控”位置上。

注意事项：

(1) 拆卸中，打开机架锁紧夹之前，必须确认接轴支撑销锁定。

(2) 如果拆卸前轧机已处于中间位以上，步骤（7）可略，进行拆卸。

(3) 拆卸中，只有当轧机处于最低位置，并且机架被锁定后，才能打开接轴支撑销。

D 平立转换轧机的更换

a 平立转换轧机处于水平位置

拆机步骤：

(1) 停机、停水。

(2) 拆下更换机架的进出口导卫的润滑、轴承油气润滑、辊缝调整马达、冷却水管接头。

(3) 在对应的地面操作站上，将选择开关打到“地面”位置。

(4) 选择要操作的机架号。

(5) 按一下“接轴定位”按钮。

(6) 按一下“机架锁紧夹，解锁”按钮。

(7) 按下“机架更换向前”按钮，驱动轧机第一孔对正轧线。

(8) 按一下“接轴支撑销，解锁”按钮。

(9) 按下“机架推出”按钮，驱动轧机到机架更换小车上。

(10) 按一下“叉提升”按钮。

(11) 按下“轧机拉入”按钮，驱动缸头与机架分离。

(12) 按一下“叉下降”按钮。

(13) 按下“机架更换小车向右”按钮，使新轧机处于更换位置。

装机步骤：

(1) 确认新机架已处于更换小车上的更换位置。

(2) 按下“机架推出”按钮，驱动缸头与机架底座联结。

(3) 按下“机架拉入”按钮，驱动轧机与接轴支撑联结。

(4) 按一下“接轴支撑销，锁定”按钮。

(5) 按下“机架更换向前或向后”按钮，驱动轧机使用孔对正轧线。

(6) 按一下“机架锁紧夹，锁紧”按钮。

(7) 接上对应活套器油气润滑管接头。

(8) 将选择开关打到“主控”位置上。

b 平立转换轧机处于垂直位置

拆机步骤：

(1) 停机、停水。

(2) 在对应的地面操作站上，将选择开关打到“地面”位置。

(3) 选择要操作的机架号。

(4) 按一下“接轴定位”按钮。

(5) 按一下“快速接手，解锁”按钮。

(6) 按一下“机架锁紧夹，解锁”按钮。

(7) 按下“机架更换向前或向后”按钮，驱动轧机到中间位。

(8) 按一下“机架锁紧夹，锁紧”按钮。

(9) 按一下“框架夹持器，解锁”按钮。

(10) 按下“立转平”按钮，驱动框架处于水平位置。

(11) 按一下“框架夹持器，锁紧”按钮。

(12) 按一下“机架锁紧夹，解锁”按钮。

(13) 按下“机架更换向前”按钮，驱动轧机第一孔对正轧线。

(14) 按一下“接轴支撑销，解锁”按钮。

(15) 按下“机架更换向前”按钮，驱动轧机到更换小车上。

(16) 按一下“叉提升”按钮。

(17) 按下“机架更换向后”按钮，驱动缸头与机架分离。
(18) 按一下“叉下降”按钮。
(19) 按下“机架更换小车向右”按钮，使新轧机处于更换位置。
装机步骤：
(1) 确认新机架在机架更换小车上，处于更换位置。
(2) 按下“轧机推出”按钮，驱动缸头与轧机底座联结。
(3) 按下“轧机拉入”按钮，驱动轧机与接轴支撑架联结。
(4) 按一下“接轴支撑销，锁定”按钮。
(5) 按下“机架更换向后”按钮，驱动轧机到中间位。
(6) 按一下“机架锁紧夹，锁紧”按钮。
(7) 按一下“框架夹持器，解锁”按钮。
(8) 按下“平转立”按钮，驱动框架处于垂直位置。
(9) 按一下“框架夹持器，锁紧”按钮。
(10) 按一下“机架锁紧夹，解锁”按钮。
(11) 按下“机架更换向前或向后”按钮，驱动使用孔对正轧线。
(12) 按一下“机架锁紧夹，锁紧”按钮。
(13) 按一下“快速接手，锁紧”按钮。
(14) 将选择开关打到“主控”位置上。
注意事项：
(1) 更换机架时，接轴支撑销，解锁时，必须是第一孔对正轧线。
(2) 不论是水平位还是垂直位，机架倾翻前，轧机应处于中间孔位。

8.2.2.5 导卫更换与调整

A 导卫盒更换

导卫盒更换步骤为：
(1) 用扳手松开燕尾卡板上的固定螺栓。
(2) 人工或行车将旧的导卫盒取下。
(3) 清理滑动底座上的氧化铁皮。
(4) 人工或行车将检查好的导卫盒放到对应的机架平台上。
(5) 使新导卫盒底座键槽与机架滑动底座上键对正。
(6) 目测导卫盒的中心线与孔型垂直中心线对正。
(7) 放好燕尾卡板，用扳手拧紧紧固螺栓。

B 滑动夹板更换

滑动夹板更换步骤为：
(1) 松开导卫两侧和上方的紧固螺丝后，取下旧夹板。
(2) 换上新夹板，并紧固。
(3) 目测夹板中心线与孔型垂直中心线对正。

C 滚动导卫的更换

滚动导卫的更换步骤：

（1）松开导卫盒上方紧固螺丝，并且拆下润滑和冷却水接头，取下旧导卫。

（2）换上新导卫。

（3）目测夹板中心线、导轮之间中心线、孔型垂直中心线应对正。

（4）目测导卫与轧辊表面之间间隙应符合工艺要求。

（5）用小钢对新装滚动导卫再进行调整。

（6）接上导卫润滑、冷却水接头。

D　导卫调整

开车前，要对未更换的机架导卫进行检验，入口滚动导卫要用标准试棒检验导卫轮的夹持情况，检查导轮轴承的磨损和润滑情况，检查导板的固定及磨损以及入口内是否有异物。确保导卫各部件都处于良好状况。出口管式导卫要检查与辊的接触间隙，管的磨损情况以及斜铁，固定螺栓的紧固情况。入口滑动导卫要检查导板的磨损情况，紧固状态，对中情况及与轧辊的间隙是否符合要求等。以上各部分都必须符合要求，如有故障要及时更换新的导管式导卫。切分轧制对导卫的要求十分苛刻，因此在轧制切分品种前，要严格检查导卫的对中以及固定情况。除前面提到的各项外，还要对切分轮的间隙，出口侧导轮的润滑及磨损情况，扭转导卫的侧隙都要进行认真检查核对，并根据各部件的使用情况作出及时的调整。

8.2.3　轧制过程中调整操作

8.2.3.1　轧辊调整操作

轧辊调整操作可以分成轴向调整和辊缝调整，这些调整工作都由附属于轧机的调整装置进行。

A　间隙调整

通常在安装新机架、更换品种、换轧槽之后要进行辊缝设定调整。可通过地面站按钮根据显示调整到设定值。地面站上有辊缝的显示值。为缩短换机架时间，某厂的Cartridge式机架的辊缝是在备品间预调整好的，操作工只需用塞尺检查验证一下即可。

轧制过程中间隙调整的具体操作可以分为两项内容：

（1）轧制一定吨位后补偿轧辊磨损的辊缝调节（补偿调节）。补偿轧槽磨损的辊缝调节的原因是轧槽在轧制一定吨位的轧件后会因磨损而变深变宽，这时轧件的尺寸会变大，如不及时调整会影响成品的外观质量和外形尺寸，甚至出现轧废等事故。因此需要在轧制一定吨位后，压下辊缝，以保证轧件尺寸符合要求。

轧槽磨损的补偿调节在轧槽的寿命期内要多次进行，每次的补偿量取决于轧辊材质和使用情况以及对轧件尺寸的精度要求。如果轧槽寿命期内总的磨损量为 $W_{总}$，相当的总轧制吨位为 $T_{总}$，而各道次轧件尺寸的要求精度为 Δh，那么该架轧机轧槽寿命期内要进行补偿调节的次数 n 和每次调节量 ΔS 为：

$$n \leqslant W_{总}/\Delta h$$

$$\Delta S \leqslant \Delta h$$

而每次调节的时间用相应的轧制吨位 T 来表示，并有：

$$T \leqslant T_{总}/n$$

或 $$T \leqslant T_{总} \times \Delta h / W_{总}$$

（2）根据轧件尺寸，所轧钢材的钢种变化以及工艺参数变化所采用的辊缝灵活调整。灵活调整指的是在实际生产中，根据具体情况经常需对辊缝进行灵活调整方法，是通过对中轧机出口钢料和成品出口钢尺寸的检查，根据轧件尺寸的变化调整辊缝，其次要根据轧制品种的不同比如普碳钢和优质钢，要根据变形抗力的大小相应对辊缝作出调整，以消除弹跳变化对轧件尺寸的影响。另外连轧过程中张力变化也会造成尺寸的变化，在这种情况下应首先调整有关的速度消除张力，然后根据变化以后的轧件尺寸决定辊缝的调整量，切忌调张力与调辊缝同时进行。

在调整辊缝的同时，如果其他条件不变，势必会影响到相邻前、后两机架之间的张力变化。因此，在调整辊缝之前，应事先了解相邻机架间的张力大小情况，机架调整好辊缝后，须利用机架的调速，恢复相邻机架原有的张力情况。孔型磨损规律是十分复杂的，它和轧辊材质、轧制钢种、轧制温度、孔型冷却形式、冷却水质量、压下量是否合理、导卫安装、上道次来料尺寸的大小及几何形状等有密切的关系。比如，孔型在轧制200t钢后的磨损为0.5mm，则辊缝理论上将缩小约0.5mm，但由于孔型磨损的不均匀性，其磨损量和辊缝的缩小量应不完全相符，操作人员在实际中应予以考虑。

每次调整辊缝时，必须使轧机操作侧的辊缝与传动侧的辊缝同时调整，以保证上轧辊的水平。需要强调的是，辊缝的调整必须保持使整个机组各机架的调节量分布均匀，不应只调节机组最后几架轧机的辊缝，这样会影响轧槽的正常使用寿命，而且轧件也不能长期稳定。

B 轴向调整

作为孔型轧制的原则是上下辊的轧槽必须对正方可进行轧制。若孔型错位（如图8-7所示），其轧材将会产生弯曲或者扭转，或由于孔型偏磨损，机架不稳造成轴窜等也会形成错位，这时要进行轴向调整。上下辊轧槽对正与否，通常靠目测进行，轧辊直径较小时，通过取样也能知道孔型是否错位，在辊径大时，目测较难判断，有时要在辊环侧作标记，进行轴向调节时应使上下辊标记保持一致，如图8-8所示。

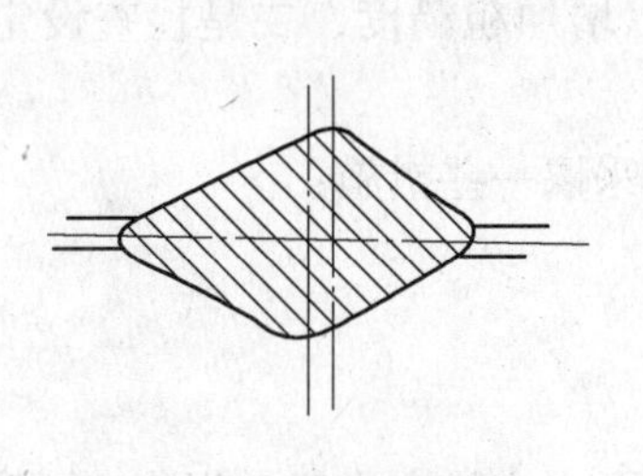

图8-7 错位

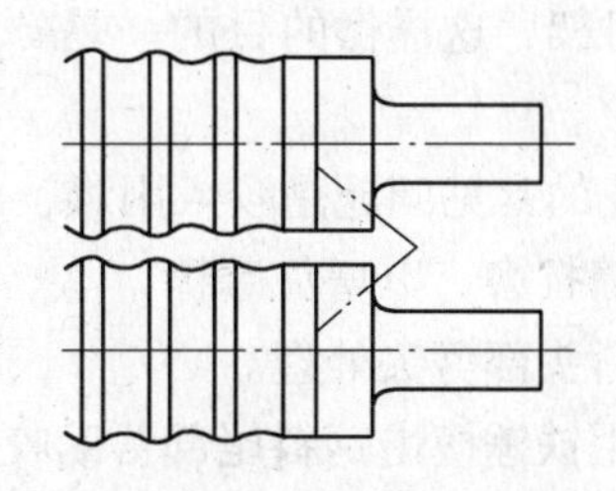

图8-8 标记示意图

实际操作中要通过取样和检查中间钢料的变化，正确判断轴错的产生原因并作出合理的调整。

轴向调节采用操作侧的手柄进行，机架上带有刻度盘显示调节量的大小。

在实际轧制调整操作中，应经常监视轧材的形状、尺寸及其动向是否发生异常，如发现异常现象，必须立即采取有效措施，作出相应的处理。

8.2.3.2　导卫调整操作

导卫在轧制过程中由于松动、磨损或在开车前安装位置不良，需要进行调整，一般调整量大的主要集中在进口导卫和切分导卫，个别情况严重的要停车重新设定位置。

导卫在线调整依靠横梁上的调节螺杆进行。现场靠人工手动用扳手完成，调整量和调整方向要根据钢料的变化情况而定。

对入口滚动导卫，尤其是精轧机用的滚动导卫，由于轧速较高，轧件断面小，如果入口导卫不正或夹持不好，极易造成钢料的咬入偏斜或出现单侧周期性耳子，这对成品影响很大，出现这种情况时要及时处理，如果调节后仍较严重，就要停车换导卫。

入口滑动导卫和出口管式导卫在轧制中只要磨损不很严重，安装位置正确，堆钢后未对导卫造成损害，基本上不用在线调整。

对切分轧制导卫，调整量很频繁。因为切分轧制对钢料的正确导入要求严格，后几架切分后又有多条钢料，每条的情况都各不相同，作出正确判断并调整尤为重要。同时切分导卫系统又包括出口扭转导卫和切分导卫，由于扭转角的尺寸变化和切分轮间隙的变化也会导致堆钢等事故发生。因此，现场要注意掌握导卫各部件的磨损情况以便于作出正确的判断。

现场调整完以后必须将固定螺栓拧紧以保证导卫的牢固。

导卫安装在轧机上可能要相当长一段时间才会更换，尤其是中轧前几架，这样各部件都容易松动，因此，需要经常检查，及时紧固和处理。

在轧制过程中应经常用铁锤等工具敲击导卫的固定螺栓和出口导卫的斜铁部分，以检查各部件的松动情况。

8.2.3.3　轧制过程控制及成品质量检验

A　试轧操作

换机架或换槽后，除前面提到的要按规定检查有关项目外，还要进行试轧操作。整个试轧过程分试小钢过程和整个机组的半长坯试轧。

试轧小钢是用与新轧槽进口轧件相似的短料，加热到1000℃以上。由入口喂入某机架或某几个机架，这样做的目的一是“烧槽”以增加粗糙度，二是检查设定的辊缝是否符合要求。

新槽试轧的常见问题是咬入困难，对此，可采取一些措施：

（1）新槽打磨，以增加摩擦。

（2）钢料头部劈尖处理。

（3）要用铁锤撞击钢料尾部帮助咬入。

小钢试轧完后即进行第一根试轧操作，这主要由主控台进行，操作工要密切配合，确保一次试轧成功。

B　轧制过程控制

操作工在正常轧制中要掌握各段钢料的变化，中轧机操作工要对粗轧机的来料变化有清楚的认识，并根据变化情况作相应调整。精轧机操作工对中轧机来料断面情况要清楚，并按要求与中轧操作工一起取样卡量，以作出相应的调整。

区域各岗位操作要协调统一，主控台速度发生变化，操作工要对有关架次作出相应调整，操作工调整机架也要与主控台取得联系。

操作工检验各架次钢料变化可以采用烧木条的方法进行，将木条上的缺口与规定尺寸对比，来显示出钢料的大小变化，烧木条的方法同样可以用来检验机架间张力的变化，当张力发生变化引起堆拉造成对成品质量有影响时，操作工要及时与主控台联系处理。

C 成品取样及检验

取样一般在换钢种，换成品规格以及调整轧机后进行，正常轧制中也需要定时选取产品试样。取样的位置要求从有代表性的位置来取，如坯料头部轧制的成品，中间部分轧制的成品和尾部轧制的成品。取样时要告知主控台在切倍尺时留足取样长度，取样在冷床一侧用火焰切割进行。

成品尺寸检验目前采用千分尺进行，有时为便于操作也使用尺规卡量来判断成品尺寸是否超差。对螺纹钢成品尺寸检验，也有采用重量法的，其方法是将轧材取单位长度，比如30cm，称出其重量求轧件断面面积，重量可用下面公式算出：

$$重量=断面积\times长度\times比重$$

采用重量与标准对照不超出范围即为合格。

D 成品缺陷成因及控制

轧制过程中产品缺陷大致分为两种，一种是成品尺寸超差，另一种是成品外观缺陷。

a 成品尺寸超差

成品尺寸超差具体又可分为直径或重量超差和椭圆度超差。

造成直径或重量超差的原因有：

（1）成品机架辊缝不符合要求。

（2）成品前来料大或过小。

（3）精轧前几架或中轧钢料或辊缝使用不合理。

（4）连轧速度或张力控制不良造成堆钢、拉钢。

造成成品椭圆度超差的原因有：

（1）成品机架轧辊不正。

（2）成品机架轧辊不均匀磨损。

（3）成品机架进口导卫位置不正或导轮导板夹持不好。

（4）成品前机架钢料不好。

对出现成品尺寸超差问题，操作工要综合分析判断，力争准确找出原因并及时调整。

b 成品外观缺陷

成品外观缺陷种类很多，主要有轧辊缺陷、折叠、表面粗糙、鳞皮疤、划伤、耳子等。

（1）轧辊缺陷。轧辊缺陷发生于轧辊孔型之中，由孔型缺陷或裂纹引起，这种缺陷的特点是在产品表面上周期性地出现凸状或凹状的缺陷，造成这种缺陷的原因有运输中受硬物碰撞，轧制低温钢造成缺陷，辊子材质不好掉块。

（2）耳子。耳子是钢材沿轧制方向的凸起，其形状有双耳和单侧耳子。

其产生的原因主要有：

1）轧机调整不当或成品前孔磨损严重造成成品孔过充满。

2）变形量太大使得成品天地尺寸偏小。

3）成品孔入口导板（导辊）偏斜，使轧件进孔不正。

4）轧辊两边辊缝值偏差太大。

5）孔型不合理造成倒钢。

(3) 折叠。在轧出的成品表面形成各种角度的折线，这种缺陷往往很长，构成同样形状的一长串。表面粗糙，成品表面粗糙的成因往往是由于轧槽轧制量过多或冷却不好造成热疲劳裂纹等。

产生折叠的原因有：

1）过充满或导卫不正，造成钢料出耳子，在后几架轧制后形成折叠。

2）成品前轧件严重擦伤或孔型严重磨损产生凸块，再轧制后形成折叠。

(4) 划痕（刮伤）。在成品表面上呈直线或弧线形的沟痕，其深度不等，通常可见到沟底。长度自几毫米到几米。连续或断续分布于钢材的局部或全长，多为单条，也有多条的。

其产生的原因有：

1）导卫板安装不正或磨损严重或粘有钢渣，再与轧件表面接触时造成划伤。

2）输送辊道不光滑。

3）轧机间的导槽或活套辊等不光滑。

(5) 结疤（包括翘皮）。一般呈“舌头形”分布于钢材表面，外形轮廓极不规则，有闭合与不闭合的，有生根与不生根的，有翘起与不翘起的。

其产生的原因有：

1）孔型掉肉或有砂眼，轧件通过后产生凸块，再轧后呈现周期性生根结疤。

2）轧件在孔型内打滑，造成金属堆积在变形区表面，再轧时产生结疤。

3）轧件被刮伤掉肉，再轧后形成结疤。

(6) 麻点。钢材表面呈凹凸不平的粗糙面，有局部的，也有连续和周期性分布的。

其产生的原因有：

1）轧辊冷却不良，孔型严重磨损。

2）除鳞机未开，氧化铁皮压入表面后脱落。

3）成品导辊粘钢或磨损，成品上存在长线压痕或周期性凹坑、麻点。

(7) 凹坑。周期性或无规律的分布于钢材表面的凹陷。

其产生的原因有：

1）成品孔型有凸起或附有氧化铁皮等物，轧制后呈周期性凹坑。

2）成品前孔有凸起或异物，轧件产生凹坑，恰好在成品辊缝处，得不到加工遗留在成品表面形成凹坑。

3）某道次粘有异物，轧成成品后脱落形成凹坑。

(8) 扭转。钢材绕其纵轴扭成螺旋状。

其产生的原因有：

1）孔型中心线不在同一垂直平面内和轧辊中心线不平行。

2）轴向窜动。

3）导卫板安装不正或磨损严重。

4）成品前来料尺寸不符合要求。

(9)“S”弯。钢材向左右弯曲，形同“S”，间隔性出现在同一根钢材上。

其产生的原因有：

1）导卫板安装不良造成钢材轧制时左右晃动。

2）机架没有对准轧制线。

3）成品辊偏心或两辊径偏差大。

4）钢温不均。

(10) 镰刀弯。扁钢轴线向同一方向弧形弯曲，形状如镰刀。

其产生的原因有：

1）成品孔辊缝左右大小不相等。

2）钢坯断面左右温差大。

3）来料尺寸左右存在厚差。

以上几种外观缺陷是在轧钢过程中常见的，要注意正确判断缺陷的种类和产生原因并作出及时处理。

对轧件和成品定期取样，检查形状尺寸及其表面质量，轧槽导卫的磨损情况以及轧机附属设备的运转情况也可以使缺陷在早期被发现或从根本上防止缺陷的产生。

8.2.3.4 常见事故分析与处理

轧制中由于设备因素和操作失误等原因会造成各种各样的事故，一般来说自动化程度高，操作人员技术熟练，会相对减少事故的发生，处理事故所需的时间也会缩短。如何预防事故，并尽快地处理事故和恢复生产是轧机操作的重要内容。

设备造成的事故可分为机械原因造成的事故和电气原因造成的事故，如轧辊材质不好引起断辊而堆钢，导卫内部的轧件通道因加工或装配不好造成刮钢或使轧件头部弯曲，引起堆钢可归属为机械的原因。由于自动控制的监控元件失灵引起设备误动作造成的堆钢则属电气的原因。

因操作失误造成事故停车，在现场时有发生，如换辊或换槽后遗忘工具等造成轧线堆钢。

由于经验不足而未能察觉事故隐患，则应算操作技能不高造成的事故。

预防事故一般从事故原因分析入手，而事故的处理则只能从对多种形式的事故处理中锻炼培养。

生产过程中经常会遇到一些堆钢事故。调整工应经常不断地定时地对轧件尺寸、堆拉关系、轧件表面、扭转角度、导卫的使用情况、冷却水等进行检查。堆钢可分为头部堆钢、中间堆钢和尾部堆钢。所有的堆钢从现象上看是一样，但产生原因却各有不同。

头部堆钢往往占大多数，其原因有以下几点：

(1) 由于上道次轧件不符合要求，引起轧件在入口处受阻，对此类事故要对轧件头部进行测量。观察头部受阻情况，对前一道或前几道的辊缝作调整。

另外，由于轧槽磨损而引起尺寸变化，应相对地缩小各架的辊缝，一般来说，椭圆孔的磨损较快，方孔、圆孔的磨损较慢。所谓“两次椭圆一次方”（或圆），实践告诉我们，缩小椭孔的辊缝见效快，缩小圆孔辊缝轧机稳定时间长，应根据现场情况而定。

(2) 由于钢坯头部在大压下量轧制时的不均匀变形，头部低温或冶炼废品等都可能形成劈头，这样如果剪切不净时会引起堆钢。

(3) 上道次钢料不正在进口导卫受阻引起堆钢，这时要检查入口导卫尺寸。

（4）由各种原因造成的弯钢也十分容易造成堆钢。

（5）由于张力不当，转速设定不当造成拉断，起大套，打结等引起堆钢，这时应与主控台协调处理。

除堆钢外，现场还可能遇到烧轴承断辊，以及一些设备失灵等事故。操作工要根据具体情况综合分析，积累这方面的经验，以减少事故，提高操作水平。

8.2.3.5 轧制过程中的检查与调整注意问题

轧制过程中的检查与调整是通过检查轧件的运行、尺寸情况来判断导卫、轧槽的使用情况及轧制速度是否合理，并作出相应地调整，从而保证不产生堆钢事故，同时轧出合格产品，调整依据是通过“观察”、“取样”、“木印”和“打击”等方法获得的。

A 调整注意问题

调整注意的问题包括：

（1）密切注意坯料的出炉温度、料形以及轧件咬入状况。

（2）轧制过程中，要勤于检查各机架料型。粗轧一次调整量小于5mm。粗轧调整量在0.3mm以下、中轧在0.1mm以下，调整工可以不通知CP1，超过此范围一定要通知CP1操作工。精轧调整必须通知CP1操作工。

（3）在调整轧件尺寸时，应尽可能做到各道次的变形均匀分配，不能存在有的道次变形量大，有的道次变形量小的现象。

（4）不得带钢压下。

（5）通过烧木印检查轧件的断面、表面质量等。从中轧机组开始，开轧第一根钢必须逐架烧木印检查变化情况。

（6）在两线或三线切分时，检查钢料是否切分均匀。每40分钟内停车检查一次切分导卫情况。

（7）观察活套的起套、落套情况并将信息反馈至CP1操作台。

（8）观察轧件的咬入、导出和导卫装置工作情况，发现异常时要及时处理。

（9）轧件导出时若有“抬头”、“扎头”现象，则说明进出口导卫安装过低或过高，要及时调整。

（10）轧件高度尺寸合适，宽度尺寸较小，说明来料尺寸过小或张力过大。

（11）折叠，说明前边机架料过充满，应检查前边机架来料是否过小、过大或轴错，并做出相应调整。

（12）成品钢材的椭圆度超差，说明成品孔存在轴错或进口导卫间隙过大或来料尺寸过小，视情况做出相应调整。

（13）钢材表面有周期性麻面、凸块等缺陷。说明轧槽掉肉、裂纹，必须换槽并检查冷却水管是否浇到位。

（14）在整条钢材上头、中、尾尺寸变化大时，则说明机架间存在较大的拉钢现象，应减少轧制张力。

（15）通条轧件高度尺寸合适，宽度尺寸超差时应调整成品前孔（K2）孔或成品前前孔（K3孔）钢料，在宽度尺寸超差量大而调整K2，K3孔无效时，应调整整个机组的轧件尺寸，直至检查前一机组的轧件尺寸是否合适，有必要时进行调整。

B 成品尺寸检查要求

成品尺寸检查要求包括：

（1）带肋钢筋尺寸检查要求（见“产品标准”）。

（2）带肋钢筋负偏差轧制要求（见“标准每米单重表”）。

（3）圆钢尺寸检查要求（见“产品标准”）。

（4）扁钢尺寸检查要求（见“产品标准”）。

C 要求

工作要求有：

（1）轧机调整工必须熟记各机架的辊缝值与孔型尺寸。

（2）接班前了解各机架的孔型轧制吨位情况。

（3）各作业工具必须摆放整齐有序。

（4）换导卫时，要求机前与机后密切配合。

（5）对于带有严重缺陷的坯料，应及时通知 CP1 操作飞剪将其切尽，防止其进入下游机组造成不必要的事故或废品。

D 信息

需要了解的信息包括：

（1）接班后应了解本班作业的产品规格和作业量。

（2）对特殊品种，如新产品、新规格、新钢种，要预先做好准备和措施。

（3）保持与加热炉的联络畅通，如遇钢温问题及时通知加热炉。

（4）保持并加强与 CP1 联络畅通。

E 异常处理

所有的堆钢事故，首先要分析堆钢原因，并采取措施予以消除，避免发生重复性堆钢事故。事故发生时，启动相应飞剪，让坯料全部轧出（此情况是在对人身安全不影响的前提下，否则应按“E—STOP”）。粗轧机组之间堆钢时，应立即按“QUICK—STOP”，同时打开辊缝。

a 活套器堆钢

活套器堆钢时的处理方式：

（1）CP1 停车，选到现场位，现场操作人员选择现场操作台为“LOCAL”位，将操作场所选至机侧。

（2）先割开起套辊处的轧件，将中间堆钢吊走。

（3）清理掉在进口和出口处的废料。

（4）检查确认活套器内废料全部清除。

（5）选择“REMOTE”位，将操作场所选至 CP1。

（6）开轧前确认卡断剪已打开。

（7）分析堆钢原因。

（8）重新确认并通知 CP1，准备开轧。

b 机组内堆钢，轧辊末卡钢

机组内堆钢，轧辊末卡钢时的作业：

（1）CP1 停车，选到现场位，现场操作人员选择现场操作台为“LOCAL”位，将操作场所选至机侧。

(2) 专人指挥天车将废料吊走并配以割炬作业。

(3) 检查、确认轧槽、导卫、导辊、起套辊无异常。

(4) 检查、确认油/气、水管等正常。

(5) 检查确认轧槽、导卫对中良好。

(6) 分析堆钢原因。

(7) 重新确认准备开轧并通知 CP1。

c 机组内堆钢，轧辊卡钢

机组内堆钢，轧辊卡钢时作业：

(1) CP1 停车，选到现场位，现场操作人员选择现场操作台为“LOCAL”位，将操作场所选至机侧。

(2) 用割炬割断进口导卫处的废钢。

(3) 增大辊缝。

(4) 用割炬在导卫前面把钢割断，剔出卡钢。

(5) 恢复辊缝原值。

(6) 分析堆钢原因。

(7) 重新确认并通知 CP1，准备开轧。

d 断辊后

断辊后处理方式：

(1) 判断断辊后，应立即按相应区域的“QUICK—STOP”按钮或“E—STOP”。

(2) 处理机架内废料。

(3) 断辊机架拉出，确认是否有其他设备损坏。

(4) 分析断辊原因。

(5) 新机架装入。

(6) 调整轧机至待轧状态。

(7) 通知 CP1 可重新开车。

8.2.3.6 中、精轧机区域设备的在线维护

操作人员对区域设备的操作特性有较细了解，按要求对所负责的设备逐项进行检验，包括机列、剪、活套、辊道等，开车前要安装好所有的设备防护栏杆、罩子等。

处理事故时，尤其是缠辊、堆钢等事故的处理时，使用的火焰切割等工具应尽量避免造成对辊面以及导卫等设备的损害，现场吊放搬运操作亦应避开主轧线、地面站和各种管线。

更换机架时要彻底清理底盘轨面，涂润滑脂加以保护。

思 考 题

8-1 熟悉粗轧机组的设备情况和生产操作。

8-2 熟悉中轧机组的设备情况和生产操作。

8-3 熟悉精轧机组的设备情况和生产操作。

9 轧辊与导卫的使用与维护

9.1 轧辊基本知识

9.1.1 轧辊结构

轧辊的基本结构分为三个部分：辊身，辊颈和辊头，如图 9－1 所示。

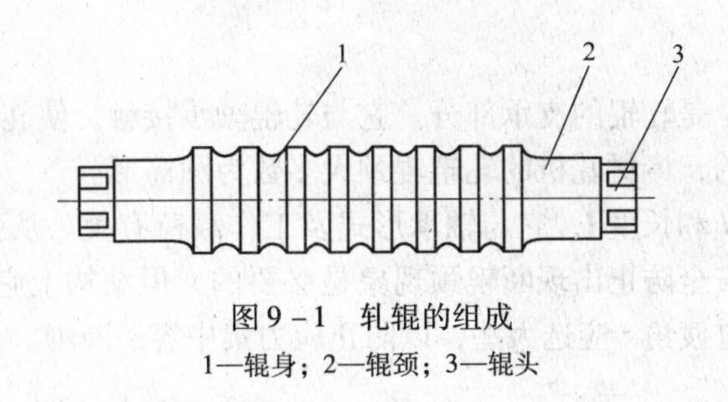

图 9－1 轧辊的组成
1—辊身；2—辊颈；3—辊头

9.1.1.1 辊身尺寸及轧辊的车削

辊身是轧辊与轧件接触并使轧件产生塑性变形的部分。棒材轧机的轧辊辊身是圆柱体，通过车、磨等加工手段在其上配置孔型。采用无孔型轧制时，其辊身部分不开轧槽，仍为标准的圆柱体。

A 轧辊尺寸

辊身直径与辊身长度是标志轧辊尺寸的基本参数，也是标志轧机的重要特性参数。

a 轧辊的辊身直径

轧辊的辊身直径包括最大直径、最小直径、公称直径、工作直径四种。

（1）公称直径。也称名义直径，通常是指轧机人字齿轮中心矩。在我国，前苏联及美国通常用名义直径表示轧机大小。但有的国家也以最大辊径来定义轧机大小。

（2）工作辊径。工作辊径是指与轧件实际出口速度相对应的轧槽某一点的轧辊直径，亦称轧制直径。

（3）最大直径。新辊时的工作直径。

（4）最小直径。最后一次车削后的轧辊工作直径。

b 辊身长度

轧辊辊身长度 L 与轧辊名义直径 D 之比，对于不同轧机都有一定的要求。对于型钢轧机通常为 1.5～2.5，精轧机则为 1.5～2.0。L/D 标志着轧辊抗弯刚度，比值越小，轧辊刚度越高，随之弯矩越小。

B 轧辊的再车削

在轧制过程中，轧辊表面不断被磨损。经过一段时间后，辊面磨损较严重将影响产品尺寸精度和表面质量，此时则需重车。轧辊总的允许重车量根据轧槽型式、孔型设计和轧辊材质等不同而不同。因为轧辊的重车量愈大，轧辊的使用寿命则愈长，所以总是希望重车量大些。但是由于接触倾角、轧辊表面状态（特别是表面裂纹）与表面冷硬层的限制，以及咬入条件，弯曲强度与弯曲挠度等因素的影响，使其重车量受到一定限制。

轧辊的车削系数可用下式表示：

$$K = (D_{max} - D_{min}) / D_o$$

式中　K——车削系数；

D_{max}——最大辊径；

D_{min}——最小辊径；

D_o——名义辊径。

9.1.1.2　辊颈

辊颈亦称辊脖子，是轧辊的支承部分。它与轧辊轴承接触，使轧辊支撑在轴承上。辊颈有圆筒形和带锥形的，棒材轧机的轧辊辊颈大多数为圆筒形。

辊颈尺寸为直径 d 和长度 l，它与轴承形式及工作载荷有关。从强度考虑，将辊颈取较大值，对加强轧辊安全防止出现断辊颈现象是必要的。但结构上它受到轴承尺寸限制。另外，辊颈与辊身的过渡角 r 应选大些，以防止应力集中容易断辊。

9.1.1.3　辊头

辊头是轧辊与驱动装置的连接部分，用来传递扭矩，带动轧辊转动。其形状通常有扁头和梅花头两种。

梅花头结构简单，加工精度要求不高。一般用在速度不高，轧辊间距较小的轧机处。先进的连续棒材轧机的辊头一般都采用扁头，主要是考虑机加工方便及机架进出口比较容易。

9.1.2　轧辊的工作条件及特点

9.1.2.1　轧辊的工作条件

轧辊辊身经常在高温、高压、受冲击等最繁重的负荷条件下工作。如：

（1）型钢轧机的轧辊要承受很大的轧制压力，高达几百吨乃至上千吨。

（2）经常承受着冲击负荷与交变的疲劳负荷。

（3）在高温状态下由于喷水冷却而产生内应力等。

因此，轧辊的工作环境相当恶劣。

9.1.2.2　轧辊的工作特点

选择轧辊时要具有以下特点：

（1）有很高的强度，以承受强大的弯矩和扭矩。

（2）有足够的刚度，以减少轧辊的弹性变形来保证轧件尺寸的高精度。

（3）有较高的表面硬度和耐磨性，以保证轧件的高质量并提高单槽寿命。对于成品道次轧辊尤其如此。

（4）有良好的组织稳定性，以抵抗轧件的高温影响。

9.1.3 轧辊的主要性能指标

随着复合轧辊技术的发展，什么是轧辊的主要技术指标，其观念也在变化。传统的两大技术指标是耐磨性和强度，即追求磨损少而不易折断的轧辊。轧辊的整体强度主要取决于芯部，要保障轧辊的芯部强度，目前在技术上已不存在障碍，因此侧重点逐渐移向工作层。轧辊工作层的消耗有两种现象，一是辊面的逐渐磨损，一是因各种开裂现象引起的消耗（包括热裂、剥落等）。针对这两种消耗现象，对轧辊的工作层就产生了两方面的要求，即耐磨性和抗事故性。抗事故性的高低主要取决于材料的韧性指标。因此，轧辊的主要性能指标应该是芯部强度和工作层的韧性及耐磨性。

9.1.3.1 耐磨性

磨损是轧辊最常见的损伤形式，它会危及轧件的表面精度和尺寸精度。

磨损起源于摩擦力的作用，摩擦体的作用，以及温度和介质的作用。轧件和轧辊在轧制载荷下做相对运动构成摩擦体系。轧件的氧化铁皮或磨屑本身将构成辊缝间的磨粒。除磨粒磨损外，热轧条件下辊面还承受周期性的冷热疲劳，助长了辊面的疲劳磨损。此外，辊面上还可能因介质的作用而发生腐蚀磨损，如氧化磨损。

正是因为辊缝间的复杂磨损机制，至今还没有任何一种耐磨性指标能适合于表征轧辊的磨损抗力。因此，轧辊的耐磨性只能间接地根据成分和硬度来判断。

选择轧辊硬度的依据是轧件、轧机和轧制条件，有时更重要的是操作习惯和用辊经验，也包括对成本的考虑。如果一味追求高硬度，不仅要增加购置成本，而且还要受抗事故性的制约。越硬的轧辊往往韧性越差，越容易发生各式各样的断裂损伤，包括热裂在内。这是因为材料的耐磨性和韧性经常是相互抵触的，所以，不能简单地追求单项高硬度。

轧辊的硬度一般用肖氏硬度来度量，因为肖氏硬度计可做成便携式的，可放在轧辊上使用，而且只在辊面上留下很小的压痕。肖氏硬度计有若干类型，我国一般采用 D 型。近来里氏硬度计已受到轧辊行业的重视。肖氏硬度计根据锤头弹跳高度来标示硬度，而里氏硬度计则根据回弹速度来标示硬度。当然也不排除维氏、洛氏或其他硬度，只要使用方便，并与肖氏硬度有法定对照表即可。

9.1.3.2 韧性

韧性指标将根据辊面的主要损伤机制来选择，可以选择的韧性指标有屈服强度、冲击韧性、冷热疲劳、断裂韧性、接触疲劳强度等。根据轧辊的具体服役条件和主要损伤机制，一般只需选择其中一项作为轧辊韧性的指标。

轧辊在铸造、热处理、堆焊以至切削过程中都有可能因变形不协调而留下残余应力。使用时残余应力将与工作应力叠加，共同引发不同的损伤现象。因此，分析轧辊的抗事故性能时，要同时顾及其残余应力，尤其是工作层内的残余应力的影响。

9.1.3.3　芯部强度

轧辊的工作层和芯部（包括辊颈和传动部分）对强度的要求是不同的。泛指的轧辊强度一般应为芯部强度，用以抵抗弯扭应力，避免断辊。由于粗轧机座所产生的机械应力大于精轧机座所产生的机械应力，因此越靠前的架次对轧辊强度的要求越高。

轧辊工作层有时也直接要求强度，如抗压强度可代表辊面的抗压裂的能力。此外，有些韧性指标的测试费用很高，故有时也会粗略地用强度来表示辊面抗各种裂纹的能力。

9.1.4　轧辊的材料

9.1.4.1　铸铁轧辊

在我国的现行标准中，铸铁轧辊又分为冷硬铸铁轧辊、无限冷硬铸铁轧辊、球墨铸铁轧辊和高铬铸铁轧辊四大类。由于成分、孕育、冷速、热处理等方面的细致差异，铸铁轧辊已形成了一个庞大的体系，彼此间组织结构和性能的差异，使之可服役于不同的轧机和轧制条件。各种铸铁轧辊的成分和性能，都可以在国家标准 GB/T 1504—91 中查到。

A　冷硬铸铁轧辊

工作层组织为基体加碳化物，芯部为灰口铁组织。其间的过渡位置（即过渡层）在断口上明确可辨。冷硬铸铁轧辊以耐磨著称。根据牌号的不同，冷硬铸铁轧辊的硬度可达 55 ~ 85HSD（D 型肖氏硬度值），在小型和线棒材轧机上被广泛用作中轧和精轧辊。

B　无限冷硬铸铁轧辊

工作层组织为基体加碳化物和细片状石墨，芯部为灰口铁组织。其间为逐渐过渡（或过渡层很宽），断口上无明确可辨的过渡位置。由于石墨的出现，硬度下限可低于冷硬铸铁，加入合金后也能获得很高的硬度，故硬度范围达 50 ~ 85HSD。无限冷硬铸铁轧辊硬度过渡平缓，抗热裂，同样被广泛用于小型和线棒材的中轧机和精轧机上。

C　球墨铸铁轧辊

由于镁或稀土元素对石墨的球化作用，球墨铸铁轧辊的组织为基体加球状石墨，工作层内可有数量不等的碳化物。球墨铸铁轧辊的硬度范围很宽，达 42 ~ 80HSD。依靠合金元素和热处理的作用，可获得基体为针状组织的球墨铸铁轧辊，因此，有时可在较少碳化物的条件下获得较高的硬度。具有针状组织的球墨铸铁轧辊，硬度可达 55 ~ 80HSD。此外，还可以采用金属型衬砂的方法制成半冷硬球墨铸铁轧辊，使硬度降至 35 ~ 55HSD，到芯部无明显落差，以适应某些深孔型轧辊的需要。球墨铸铁轧辊是应用量最多的轧辊，从小型和线棒材的粗轧、中轧到精轧均被大量采用。

D　高铬铸铁轧辊

一般铸铁轧辊组织中的 M_3C 型碳化物在共晶时形成连续相，因此较脆。高铬铸铁中的共晶碳化物是 M_7C_3 型的，构成断续相，减小了脆性，因此很受轧辊行业的重视。随着铬含量和热处理工艺的不同，高铬铸铁轧辊的硬度范围也很宽，为 55 ~ 95HSD。在小型和线棒材轧机上一般只有精轧机采用高铬铸铁轧辊。

9.1.4.2　铸钢轧辊

在我国的现行标准中，铸钢轧辊又分为普通铸钢轧辊、合金铸钢轧辊、半钢轧辊和石墨钢轧辊四大类：

（1）普通铸钢轧辊。普通铸钢轧辊是由优质碳素钢铸成，含碳（质量分数）0.6%～0.8%，有时含1%的锰。

（2）合金铸钢轧辊。合金铸钢轧辊可含1.8%以下的锰，1.2%以下的铬，0.5%以下的镍，0.45%以下的钼。

（3）半钢轧辊。半钢轧辊含1.3%～1.7%的碳，以提高硬度，改善耐磨性。

（4）石墨钢轧辊。石墨钢轧辊因经过硅钙和硅铁等的孕育作用，组织中有游离石墨生成，从而改善了轧辊的抗热裂性。

铸钢轧辊的硬度上限只能达到铸铁轧辊的硬度下限，但是强度高，可开深孔型。部分小型轧机的粗轧机采用铸钢轧辊。各种铸钢轧辊的成分和硬度，都可以在我国国家标准GB 1503—89中查到。

9.1.4.3 锻钢轧辊

锻钢轧辊主要用于支承辊和冷轧带钢的工作辊。在热轧领域，主要是有色金属业采用锻钢热轧辊。在小型轧机的粗轧机上偶尔也采用锻钢轧辊。

9.1.4.4 特种轧辊

有一些轧辊品种，大部分是近年来开发的新工艺和新材质轧辊，尚未纳入国家标准的一律归入特种轧辊。

A 硬质合金轧辊

硬质合金轧辊是用碳化钨粉和钴粉压制和烧结而成，碳化钨硬质合金具有良好的热传导性能，在高温下硬度高且下降小，耐磨性好，耐热疲劳性能好，强度高，适合于高速轧制，因此高速线材精轧机组已普遍采用硬质合金辊环。尽管硬质合金轧辊的价格昂贵，但因其优异的耐磨性，部分棒材轧机也已经在精轧机组，尤其是成品架次，采用了硬质合金轧辊。高线辊环都是由整体硬质合金制造。但小型和棒材轧机采用整体硬质合金轧辊是不现实的。为减少硬质合金的消耗，一般制成复合（铸入法复合硬质合金）辊环，然后用机械组合的方法制造成组合式小型轧机精轧辊。

复合辊环一般用镶铸方法制成，其孔型部分为硬质合金，内层为韧性金属，如球墨铸铁。硬质合金与球墨铸铁之间为冶金结合。球墨铸铁与芯轴之间则靠键连接。

B 高速钢轧辊

高速钢轧辊在热带钢轧机上的应用已经获得了引人注目的效果，现在，也已经在小型和线棒材轧机上开始被采用。

高速钢轧辊的合金含量（质量分数）已超过15%，其成分范围为：w(C)1%～2%，w(Cr)3%～10%，w(Mo)2%～7%，w(V)2%～7%，w(W)1%～5%，w(Nb)0%～5%，w(Co)0%～5%，热处理后的硬度为75～85HSD。

高速钢轧辊的制造方法有如下几种：

（1）离心铸造法。离心铸造是生产复合轧辊的有力手段，只需要在工作层部位采用高速钢，芯部和辊颈部均采用韧性较好的材料，一般是球墨铸铁。

（2）连续铸造复合法（CPC方法）。在钢制芯轴和环形结晶器件形成的缝隙间铸入高速钢，同时以拉锭方式逐渐完成涂敷过程。

（3）电渣铸造法。电渣铸造法是乌克兰巴顿电焊研究院的一项技术，基于电渣冶金的直接电渣熔铸原理或转铸原理的工艺方法，用于生产铸造轧辊，铸模形式类似 CPC 方法。

（4）整体高速钢轧辊（粉末高速钢热等静压成形法）。整锻高速钢轧辊已进步到粉末热等静压（HIP）成型，用在小得多辊冷轧机上，如森吉米尔轧机工作辊。但并不排除用此法生产复合的线棒材轧机用的高速钢辊环。

9.1.5　轧辊的选择

总的说来，从粗轧第一机架到精轧的成品机架，压下量从大到小，但轧制速度越来越高。因此，一般的选辊原则是：在粗轧机组，轧辊受冲击载荷大，轧制力也较大，而且受高温和交变热应力作用，所以，粗轧辊以强度和抗热裂性为主，兼顾耐磨性，在精轧机组，轧件的断面已变得很小，道次变形量也较小。所以对轧辊强度要求不再是主要条件，重点要放在保证产品尺寸精度和表面质量上，所以，精轧辊以耐磨为主，兼顾抗热裂性和强度，在中轧机组，轧辊的工作环境介于粗、精轧机的轧辊之间。因此，对所用轧辊的要求也介于二者之间。

9.1.5.1　粗轧机组轧辊的选择

大负荷粗轧机架，如连铸方坯尺寸大，孔型太深，槽根应力高度集中，致使轧辊弯扭应力过大，铸钢轧辊也有断辊现象时，只好采用锻钢轧辊，如碳含量（质量分数）为 0.5% ~0.6% 的 Cr—Mn—Mo 或 Cr—Ni—Mo 系列锻钢轧辊。这种轧辊同时具有较强的咬钢能力。

热负荷大的粗轧机架，如热裂纹的产生和扩展过快，致使热裂现象过于严重时，采用石墨钢轧辊即可得到改善。

在热负荷较小的粗轧机架上，半钢轧辊的轧钢量较高。半钢轧辊热裂严重时，可改用含碳 0.7% 左右的合金铸钢轧辊。

另外，粗轧机架的轧制速度相对较低，有时低于 0.2m/s，使用普通铸钢轧辊时容易发生严重热裂。因此，只要强度允许，采用球墨铸铁轧辊的场合更多，如肖氏硬度 45 左右的珠光体（有时还含铁素体）球墨铸铁轧辊。有的轧机粗轧机组的架次较多，也可在后面几架采用较高硬度（肖氏硬度 55 左右）的珠光体球墨铸铁轧辊。

9.1.5.2　中轧机组轧辊的选择

中轧机组几乎无例外地采用肖氏硬度 55 ~65 左右的珠光体球墨铸铁轧辊。在架次较多的中轧机组中须分段选用，如前几架的肖氏硬度选在 55 左右，而后几架选在肖氏硬度 65 左右。

9.1.5.3　精轧机组轧辊的选择

精轧机架对耐磨性的要求较高，因此，有许多耐磨品种可供选择。大多数小型轧机的精轧机组至今仍首选球墨铸铁轧辊，当然是选用其中硬度较高的珠光体球墨铸铁轧辊，

60～70HSD，或硬度更高的针状组织（贝氏体＋马氏体）球墨铸铁轧辊（70～75HSD）和合金含量较高的无限冷硬铸铁轧辊（70～80HSD）。高硬度铸铁轧辊一般需制成复合轧辊，并采用离心铸造工艺。如果想进一步提高精轧辊的耐磨性，可以选择特种轧辊。其中，高速钢轧辊和硬质合金轧辊已经取得了优异的轧制效果。小型精轧用的高速钢轧辊一般也用离心铸造方法制成，高速钢的工作层硬度做到75～80HSD即可，芯部仍可用球墨铸铁。借鉴高速线材精轧机采用硬质合金辊环的经验，硬质合金轧辊也应运而生，并用到了棒材轧机的精轧机架上，尤其是其成品机架。这种硬质合金轧辊由硬质合金辊环和钢制芯轴机械组合而成，硬质合金辊环部分一般是内层铸有球墨铸铁的镶铸式复合硬质合金辊环。

9.1.5.4 切分孔型轧辊的选择

许多连续棒材轧机在其精轧机组中包含切分轧制，切分轧辊是连续棒材轧机中最难选择的轧辊。切分轧辊有两种孔型，一是狗骨孔型，一是切分孔型。

狗骨孔型的主要问题是楔分环部的磨损和热裂。目前大多采用针状组织球墨铸铁轧辊，尤以正火态的为佳。硬度选在70HSD左右，热裂较严重时可把硬度降低一些，甚至采用珠光体球墨铸铁，磨损较严重时可把硬度提高一些。

切分孔型的主要问题是楔分环部因热裂纹连缀而引起的屑状剥落。相对而言，仍是经正火的硬度为70HSD左右针状球墨铸铁轧辊比较受欢迎。

已有许多特殊材质的切分轧辊正在试用中，并已肯定有较高的服役寿命。

9.1.6 轧辊使用情况

依据上述轧辊的选用原则和各类轧辊的特点，确定使用的轧辊为球墨铸铁轧辊。因为内部组织和制造方法的不同及加入合金元素的不等使各机组轧辊的硬度不同。

（1）6架粗轧机组。轧机为Cartridge，辊环材质为球墨铸铁。硬度为肖氏50～55。

（2）6架中轧机组。轧机形式为Cartridge，所用轧辊材质为球墨铸铁。硬度为肖氏60～65。

（3）6架精轧机组。轧机形式为Cartridge，所用轧辊材质为球墨铸铁。硬度为肖氏65～70。对于成品轧辊硬度则更高些。

9.1.7 轧辊的使用与维护

轧辊是棒材生产中最重要的生产工具，因此，正确使用轧辊并进行精心维护直接关系到产品质量的改善和轧机生产能力的提高。目前，正常生产的车间有效作业率一般都低于80%，而相当一部分的停车时间是用来换辊和换槽，所以任何一项使轧槽寿命得以延长的措施都会产生明显的经济效益。在轧机形式、轧辊材质已经确定的前提下，如何正确进行轧辊的使用与维护，以促进轧钢生产中的高产、优质、低消耗就显得尤为重要。

9.1.7.1 轧辊的使用

轧辊的使用过程中，应注意来料检查、轧辊车削、轧辊运输及轧辊拆装等方面问题。

A　来料检查

轧辊从生产厂运到使用厂后，应严格按照图纸的技术要求进行验收，如各处的尺寸精度、轧辊硬度、表面质量等，不合格产品应坚决剔除，以防止给下一步的投入使用留下更多的隐患。

常见的轧辊铸造缺陷有：

(1) 缩孔和疏松。

(2) 补浇引起的不连续性。

(3) 亮带和亮斑。

(4) 收缩受阻引起的热裂。

(5) 复合浇注的轧辊激冷层深度过浅，过厚或不匀。

(6) 复合浇注轧辊外层和芯部结合不良。

(7) 由化学成分和结构引起的轧辊严重磨损或使用性能不良。包括：铸铁辊中碳化物的数量过少，铸铁轧辊中石墨量不足或石墨过多，铸铁轧辊基体中珠光体数量过多等几个因素。

(8) 由气体或脱氧不良或卧式离心铸造时的“下雨”造成的轧辊表面或亚表层针孔。

B　轧辊车削

轧辊孔型车削的正确与棒材生产关系很大，因其直接影响产品尺寸公差。加工粗糙、精度差的轧辊在生产中会给调整工作造成额外困难，产生更多的废品。

轧辊在热轧条件下服役时，辊面上不可避免地会产生稀疏不等的热裂纹，故每次修磨时，不仅要把磨损的孔型修复，还应尽量把热裂纹修尽。残留的裂纹会很快地扩展。

在车削轧辊时一定要严格按技术要求进行。之后要用孔型样板进行认真卡量。由于样板在反复使用中也会产生磨损，长期用来卡量孔型，必然产生误差，所以要经常校验样板。轧辊加工过程中要注意避免加工不良造成的应力集中，如留有车痕。辊身和辊颈处由于有断面变化，所以是应力集中之处，在使用过程中容易断裂。加工过程中应有过渡圆角，且不宜过小。

车完的轧辊经过检查，确认合格后，要在明显位置上标注轧辊代号，并登记卡片，注明日期、辊径值、适用的品种、架次等内容。

C　轧辊运输

轧辊从车好到安装到轧机上或从轧机上拆下运到加工车间及存放等一系列过程中都涉及运输问题。此时，要注意保护轧辊的表面和轧槽。既防止轧辊之间的互相磕碰与撞击，还要防止轧辊与其他物体的撞击。每个过程都要轻起轻放，防止撞坏轧辊或轧槽掉块。运到目的地的轧辊还要认真检查轧辊表面质量，避免出现使用已经损坏的轧辊的现象。

D　轧辊拆装

轧辊在安装前一定要认真核对辊号、测量辊径、检查表面质量和各处加工质量。确保使用合格的轧辊。

要认真清理轧辊表面的油污、脏物。各接触面要保持清洁，安装时要注意接触面的配合情况。如轧辊扁头与接轴处，轧辊辊颈与轴承内圈、动迷宫等处。

拆下来的轧辊要仔细检查磨损情况，放到规定地点，并做好记录，以便经过车削后下次使用。

9.1.7.2 轧辊的维护

在轧钢生产中，正确地维护轧辊可以有效地减少轧辊的磨损，延长轧辊使用寿命，提高轧机作业率，降低生产成本，同时还有利于改善产品表面质量和提高尺寸精度，而且还可以减少事故率，减少操作人员的劳动强度。所以，加强轧辊维护是十分必要的。在生产和使用轧辊的过程中，要注意从以下几个方面加强轧辊的维护。

A 开车前检查

开车前，应对轧辊进行全面检查，防止使用轧槽已经过度磨损或轧辊表面已有局部剥落的轧辊。在轧辊轴线方向上，轧槽应无相对错位，以保证轧件的形状正确和合格的尺寸精度。为防止轧辊相对错动，应使轧辊轴向紧固，使轧辊在受力作用时不改变应有位置，同时检查径向应保证两辊轴线平行，各处辊缝值相同。

B 生产过程中检查

生产中要随时注意观察轧辊使用情况。冷却水是否充足，钢温是否合适。避免钢温过低或轧制黑头钢，防止出现断辊事故。一旦发现问题要及时解决。已到轧制吨位的轧槽，要及时更换。未到额定吨位，但轧槽表面已有裂纹、掉块等缺陷或轧槽已过度磨损，也要及时更换，并如实填写记录，同时要分析原因。处理事故时要防止气割火焰喷射到轧槽表面。

C 防止出现断裂

断辊是生产的大敌，严重影响作业率和提高作业生产成本，所以要力求避免。

断辊原因很多，但大致可分为两类：一类是属于轧辊材质或制造质量，即轧辊内在原因。另一类则是工艺条件和使用情况，即外部原因。

以下是几种常见的断辊形式和可能的原因：

（1）辊身中部折断、断口与轧辊轴向垂直（如图9－2（a）所示）。其原因是轧辊承受的弯曲应力超过轧辊材料的抗拉强度或疲劳极限。导致的因素包括压下量过大、轧制低温钢、新辊使用时受热不当或轧辊有严重热裂。

（2）辊身非中部折断。其可能的原因包括轧辊局部过载或不均匀受载、由辊身温度梯度过大引起的热应力、辊身内部的残余应力、铸造缺陷等。

（3）孔型部位折断（如图9－2（b）所示）。此处轧辊截面最小、承受弯曲应力最

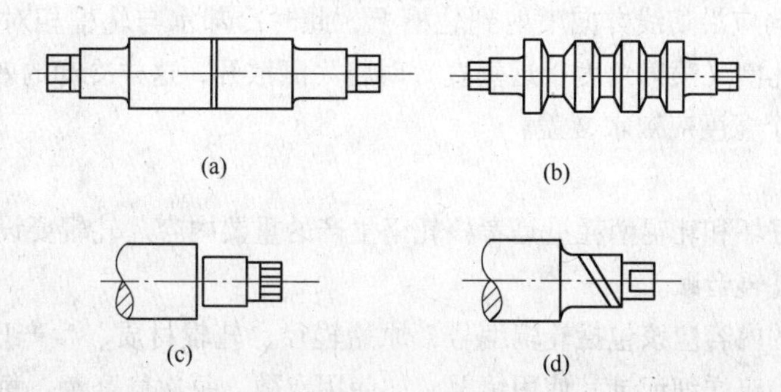

图9－2 断辊的几种形式

（a）辊身中部断；（b）孔型部位断；（c）辊身与辊颈交界处断；（d）辊颈扭断

大。另外，孔型内的严重环裂常常成为其疲劳裂纹源。

(4) 辊身与辊颈交界处折断（如图9-2（c）所示）。一般属于疲劳断裂。辊身与辊颈的交界处是应力集中区域，对裂纹和缺口非常敏感。这种裂纹和缺口包括车痕、铸造和冶金缺陷、小的热裂纹和补焊区。导致此类断辊的起因是由轴承故障引起的热裂，辊身端部的轴向力、缩孔、磨蚀和裂纹，或轧辊承受过大载荷等。轧机的操作不当经常引起此类断辊。

(5) 辊身和辊颈同时断裂。通常是由于严重过载造成。

(6) 辊身碎裂。高硬度轧辊，尤其是经表面淬火处理和含有高的残余内应力的轧辊易发生此类断辊。

(7) 辊颈或辊头扭断（如图9-2（d）所示）。压下量过大，轴承咬死等导致辊头扭矩过大时有可能造成此类断辊。

一般来说，轧制压力的增大，如道次压下量过大，特别是低温钢轧制是断辊的重要原因。有时因冷却不良造成热裂并产生巨大的热应力，使轧辊强度显著减少，也极易造成断辊。

造成断裂的原因有时可从断口处检查出来，如砂眼、夹杂、裂纹等。

一旦出现断辊事故，要如实记载到轧辊记录中，并分析事故原因。

D 注意冷却质量

冷却水对轧辊寿命相当重要。冷却不好或冷却不充分会在轧辊表层内引起巨大的热梯度，导致加速产生轧辊剥落的热应力。此外，相对较高的温度降低了轧辊的强度和耐磨性。因此在生产中要注意：

(1) 坚持定期检查冷却水量、水压和水质。防止水量小、水压低、水质差、水管堵的现象发生。

(2) 开车前先开冷却水，停车后再关冷却水。

(3) 轧制时中断使用冷却水，然后突然给水，是导致断辊事故的因素之一。因此，断水后绝对不允许骤然给水。

(4) 轧辊水冷面应尽可能大些，以提高冷却效率。

(5) 冷却水应尽可能靠近轧件出口侧。

(6) 水的流向应沿切线方向喷射到轧槽上，此时冷却水与轧槽相对速度大，冷却效果好。当水直冲轧槽（喷射角度接近垂直）时将飞溅散开，这样冷却的效果并不好。

(7) 轧槽整个宽度应被水覆盖。

E 轧辊存贮

轧辊管理的好坏和轧辊消耗量是考核轧钢生产的重要内容。轧辊要设专人管理，并建立轧辊管理卡和轧辊台账。

轧辊管理卡的内容应该包括轧辊编号，原始辊径、轧辊材质、生产厂家等原始情况。在轧辊管理卡中，应详细记录其使用情况，如使用次数、每次修磨量、每槽轧制量等，以及轧辊周转过程中的位置以及使用异常情况和断辊情况的分析鉴定。

表9-1是常用的一种记录卡片。

表9-1 轧辊记录卡片

<table>
<tr><td colspan="3">轧机架次</td><td colspan="3"></td><td colspan="3">轧制产品</td><td colspan="3"></td></tr>
<tr><td colspan="3">配置孔型号</td><td colspan="3"></td><td colspan="3">轧辊直径</td><td colspan="3"></td></tr>
<tr><td colspan="3">轧辊材质</td><td colspan="3"></td><td colspan="3">化学成分</td><td colspan="3"></td></tr>
<tr><td colspan="3">轧辊编号</td><td colspan="3"></td><td colspan="3">冷硬层深度</td><td colspan="3"></td></tr>
<tr><td colspan="3">生产厂家</td><td colspan="3"></td><td colspan="3">到货日期</td><td colspan="3"></td></tr>
<tr><td colspan="2">日期</td><td rowspan="2">轧制吨数</td><td rowspan="2">使用轧槽数</td><td rowspan="2">轧制总吨数</td><td rowspan="2">重车后直径/mm</td><td colspan="4">车削时的观察</td><td rowspan="2" colspan="2">备注</td></tr>
<tr><td>入</td><td>出</td><td>硬度</td><td>麻点</td><td>裂纹</td><td>表面</td></tr>
<tr><td></td><td></td><td></td><td></td><td></td><td></td><td></td><td></td><td></td><td></td><td colspan="2"></td></tr>
</table>

轧辊贮存中需要注意的问题有：

(1) 轧辊入库前要按图纸及技术要求严格检查外观质量和尺寸精度。不合格者，要做好原因分析记录，待异议处理，严禁不合格品入库。

(2) 认真填写入库台账和库存分类账。

(3) 将轧辊一根根地分类吊放于轧辊存放架上。不能随意放在潮湿地上。吊运时不得两根以上同时吊运，以防互相碰撞、挤压和摩擦。轧辊应放在专用架子上，以防止成堆堆放挤压变形，在两辊间隔以硬纸板或橡胶。

(4) 轧辊按轧制规格、机架号存放、登记。并与库房货位号对应。

(5) 每月定期核算并报轧辊消耗量，做出经济效益核算。

9.2 导卫的使用与维护

9.2.1 概述

导卫装置在棒材生产中占有相当重要的地位，并且在使用中其工作环境相当恶劣，主要表现为受力不规则、受高温和激冷交变热冲击、在高速下摩擦、润滑条件十分恶劣。据一些厂家生产统计表明，约有50%以上的轧制事故是由导卫装置造成的。在产品质量方面，其成品废品（指几何形状和表面状态不合格）约有60%以上是由导卫装置不及时更换、调整不当或固定松动而造成的。因此，在重视导卫装置设计的同时，在生产中要密切注意导卫装置的使用情况，经常对导卫装置进行维护、调整和更换，最好是通过对不同的品种、规格进行长时期的导卫使用数据的积累，从而在更换轧辊或轧槽时做到有计划地及时更换或检查后及时调整。

9.2.1.1 导卫的概念

导卫是指在型钢生产中，安装在轧辊孔型前后，辅助轧件按所需方向和状态进入、导出轧辊孔型的装置。

9.2.1.2 导卫的作用

为了顺利而安全地进行型钢生产，导卫装置是型钢轧机中必不可少的诱导装置。其作用是使轧件按规定的方向和位置进出孔型，避免轧件缠绕轧辊或偏离轧制线。改善轧辊轧制的工作条件，同时保证人身和设备的安全。

在轧钢生产中，仅有正确的孔型设计，而无正确的导卫装置的设计与安装是不能生产出合格产品的。导卫装置对产品质量有很大影响，有时还可适当弥补孔型的缺陷，故应对导卫给予重视。

9.2.1.3　导卫装置的类型及部件

导卫装置按其用处可分为入口导卫和出口导卫；按其类型可分为滑动导卫和滚动导卫。

构成棒材轧机用导卫装置的主要部件有导板梁、导板、导板盒、导管、导管盒、导辊、滚动导卫板、扭转辊等能使轧件在孔型以外产生变形和扭转的装置。

9.2.1.4　导卫的维护

在使用和维护时应注意以下几个方面：

(1) 确保各部件加工质量。部件高质量的尺寸精度及表面加工质量是其发挥作用的前提保证。

(2) 装配质量与调整质量要确保。导卫的部件质量得到保证后，还要求在装配时要认真仔细，安装到位。螺栓要长度恰当，拧紧到位。垫片厚度要合适。水冷管路，油润滑通道确保畅通，防止堵塞。部件要检查后才使用，确认无损坏，变形。表面油污、铁皮等脏物要清理干净。滚动导卫要确保辊子滚动灵活，辊缝与轧件厚度对应。扭转导卫的扭转角度合适。切分轮间隙大小适中。轧件通路畅通。

(3) 在使用前要检查导卫部件的外观质量、尺寸和标记号是否符合图纸、机架号、孔型代号和轧制规格。

(4) 坚持生产中的勤检查、勤调整。发现问题及时解决，已损坏的导卫或过度磨损的部件要更换新件。

(5) 导卫要与轧制线对中，通过调整横梁或改变垫片厚度来实现。

(6) 换下来的导卫要及时进行全面检查和维护。该换的部件要更换，磨损的部件要再加工，无法修复的应认真执行报废标准。保证下次投入使用的导卫无缺陷、无隐患。

(7) 导卫的吊装。淮钢棒材厂导卫体积比较大，笨重。搬运和安装过程中要使用吊车。在吊运过程中要轻起轻放，防止撞击损坏。

(8) 保证冷却水的质量。冷却水对于导卫正常发挥作用，延长使用寿命，提高轧件质量关系很大，使用前应检查水管线畅通与否，水嘴零件是否完好。在使用中应注意观察有无冷却水，水量大小，保证达到最佳效果。

(9) 润滑主要针对转动部件而言。如果不按时供油或油量不足，将使部件无法转动，导致事故发生。所以使用导卫前要检查油管，使用过程中要注意观察润滑情况，如出现问题，要及时解决。

(10) 导卫的存贮。导卫管理的好坏和导卫消耗量是考核和反映轧钢生产好坏的重要内容。导卫的存贮要设有专人管理，并建立导卫台账和导卫管理卡。导卫管理卡的内容应该包括导卫编号、适用品种、用于哪一架次以及导卫在周转过程中的位置。

导卫的各部件及整体在入库时要认真检查尺寸及加工质量，严格按图纸验收。不合格者，要做好记录，严禁不合格者入库。

组装好的导卫和库存的各部件应分别按照所用规格、品种、机架位置放于专用架子上，不能随意放于地上，以免造成损坏和生锈。

9.2.2　滑动导卫

单纯以滑动摩擦的方式引导轧件进出孔型的导卫装置都可以称之为滑动导卫。滑动导卫结构简单，维护方便，造价低廉，使用中存在磨损快、精度低的缺点。在棒材生产中滑动导卫一般用于引导箱形和圆形等简单断面的轧件。

棒材轧机的滑动导卫按其设计方法的不同可分为粗轧滑动导卫和中、精轧滑动导卫。

9.2.2.1　粗轧滑动导卫的结构

粗轧滑动导卫所引导的轧件断面较大，导卫所承受的侧向力大，导卫的设计采用整体焊接钢板结构，用高强度螺栓固定，如图9－3所示。

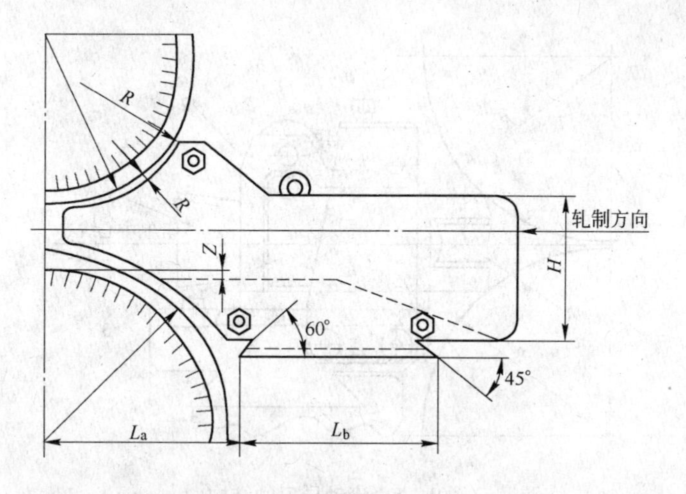

图9－3　粗轧滑动导卫的结构（入口）

底座设计为双燕尾结构，分别为45°和60°，用压铁和两组螺栓固定于导卫梁上，其长度根据导卫梁的形状来确定。

9.2.2.2　中、精轧滑动导卫

棒材厂中、精轧滑动导卫入口主要由导板、导板盒构成，出口由导管、导管盒构成。

导板盒与导管盒是用来固定和调整导板和导管的整体框架，在其两侧和上方采用螺栓锁紧。其结构依靠导板和导管的尺寸来确定。中、精轧滑动导板的结构如图9－4所示。

9.2.3　滚动导卫

为了提高型钢的表面质量和提高轧机作业率，目前世界各国在先进的轧机上都在尽量

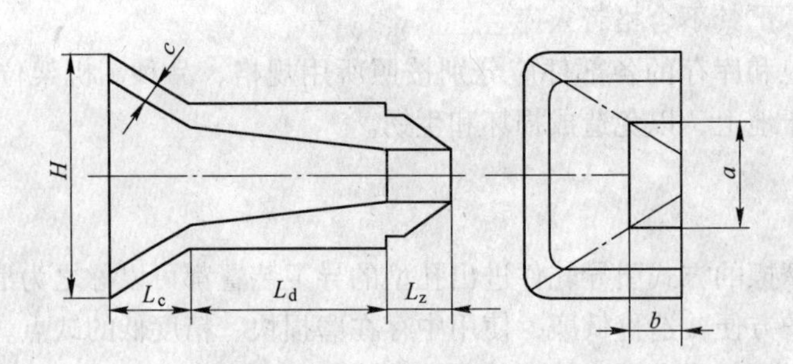

图 9-4　中、精轧滑动导板结构

使用滚动导卫装置以取代各种滑动导卫。并且使用滚动导卫装置对于提高产品质量，减少轧机事故率，提高成材率确实产生了较好效果。

9.2.3.1　滚动导卫的结构

组成滚动导卫的主要部件（如图 9-5 所示）有：

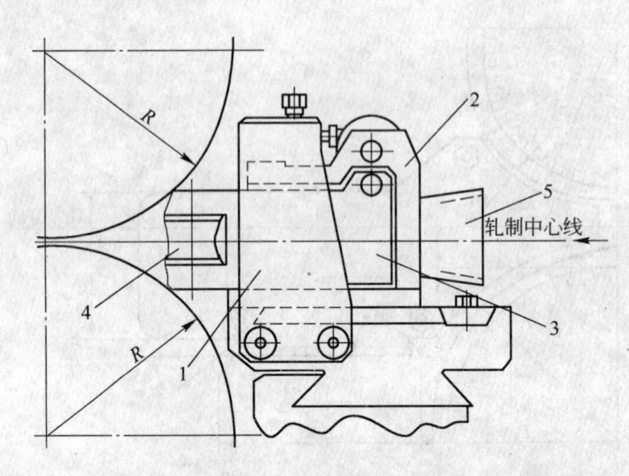

图 9-5　滚动导卫的结构

1—导卫盒；2—箱体；3—支架；4—导辊；5—导板

（1）导卫盒。导卫盒是用于安装滚动导卫的箱体，通过压板固定在导卫梁上。导卫盒上方压块螺栓用来固定导卫。导卫可在盒子中纵向调整，使导卫与轧辊间距合适。

（2）箱体。箱体用来安装导辊支架与导板，自身不与红钢接触，但要承受冲击和震动。箱体材质的选择应充分考虑耐冲击韧性和抗变形能力，以使导板和导辊的调整尺寸保持稳定。在设计中，应保证导辊支架与导板安装牢固，支架有足够的调整范围，并要有良好的水冷和润滑系统。此外还应有导辊调整平衡的装置。箱体为装配结构，尺寸的确定与轧件的大小、轧机的布置形式有关，形式可多种多样，但总的原则和要求是要便于使用和维护。

（3）支架。支架用于安装导辊，在箱体上靠转动轴定位，下方有碟簧平衡装置，可调节导辊的间隙与平衡。支架直接承受弹性变形和轧件厚度变化的冲击，因而在材质选择上有较高的要求，一般支架由弹簧钢锻造而成。

（4）导辊。导辊为滚动导卫的重要部件，与滚动导板配合，能使轧件得到比滑动导卫更好的夹持和导入作用。其常带有椭圆、菱形孔型，与红钢紧密接触，防止其扭转和偏斜，材质要求有高的强度、刚度、硬度、耐磨性和抗激冷激热性能，以及足够的韧性。因此导辊在材质的选择上要非常慎重，否则将难以满足生产的要求。此外，导辊还要有良好的冷却。

（5）导板。滚动导卫用导板由两个半块组成，前面挨着导卫辊，后面引导轧件进入导辊，保护导辊免受严重冲击。导卫箱体底部有挡块，防止导板冲击导辊。

（6）导辊轴承和润滑。粗轧导辊要承受较大的冲击和侧向力，选用单列圆锥滚柱轴承。中轧和部分精轧导卫选用轻型单列圆锥滚柱轴承。精轧成品道次考虑导辊高速转动的需要，可选用极限转速高的单列滚珠轴承。润滑方式通常有干油润滑和油气润滑两种。干油润滑加油量和效果易于控制，且无需增加设备投资，但在使用中存在浪费大，污染环境的缺点。油气润滑方式干净，维护方便，能够冷却轴承，且加油时无需停车。但因其通过管路供油，油气量的有无，生产中不易察觉。一旦断油或油量不足，将直接导致导卫的烧损，且设备需一定量的投资。淮钢选用的润滑方式目前为油－气润滑。

ϕ14mm 圆钢孔型及导卫布置，见表9－2。

表9－2 ϕ14mm 圆钢导卫布置

机架号	孔型形状	导卫形式	
		入口	出口
1H	箱	滑动	滑动
2V	箱	滑动	滑动
3H	椭	滑动	滑动
4V	圆	滚动	滑动
5H	椭	滑动	滑动
6V	圆	滚动	滑动
7H	椭	滑动	导管
8V	圆	滚动	导管
9H	椭	滑动	导管
10V	圆	滚动	导管
11H	椭	滑动	导管
12V	方	滚动	导管
13H	椭	滑动	导管
14V/H	方	滚动	导管
15H	椭	滑动	导管
16V/H	圆	滚动	导管
17H	椭	滑动	导管
18V/H	圆	滚动	导管

注：V为垂直布置；H为水平布置。

9.2.3.2　滚动导卫的使用与维护

滚动导卫在使用过程中除了确保按图加工部件和确保装配质量外，关键是调整好导卫辊的间隙，即导辊辊缝。以使其对轧件产生良好的夹持与导入作用。间隙过小，生产过程中轧件难以通过，导致卡钢事故。或导辊过度磨损，间隙过大，就有可能出现轧件扭转及倾斜，导卫装置起不到应有的夹持作用。

导卫辊间隙调整方法通常有三种：试棒调整法、光学校正仪法及内卡尺测量法。

（1）试棒调整法。试棒调整法是用与该道次轧件形状、尺寸相同的试棒去试调辊缝。调整时以导板的合缝为中心线，调整精度依靠操作者的经验和感觉。此方法比较方便，不受场地限制，调整速度快，但由于人为因素干扰多，精度相应较低。试棒调整法的关键是试棒的质量，即试棒尺寸和形状应与实际生产中轧件尺寸和外形相符合。

（2）光学校正仪调整法。光学校正仪法的原理是利用一光源将导卫辊的孔型投影于屏幕上。屏幕上带有光标和刻度，按照孔型投影值调整导卫至符合要求即可。此法要求配有光学校正设备，增加了投资，且仪器较精密，使用与维护要求高，导卫的调整时间长。但其调整精度高，适用于调整精轧机的导卫。

用光学校正仪调整滚动导卫的基本过程如下：

导卫装配好以后，不装两块进口导板。将插入件套到光学校正仪上。插入件外部形状和尺寸与导板完全相同，不过它是一体的，并非两块。插入件内孔正好与光学校正仪外径尺寸相同。将带有插入件的光学校正仪插入到导卫中，插入件安装到原来导卫位置，并支撑着光学校正仪。接通位于导卫辊外侧的光源。此时两个导辊上的孔型就投影到了光学校正仪的屏幕上。观察屏幕图像，并逐渐调节校正仪焦距直至得到清晰图像。观察刻度指示和导辊孔型投影，然后进行调整，导辊孔型投影应在对称位置。值得注意的是屏幕上右边导辊与实际的左边导辊对应，屏幕上左边导辊与实际上的右边导辊相对应，这是光学效应。

根据屏幕上所显示的数据，调整单侧支撑架以使导辊处于对称位。再同时调整两侧支撑架以使屏幕上投影与实际轧件厚度所要求的数值相同。

如果导卫辊上孔型为椭圆形，则屏幕上的孔型应与轧件尺寸一致。

如果导卫辊上孔型为菱形槽，又用于导入椭圆轧件，此时轧件与导辊为四个切点相触。

（3）内卡尺测量法。内卡尺测量法依据导卫辊孔型的形状和尺寸及轧件形状和尺寸，推算出导辊的辊缝值，用内卡尺完成测量调整。此法适用于粗轧大型导卫的调整。

9.2.4　扭转导卫

扭转导卫，其结构如图9－6所示，主要由扭转辊、旋转体、导管组成。

扭转导卫的作用是将本道次的轧件进行翻转，以便下一道次实现与本道次压下方向成45°或90°角的方向压下。扭转导卫一般位于轧机的出口，与下一道次入口导卫使用滚动型的相互配合，实现轧件的翻转及夹持稳定轧制。使用扭转导卫主要取决于所选用的孔型系统和轧机布置形式。如为椭圆－圆系统，相邻两架轧机平－立布置或以其他角度布置但成90°，基本上就可排除使用扭转导卫在轧制过程中的轧件扭转，也可保证产品的高质量。

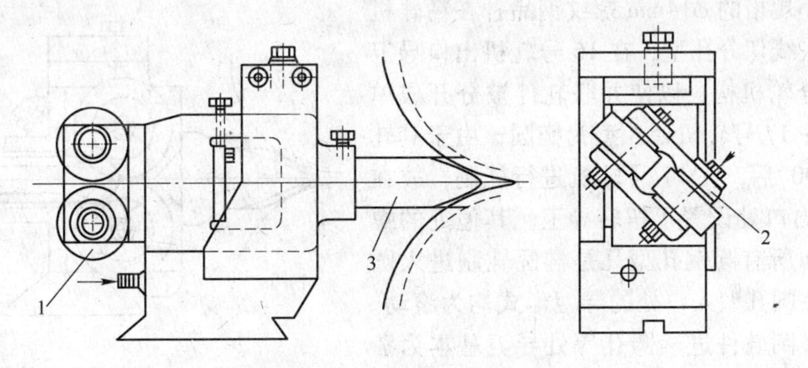

图9-6 扭转导卫的结构
1—扭转辊；2—旋转体；3—导管

在使用扭转导卫时，其关键是决定扭转导卫上的扭转辊相对于轧件扭转的角度（如图9-7所示）。可由下面公式计算：

$$\alpha = 90° \times \frac{B}{A+B} = 90° \times \frac{B}{L}$$

式中 α——扭转辊相对于轧件扭转的角度；

B——轧辊轴线与扭转辊轴线间距；

L——前后两架轧机轧辊轴线间距；

A——扭转辊轴线与轧辊轴线间距。

扭转角度与扭转辊辊缝有关。当需要改变扭转角时，则可调整扭转辊的辊缝。减小辊缝可使扭转角增大，反之减小。

使用中，当轧件尺寸变化或扭转辊磨损时，轧件与扭转辊的接触点会发生变化，随之扭转点和扭转角度发生变化，轧件不能正确翻转。因此生产中针对扭转导卫要勤观察、勤调整，并应注意水冷和润滑情况。

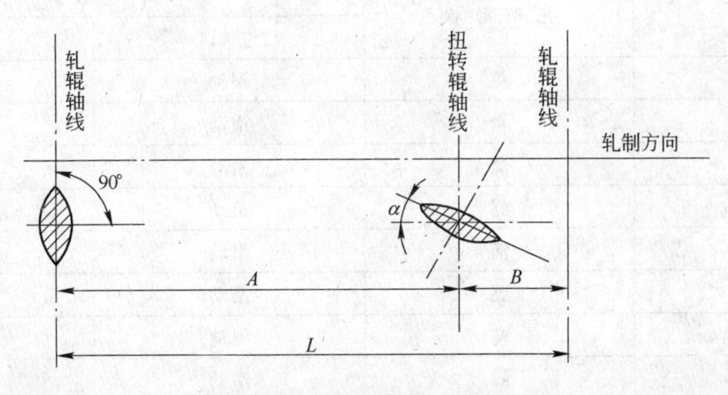

图9-7 轧件扭转角度示意图

9.2.5 切分导卫

棒材厂使用的三线切分导卫，结构如图9-8所示，主要由切分轮、插件、分料盒构成。

对于小规格的 ϕ14mm 螺纹钢品种在精轧机处采用了三线切分孔型，在 16 号轧机出口导卫则带有切分轮机构，以使并联轧件被分开成单根轧件。在 17 号轧机处孔型为椭圆，由于其轧件需扭转 90°后，在 17 号轧机进行轧制，故在 17 号轧机出口处设置了扭转导卫。其他处的螺纹钢孔型和所有圆钢孔型凡是椭圆轧制进入圆孔型的，在圆孔型入口处的导卫形式均为滚动。在箱形孔、圆轧件进椭圆孔等处导卫基本为滑动形式。

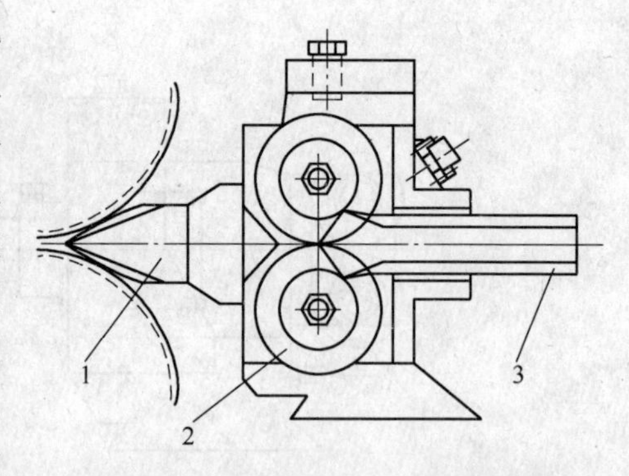

图 9－8　切分导卫的结构
1—插件；2—切发轮；3—分料盒

切分导卫确切地说是带有切分轮的导卫，能将两个或多个并联的轧件，分成单根轧件，一般位于切分孔型的出口。

切分轮是一对从动轮，刃部有斜角，边缘锋利，靠轧件的剩余摩擦力切分轧件。切分轮的安装采用悬臂式，有利于快速处理堆钢事故。切分轮间隙的调整采用蜗轮、蜗杆和轴的偏心距调节。这种方式可使两切分轮同时移动，保证轧制线的稳定，调整精度高。导体设计上下对称，可调换使用，能解决轧辊边槽使用时安装、调整不方便的难题。

使用切分导卫的关键是切分轮间隙的调整。使用中，若间隙过大，则有可能切不开轧件；间隙过小，切开的轧件易向两边跑，行走不稳定。两者都会导致堆钢事故。此外，切分导卫在使用中要严格保证与轧制线的对中，稍有偏差，将导致轧件切分不均匀，产生质量事故。所以生产中要随时观察切分质量和切分轮的磨损状况，发现问题及时调整、处理，并应保证水冷和润滑质量，以免发生切分轮粘钢现象，导致堆钢事故和导卫的烧损。

三线切分 ϕ10mm 螺纹钢孔型及导卫布置，见表 9－3。

表 9－3　三线切分 ϕ10mm 螺纹钢导卫布置

机架号	孔型形状	导卫形式	
		进口	出口
1H	箱	滑动	滑动
2V	箱	滑动	滑动
3H	椭	滑动	滑动
4V	圆	滚动	滑动
5H	椭	滑动	滑动
6V	圆	滚动	滑动
7H	椭	滑动	导管
8V	圆	滚动	导管
9H	椭	滑动	导管
10V	圆	滚动	导管
11H	空过		
12V	空过		
13H	扁	滑动	导管

续表9-3

机架号	孔型形状	导卫形式	
		进口	出口
14V/H	切入孔	滚动	导管
15H	预切孔	滚动	导管
16V/H	切分孔	滚动	导管
17H	3×椭	3×导管	导管
18V/H	3×圆	3×滚动	导管

9.2.6 轧机导卫更换操作

9.2.6.1 导卫安装要求

导卫安装要求如表9-4所示。

表9-4 导卫安装类型

	粗轧机	中轧机	精轧机	夹送棍
入口导卫鼻锥与轧辊间隙/mm	5~10（滑动） 2~5（滚动）	3~5（滑动） 2~3（滚动）	1~2	1
出口导卫与轧辊间隙/mm	3~5	1~2	1	0.2

9.2.6.2 滚动导卫更换程序

滚动导位更换程序如下：

（1）通知CP1主控台停机，将操作权转移到现场位，相应机架的现场操作台“LO-CAL”灯常亮。

（2）关闭冷却水开关。

（3）拔去导卫上的冷却水管，油气润滑管。

（4）松开导卫底部的锁紧螺栓。若是立式轧机应把导卫摇到最低位。

（5）松开导卫后部压板的紧固螺母，并卸下压板。

（6）用天车将导卫吊走。

（7）清理导卫座及四周的异物，保持清洁。

（8）轧钢调整工对生产准备工段组装好的滚动导卫要用试棒检查并调整开口度。生产班平时要备好标准试棒。

（9）用天车将经确认待装的导卫吊放到导卫座上。

（10）使导卫的前端卡入导卫座的燕尾槽中。

（11）放上导卫后部压板，并紧固。

（12）调整导卫移动丝杠，使导卫对正孔型。

（13）紧固导卫底部的螺栓并锁死，锁死底部两侧的小螺栓于微紧状态。

（14）检查导卫前端与轧槽之间的距离是否符合技术要求。

（15）接上导卫冷却水管、油气润滑管。

（16）打开冷却水开关。

(17) 通知 CP1 主控台，换导卫作业结束。

9.2.6.3　滑动导卫更换程序

滑动导卫更换程序具体为：

(1) 通知 CP1 主控台停机，将操作权转移到现场位，相应机架的现场操作台“LOCAL”灯常亮。

(2) 关闭冷却水开关。

(3) 松开导卫后部压板的紧固螺母，并卸下压板。

(4) 用天车将导卫吊走。

(5) 清理导卫座及四周。

(6) 所有滑动导卫由生产准备工段离线调整开口度，放置机旁备用。

(7) 用天车将经确认待装的导卫吊放到导卫座上。

(8) 使导卫的前端卡入导卫座的燕尾槽中。

(9) 放上导卫后部的压板，并预紧固。

(10) 调整导卫，使导卫对正孔型并紧固压板。

(11) 检查导卫前端与轧槽之间的距离和高低是否符合技术要求。

(12) 打开冷却水开关。

(13) 通知 CP1 主控台，更换导卫作业结束。

9.2.6.4　导管的更换

导管的更换工作有：

(1) 卸掉冷却水管。

(2) 拧松导管压板螺丝。

(3) 卸下压板。

(4) 指挥吊车将导管吊走。

(5) 指挥吊车将新导管装入。

(6) 装上压板，拧紧导管压板螺丝，安装冷却水管。

9.2.6.5　中间导槽更换

中间导槽更换工作为：

(1) 指挥吊车将旧导槽吊走。

(2) 用吊车将新导槽吊至支架上。

(3) 指挥吊车下降使导槽底脚插入导槽支架。

(4) 将导槽固定。

9.2.6.6　信息

更换操作过程要保持信息通畅：

(1) 在更换导卫时发生异常要及时通知班长。

(2) 保持、加强与 CP1 联络畅通。

9.2.6.7 异常处理

若在确认过程中发现导卫出现以下异常时，应提前更换相关部件，并同轧辊间人员联络，以便及时处理。

(1) 滚动导卫。包括：

1) 导轮错位。

2) 导辊轴承转动不灵活。

3) 导辊不均匀磨损严重。

4) 导辊爆裂。

5) 导轮定位异常。

6) 无法处理。

(2) 滚动导卫插入件起皮或有异物对轧件表面产生擦伤。

思 考 题

9-1 常用的轧辊材质主要有哪些，棒材生产常用什么轧辊？

9-2 对棒材轧机轧辊的性能指标有什么要求？

9-3 棒材生产导卫如何选取？

9-4 滚动导卫的结构如何，如何维护？

9-5 了解扭转导卫和切分导卫的结构。

9-6 导卫安装时应注意什么问题？

10 主　控　台

10.1　主控台概述

10.1.1　主控台平面布置

A　主控台的平面布置

主控台的平面布置如图 10－1 所示。

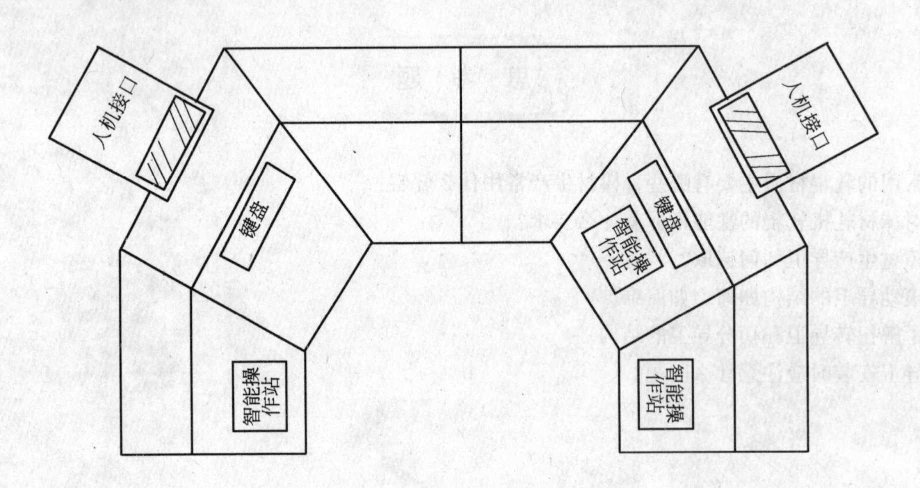

图 10－1　主控台的平面布置

B　主控台所控制区域设备

主控台所控制区域设备有：

（1）加热炉出口侧设备 A3。该区域包括除鳞机、加热炉出口侧辊道及夹送辊。

（2）粗轧机组及 1 号剪 B。粗轧机组包括 685 卡盘轧机 ×4，585 卡盘轧机 ×2；1 号剪、废料溜槽挡板、进出口下翻板及尾钢提取辊。

（3）中轧机组及 2 号剪 C。中轧机组包括 470 卡盘轧机 ×6；2 号剪、2 号剪前夹送辊、废料溜槽挡板、进出口下翻板、出口翻板；立活套 ×2，替换辊道 ×4。

（4）精轧机组 D。精轧机组包括 470 卡盘轧机 ×3，370 卡盘轧机 ×3。

（5）淬火线 F。淬火线包括 1 线、3 线淬火线，旁路辊道。

（6）3 号剪及带裙板辊道 G。3 号剪、3 号剪前夹送辊、废料溜槽挡板、进出口下翻板及 3 号剪导向器；4 号碎断剪；带裙板辊道包括裙板（其中五块电磁裙板）辊道及拨钢器。

10.1.2 操作面板

10.1.2.1 控制范围

CP1 主控台控制从加热炉出料辊道到冷床的整条轧线上的设备，其中包括各主要设备的停送电、润滑、冷却和各种参数的设定、修改及设备的选择、功能的投入。包括如下设备：出炉辊道、保温罩、除鳞机、粗蜘组及其后 1 号飞剪、中轧机组及其后 2 号飞剪、精轧机组、活套装置、淬火线、3 号飞剪、裙板及加速辊道。

10.1.2.2 面板简介

面板包括内容如下：

（1）紧急停车按钮（EMERGENCYSTOP）。左右各一个，为带钥匙按钮。左边的为轧机区紧急停车按钮，右边的为冷床区紧急停车按钮。用于在发生设备损坏或人身伤亡事故时，对旋转设备进行紧急停车，此按钮旁有紧急停车指示灯。

（2）快停（QUICK STOP）。用于生产中出现的堆、拉钢事故及其他事故时快速停车，粗、中、精各设一个快停按钮。

（3）剪刃定位按钮（HOME POSITIONREADY）。剪子执行剪刃定位功能。

（4）不出钢信号（NO ENTRY）。给加热炉不出钢信号。

（5）1 号飞剪试剪切（SHEAR 1 TESTCUT）。用于 1 号飞剪慢速试剪切，以检查飞剪的运动情况以及剪刃之间、剪刃与导卫之间是否干涉。

（6）1 号飞剪切废（SHEAR 1 SCRAP - PING）。有“开”/“闭”（ON/OFF）两个按钮，用于 1 号飞剪碎断功能的启动和停止。

（7）卡断剪控制（SNAP SHEARS）。分为“打开（OPEN）”和“闭合（CLOSE）”两按钮，用于第 4 活套—第 8 活套上卡断剪的开/合。

（8）机架选择按钮（SELECT STAND）。粗、中、精各六个按钮，对应各机架轧机，用于调整轧机速度时的机架选择及切换。

（9）“单机架/级联”控制旋钮（CONTROL CASCADE）。用于单机架或级联调速时的单机架月级联选择。

（10）“级联控制”旋钮（CASCADE CONTROL）。对选定机架进行速度调节，“增速”和“降速”均分为两档。

（11）速度测量（SPEED MEASURING）。分为棒材“头部/尾部”两个按钮，用于测量轧件的速度，保证 3 号飞剪剪切速度的准确。

（12）剪复位按钮（HOME POSITION）。确认剪在剪切初始位置。

（13）2 号、3 号飞剪控制钮同 1 号飞剪。

（14）夹送辊电流控制旋钮（PINCHROLL CURRENT CONTROL）。夹送辊的开关旋钮（ON/OFF）。

（15）碎断模式选择旋钮（SCRAPPING MODE）。分为根据坯重自动剪切（AUTOCUT）和根据轧制中轧件的检测（STRAT - EGY）。

（16）碎断模式开左关旋钮（SCRAPPING MODE）。3 号飞剪碎断模式的投入和禁止。

（17）裙板按钮（TILT APRONS TESTCYCLE START）。裙板测试循环动作启动。

（18）裙板摩擦因子调节（TILTING APRONS FRICTION FACTOR）。用于调节轧件上冷床后的定位位置，“+”增大摩擦，使轧件上冷床的距离增大，“-”反之。

（19）冷床动齿条控制按钮（MOVINGRAKES）。用于动齿条的单循环（1 CYCLE）和自动循环（AUTO CYCLE）控制。

（20）磁性裙板制动控制（MAGNETICBRAKE）。为上下分布的1，2，3 三个磁性制动开/关旋钮，用于磁性裙板选择投入。

（21）故障确认（FAULT ACKNOWL）。用于对故障的确认，使设备具有重新运行的条件。

（22）蜂鸣器复位按钮（BUZZERSTOP）。故障确认，停止蜂鸣器报警。

（23）群组报警指示灯（GROUPALARM）。群组报警时蜂鸣器报警。

（24）面板指示灯测试（LAMP TEST）。用于测试面板上所有指示灯，看是否正常。

10.1.3　CP1 操作画面

10.1.3.1　主控画面结构

整个画面分成三个部分：

（1）上部：系统画面总览。进行整个轧线系统的分区及监测、报警、换辊、信息和维护，具体包括：MILL ENTRY、ROUGHING MILL、IN - TERMEDIATE MILL、FINISH-INGMILL、COOLING - BED、COLD SHEARAREA、BAR FIN、LINE A、BAR FIN、LINE B、CSM、ALARM SYSTEM、ROLLCHANGE、INFO、MAINTENANCE。

（2）中部：设备监测控制画面。进行参数的设定和修改，设备及其运行模式的选择，控制参数的检测显示，工艺控制和工艺数据的显示以及物料跟踪。

（3）下部：功能选择按钮。进行设备监测及控制功能的选择。

10.1.3.2　画面内容

画面内容包括：

（1）参考总画面。显示主控室所控制的所有设备、检测元件及其布置，其范围从加热炉外辊道至裙板辊道，其间主要设备有除鳞机，粗、中、精轧机后三台剪，穿水冷却线，粗轧和倍尺剪前两台夹送辊及前后辊道。

（2）轧机入口区。该区有以下设备：上料台架、上料辊道、称重、入炉辊道、加热炉、出炉辊道及退坯辊道。该区由 CPO 操作。

（3）粗轧机区。该区设备有炉外辊道、除鳞机、保温辊道、1 号夹送辊、1 号 ~6 号架轧机、1 号飞剪及其间的检测元件。

该区具体有以下画面：

1）各区开轧前状态显示。显示粗轧机组、中轧机组、精轧机组及冷床区是否具备开轧条件。

2）数据请求。通过该画面向二级系统请求轧制参数以及向二级系统存储数据。

3）数据修改。通过该画面可以对1 号 ~6 号轧机、1 号剪、1 号夹送辊和辊道进行参数设定和修改。该分画面将1号~6号机架共同参数进行了汇总，并进行设定和修改。

4）模式选择。通过该画面对粗轧区设备的自动模式和维护模式的功能选择。

5）动态参数检测。该画面对1号~6号轧机的扭矩和电流变化的检测显示。

6）工艺控制。1号~7号间微张力控制功能投入使用的选择。

7）工艺参数。显示在线轧件的实际参数值。

8）物料跟踪。显示物料的跟踪控制参数。

9）单个设备的参数设定和修改分画面。该画面共有两组辊道，1号夹送辊、1号~6号轧机、1号剪十个分画面，分别进行对应设备的参数设定和修改。

（4）中轧机区。该区设备有7号~12号轧机，1号、2号活套，11号、12号轧机的替换空过辊道，2号剪及其检测元件。具体有：

1）数据请求。向二级系统请求轧制参数，并向二级系统存储数据。

2）数据修改。对7号~12号轧机或11号、12号轧机的替换空过辊道和2号剪进行参数设定和修改。将7号~12号轧机共同参数进行汇总，并进行设定和修改。

3）模式选择。对中轧区设备的自动模式和维护模式的选择。

4）动态参数检测。对7号~12号轧机的扭矩和电流变化的检测显示。

5）工艺控制。7号~11号间微张力、11号~12号活套控制功能投入使用的选择。

6）工艺参数。显示在线轧件的实际参数值。

7）单个设备的参数设定和修改分画面。该画面包括7号~12号轧机和2号剪七个分画面，分别进行对应设备的参数设定和修改。

（5）轧机区。该区设备有13号~18号轧机和每架轧机对应的空过辊道，3号、4号、5号、6号、7号、8号活套，4号、5号、6号、7号、8号活套中的卡断剪，成品出口辊道及其间的检测元件。具体有：

1）数据请求。向二级系统请求轧制参数，并向二级系统存储数据。

2）数据修改。对13号~18号轧机或13号~18号轧机对应的替换空过辊道进行参数设定和修改，以及14号、16号、18号架平立转换方式的选择。将13号、18号轧机共同参数进行汇总，并进行设定和修改。

3）模式选择。对精轧区设备的自动模式和维护模式的选择。

4）动态参数检测。对13号~18号轧机的扭矩和电流变化的检测显示。

5）工艺控制。12号~18号间活套控制功能投入使用的选择。

6）工艺参数。显示在线轧件的实际参数值。

7）单个设备的参数设定和修改分画面。该画面包括13号~18号轧机及成品出口辊道七个分画面，分别进行对应设备的参数设定和修改。

（6）冷床区。该区设备有穿水冷却线、2号夹送辊、3号剪、三段加速辊道、冷床上对齐辊道以及其间的检测元件。具体画面有：

1）数据请求。向二级系统请求设备参数，并向二级系统存储数据。

2）数据修改。对3号剪、2号夹送辊、三段冷床输入辊道、裙板、动齿条、对齐辊道进行参数设定和修改。

3）模式选择。对冷床区设备的自动模式和维护模式的选择。

4）动态参数检测。对2号夹送辊、3号剪、1号、2号、3号加速辊道及冷床上对齐辊道的电流变化的检测显示。

5）工艺参数。对3号剪剪切参数、坯料参数、冷床输入辊道、裙板动齿条及电磁制动裙板的参数。

6）单个设备的参数设定和修改分画面。该画面包括对2号夹送辊、3号剪，1号、2号、3号加速辊道及冷床上对齐辊道七个分画面，分别进行对应设备的参数设定和修改。

(7) 中央开关装置和监测系统。该系统共分成三部分：

1）对轧机入口区，粗、中、精轧机区，冷床区、成品区设备的传动分配报警显示和停送电操作。

2）直流510V、890V总线的分配报警显示和停送电。

3）液压单元、油气润滑、水站、干油润滑、稀油润滑及C6、C12、C41三台剪的润滑系统的布置显示、报警显示和开关操作。

(8) 报警系统。

(9) 信息和维护。具体有：

1）信息参数、维护参数及通信总画面显示，具体内容包括发生的日期、时间、代号、错误标题等。

2）对应粗、中、精轧区，冷床区四区的控制参数信息进行分画面显示。具体画面包括：

① 粗轧区包括 PINCH ROLL、SHEAR、LOC、MTC/ADAPTION、SEQ、REF 六个画面。

② 中轧区包括 SHEAR、LOC、MTC/ADAPTION、SEQ、REF 五个分画面。

③ 精轧区包括 LOC、MTC/ADAPTION、SEQ、REF 四个分画面。

10.2 轧制过程自动化

10.2.1 自动检测系统

自动控制离不开自动检测。所谓自动检测就是通过电的或机械的方法在无人工干预的情况下给出被测量的信息。在轧制过程自动控制中，主要是给出轧件的位置信息。自动检测由检测元件来完成。检测元件一般有热金属探测器、活套扫描器、非接触式测温仪（高温计）、工业电视等几种形式。

10.2.1.1 热金属探测器

热金属探测器，是一种把轧件放出的红外线用光学原理采集，并将它变换成电信号的装置，在轧制过程中用于检测轧件的有无。

用于轧钢生产中的热金属探测器有两种：一种是固定式，它是由透镜、光电元件和电子处理单元组成。工作原理是具有一定温度的红钢将产生红外辐射。当红钢进入探测器视场范围时，由硅材料做成的红外光线接收器在这种辐射作用下将改变本身的状态，且通过电子处理单元把这种变化信息变成逻辑电信号送往自动控制系统来检测轧件的有无。这种检测器对检测温度有一定要求（不小于600℃）。另一种是光电扫描型，它是由透镜、光电元件和同步电机带动的多面镜鼓以及晶体管放大器等部分构成。工作原理是利用旋转的多面鼓对视场进行扫描并将轧件的影像经光电元件处理后，以电信号的形式输入自动控制系统。这种探测器灵敏度高。视场广，但结构及保护装置较复杂。

10.2.1.2 活套扫描器

活套扫描器是一种用于检测活套量大小的检测器，它是利用光电扫描脉冲相位比较原理来实现对活套量大小的检测。轧件1发出的红外线经由多面镜鼓（以八面镜鼓为例）2的某一镜面反射到成像透镜4上，透镜把轧件影像投射到红光敏感的光电元件5上而产生电信号。当镜鼓旋转时，改变镜面倾斜角度相应地把视场范围内各点位置依次反射到光电元件5上，此过程即为扫描。在驱动镜鼓的电机轴上安装有基准脉冲盘3。在其圆周上开有八个间隔相等的小孔，在小孔相对位置上安装有光电元件5。当基准脉冲旋转时，光电元件便产生脉冲。镜鼓旋转一次，完成扫描八次。这样光电元件5产生对应于轧件位置的脉冲Ⅰ八个。由光电元件5产生八个基准脉冲Ⅱ，脉冲Ⅰ和脉冲Ⅱ在规定套位时相差180°，当轧件位置（套位）发生变化时，脉冲Ⅰ前移或向后移，相应脉冲Ⅰ与脉冲Ⅱ之间的相位差产生变化。相位差的变化通过电子处理单元最终给出与活套量大小成正比的模拟信号，以此作为活套自动调节系统的套量检测信号。活套扫描器同样可以给出轧件位置的逻辑信号。

10.2.1.3 非接触式辐射测温仪（高温计）

控制轧制温度是控制轧制的重要内容之一，为此有必要检测轧件温度。通常采用非接触式辐射测温仪来检测轧件温度。非接触式辐射测温仪的工作原理是利用红钢产生的红外线辐射量大小与其温度成正比。这种装置常用的测温范围为500～1300℃。

随着检测技术的进一步发展，光导纤维与电子计算机已开始担负轧件温度的检测任务。

10.2.1.4 工业电视

工业电视属于闭路电视系统，是由摄像机、监视器、连接电缆组成。工业电视安装在生产控制的关键部位，用来显示该部位的生产实况，不构成自动控制系统。

10.2.1.5 检测元件的分布与作用

各检测元件由于布置的地点不同，对应的工艺设备不同，因而各自的作用也不相同。下面以某厂检侧元件的分布为例，介绍各检测元件的不同作用：

（1）热金属探测器（HMD）分布与作用。轧线上安装有八个HMD，完成轧件的检测任务：

1）加热炉出口侧HMD，它用于控制除鳞机动作及关闭加热炉出钢炉门。

2）夹送辊入口处HMD，它用于控制夹送辊动作以及加热炉出口侧辊道变速控制。它还用于自动出钢控制。

3）1号剪前HMD，它用于控制1号剪切头、切尾动作。

4）1号剪后HMD，它用于倍尺优化控制。

5）2号剪前HMD，它用于控制2号剪切头、切尾动作。

6）18 号轧机出口侧 HMD，它用于控制 3 号剪剪切成品倍尺（检测是否有钢）及计算倍尺长度。

7）3 号剪后 HMD 及冷床入口处 HMD 用于轧件速度校核以及倍尺优化控制。

（2）活套扫描器分布与作用。轧线上共装有八个活套扫描器，布置在机组间与机架间的活套控制处，用于检测及控制活套量的大小。

（3）非接触式辐射测温仪（高温计）分布与作用。具体为：

1）1 号轧机出口处高温计用于检测钢坯开轧温度。

2）淬火线入口处高温计用来检测进入淬火线之前的轧件温度。

3）冷床入口处高温计用来测出淬火线后的轧件温度并用于淬火线的闭环控制。

（4）工业电视分布与作用。具体为：

1）加热炉区设有两台电视摄像头，分别位于加热炉装料端及出料端，以监视入炉钢坯及出炉钢坯的情况。

2）3 号剪处设有一台电视摄像头，以监视 3 号剪的工作情况。

3）冷床入口处设有一台电视摄像头，以监视上冷床的棒材情况。

4）冷剪处设有一台电视摄像头，以监视冷剪的工作情况。

5）双层辊道端设有两台电视摄像头，以监视棒材在辊道上的运行情况。

6）打包机处设有两台电视摄像头，以监视打包机的工作情况。

10.2.2 计算机控制系统

10.2.2.1 计算机控制系统的基本类型

轧制过程自动化是通过计算机控制系统来实现的，用于轧制过程控制的计算机系统基本有两种形式：

（1）集中控制系统。即由一台或两台过程计算机完成对生产全过程的实时控制。

（2）分散控制系统。即把生产过程空间按区域/功能分成若干区段，按区域/功能配备几十台微型计算机分别控制该区域的生产过程。控制系统的趋势是采用分散控制。

10.2.2.2 计算机控制系统的功能

A 对主控台控制区域设备进行初始选择

根据轧制孔型系统及生产工艺要求，分别对除鳞机、轧机、活套、剪、夹送辊、辊道、裙板、转换器进行初始选择。操作人员通过设定键签署对设备进行初始选择设定。

B 轧制程序设定

所谓轧制程序是一种汇总着标准轧制工艺参数的表格，轧制工艺参数一般包括：轧辊（辊环）实际直径，轧制规格，各机架轧制速度，夹送辊实际直径，剪子速度超前系数及切头、切尾长度，辊缝，空过机架，活套高度，张力系数，热倍尺长度与辊道速度等。

a 轧机速度设定

轧机速度设定是指主电机的转数 *RPM* 设定。主电机的转数 *RPM* 是根据输入的轧辊实际工作辊径及设定的终轧速度及延伸系数通过计算机运算后得到：

$$PRM_{实际} = \frac{最大工作辊径 \times RPM_{最大工作辊径}}{实际工作辊径}$$

$RPM_{最大工作辊径}$应根据最大辊径下设定的延伸系数计算获得，延伸系数为最大辊径下的孔型设计而来。

全线以最终机架速度为基准，进行速度计算及调节。一般在轧制速度设定时，操作人员可以将上次该品种认为理想的连轧速度关系记忆值输入（通过辊径的转换）以便减少调整时间。

b 剪子参数设定

轧制后的轧件必须切头、切尾，这是因为轧件头部有劈头、轧件尾部有不均匀变形部分，轧件头、尾因温降过大而造成的局部过冷却部分。

主控台控制的剪切参数有剪子速度超前系数，切头、尾长度及碎断长度。

剪子速度超前系数是剪子剪切速度与轧件速度的比值，与轧件前滑，剪子剪切时的动态速降以及轧件运行稳定性有关。通过观察轧件的切口形状及剪子剪切负荷，可以判断剪子速度超前系数是否合适，正确的剪切速度应使轧件的切口平齐无棱角。超前系数过小，则轧件切口带棱角，带棱角的轧件会造成出入下一机架困难。超前系数过大，又可能使剪刀拖拽着轧件前进而增加剪切负荷。

C 主速度

此功能用于全线轧制速度的改变。操作人员在轧机无负荷时，通过级联速度操作杆调整最终机架速度来改变全线轧制速度，但各机架间速比仍保持不变。

D 级联速度控制

级联速度控制允许操作人员改变两相邻机架间的速度比率而不影响其他机架间的速比。级联速度控制不仅改变所选择机架的速度，而且按同样的百分比改变上游所有机架的速度。控制系统对空过机架进行识别。

级联速度控制提供在每个方向（指增速或减速）从零到最高速度之间的级联速率。选择级联正常方式通过级联速度操作杆进行级联控制。

E 单机架速度控制

单机架速度控制允许操作人员改变所选择机架的速度。

选择级联非正常方式通过级联速度操作进行单机架速度控制。

F 微张力控制

粗轧、中轧机组采用微张力轧制，实现自动控制。

G 活套自动控制

精轧机组采用活套自动控制。

以上两项控制详见后文叙述。

H 轧制过程中的事故检测及事故原因诊断

在轧制过程中，控制系统提供事故检测及事故原因诊断。事故检测是通过控制轧件速度来完成的。控制系统比较轧件头部到达各机架中心线的时间来完成。如果检测的时间与设定时间在公差范围内不能重合，认为事故发生。

I 事故报警

在轧制过程中发生事故，报警产生。报警分三级：

(1) 一级。只有显示，没有附加动作发生。

(2) 二级。显示时带声响，停止加热炉出钢，延时后停止有关设备。

(3) 三级。显示时带声响，快速停止有关设备，停止加热炉出钢，适当的废品碎断启动。

J　存储程序的管理

一定数量永久存储的轧制程序及精整程序编成库。每个程序由一个代码来定义。程序代码设定以后，操作人员可以通过一个功能键调出所选择的程序。提供的系统可以存储一千个轧制程序。

K　中、精轧机接轴自动定位

定位操作是换辊时的操作方式。接轴自动定位的概念是在换辊时依靠人工来校正传动轴接手与轧辊扁头相对位置较为困难，通过计算机控制所选择机架电机的转速，达到传动轴自动定位的目的。定位精度 ±1°。这是近年来运用于现场的一门新控制技术。

L　物料跟踪功能

轧件的物料跟踪是为实现入炉钢坯与成品一一对应而设计的。物料跟踪功能详细叙述见后面。

M　动态画图

编制动态画面的主要目的是为了满足生产过程控制和物料跟踪的要求。利用棒材的速度量和各检测元件的信号反馈及顺序控制逻辑关系，动态地显示棒材在每一时刻所处的实际位置。

为了便于全线钢种跟踪，不同钢种的钢坯分别用不同颜色间隔表示，同一炉号的钢坯从加热炉到精整卸捆台架用同一种颜色表示。设备的颜色表示的意思为：

红色——故障

蓝色——准备

绿色——运行（开机状态）

黄色——报警

灰色——未选择

轧制线上有钢坯时显示为红色。

10.3　典型产品工艺路径及轧制过程顺序控制

以 ϕ18mm 螺纹钢生产为例介绍其工艺路径及轧制过程顺序控制。

10.3.1　轧机启车前的准备

轧机启车前的准备工作有：

（1）主控台完成设备的初始选择及轧机速度设定、辅助设备功能设定。

（2）地面操作人员完成机架轧钢前的准备。

（3）轧机主传动系统准备就绪。

（4）轧辊冷却水系统准备就绪。

（5）液压及润滑系统准备就绪。

10.3.2　换辊换槽后小钢的试轧

轧机设定及准备就绪后，对精轧机组先以设定基速进行运转，进行试轧小钢，试轧小钢时一般不开轧辊冷却水，目的是利用热轧坯料打磨轧槽并试验各架的畅通情况。同时可根据小钢尺寸情况再对个别机架进行精调整。

10.3.3 大钢的试轧

在小钢试轧后，全线进行自动方式运转，进行试轧 1~2 根大钢，一般轧制速度以正常生产速度的70%左右进行运转，以便主控台操作人员对连轧速度进行调整，在试轧过程中轧件尺寸不符合要求时，操作人员除调整电机转数外，地面操作人员还可以调整轧机辊缝。

10.3.4 正式生产

在主控台设有手动/自动出钢方式的选择。手动方式可以经过操作人员启动出钢按钮一根一根地完成出钢，此操作方式一般用于试轧状态。自动方式通过操作人员启动自动出钢按钮，实行出钢自动控制，用于正常连续生产状态。

自动出钢过程的完成是通过步进梁上升、前进、下降将钢坯放到停止的出炉辊道口，然后辊道运转将钢坯运到加热炉出口侧辊道，经除鳞机再由夹送辊送入 1 号轧机。

如图 10－2 所示，自动出钢的完成是通过上一根钢坯尾部由炉门外除鳞机前的 HMD_1 检测到后，延时启动步进梁上升、前进、下降等动作来完成。延时的时间应为：

$$T_{延时} = T_{轧} - T_{升} - T_{进} - T_{降} - T_1 - T_2 + T_{间隙}$$

式中 $T_{轧}$——前一根钢坯尾从除鳞机前的 HMD_1 到 1 号机架用的时间；

$T_{升}$——步进梁升起所用时间；

$T_{进}$——步进梁前进所用时间；

$T_{降}$——步进梁下降所用时间；

T_1——由炉内出钢辊道将钢坯送至夹送辊前 HMD_2 所用的时间；

T_2——由夹送辊前 HMD_2 到 1 号机架所用的时间；

$T_{间隙}$——两根钢坯间的轧制间隙，最短 5s，由操作人员设定完成。

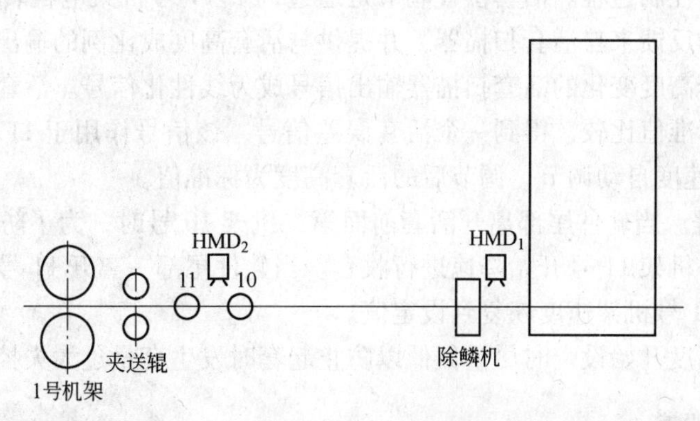

图 10－2 自动出钢示意图

10.3.4.1 除鳞机

除鳞机前 HMD_1 检测到钢坯头部延时除鳞机启动，当 HMD_1 检测到钢坯尾部延时除鳞机关闭。

10.3.4.2 炉外辊道及夹送辊

夹送辊前 HMD_2 检测钢坯头部延时夹送辊闭合，延时夹送辊及炉外辊道由 1m/s 降至 0.4m/s，钢坯咬入 1 号机架，夹送辊及炉外辊道由 0.4m/s 降至 1 号机架轧制速度（ϕ18 螺：0.23m/s），夹送辊打开。

10.3.4.3 1 号剪

A 1 号剪的功能

1 号剪相对 ϕ18 螺而言设定有切头功能，切头长度设定为 300mm 左右；1 号剪速度超前系数设定为 10%；1 号剪相对 ϕ18 螺（ϕ18 螺 6 号出口轧件速度为 1.04m/s）而言设定使用飞轮（当 6 号出口轧件速度低于 1.15m/s 时使用飞轮）。

B 1 号剪的自动操作

1 号剪的自动操作具体包括：

（1）1 号剪前 HMD 检测到轧件头部。

（2）延时启动 1 号剪切头。

（3）1 号剪出口下翻板打开，将切头废料导入废料斗。

（4）剪切信号延时下翻板关闭。

10.3.4.4 活套

相对 ϕ18 螺而言使用 10 号～18 号机架间八个活套。以 11 号、12 号机架间活套为例介绍起套及收套过程：

（1）起套过程。12 号机架负荷传感器检测到轧件，起套辊升起，同时 11 号机架开始升速，当活套扫描器检测到活套高度达到标准值时，11 号机架电机转数恢复到设定值。此时进入自由活套控制过程。活套位置调节是通过调节 11 号机架电机转数来调节活套高度。活套高度值的反馈来自活套扫描器，并提供与活套高度成比例的输出信号，有一个函数发生器使随活套高度变化的活套扫描器输出信号成为线性化信号。活套位置调节器将该信号与活套高度标准值比较，得到一个活套误差信号，该信号作用于 11 号机架速度调节器，使 11 号轧机速度自动调节，调节后的活套高度为标准值。

（2）收套过程。当轧件尾部离开活套前面第二机架 10 号时，为了防止收套时轧件甩尾，活套前面第一机架 11 号开始降速进行收套。当轧件尾部一离开 11 号机架时，起套辊马上缩回，同时 11 号机架速度恢复到设定值。

注意：活套高度开始设定时尽量偏低以防止起套时发生套量过大失控。

10.3.4.5 2 号剪

A 2 号剪的功能

2 号剪相对 ϕ18 螺而言设定切头、切尾功能。切头长度设定 200mm 左右。切尾长度设定 300mm 左右。大于 32mm 倍尺优化需碎断的尾钢由 2 号剪负责碎断。2 号剪速度超前系数设定为 10%。2 号剪相对 ϕ18 螺（ϕ18 螺 12 号机架出口轧件速度为 5.60m/s）而言，设定不使用飞轮（当 12 号机架出口轧件速度低于 10.43m/s 时使用飞轮）。

B 2号剪的自动剪头操作

2号剪的自动剪头操作包括：

(1) 2号剪前HMD检测到轧件头部。

(2) 2号剪出口翻板（EXIT FLAP）降低，将切头废料导入废料斗。剪切信号延时翻板升起。

(3) 2号剪出口下翻板（BOTTOM FLAP）打开，将切头废料导入废料斗。剪切信号延时翻板关闭。

(4) 延时启动2号剪切头；

(5) 轧件尾部离开12号机架之前，2号剪前夹送辊闭合。

C 2号剪的自动剪尾操作

2号剪的自动剪尾操作为：

(1) 2号剪前HMD检测轧件尾部。

(2) 2号剪入口下翻板（BOTTOM FLAP）打开，将切尾废料导入废料斗。剪切信号延时翻板关闭。

(3) 延时启动2号剪切尾。延时2号剪出口翻板降低，将切尾废料导入废料斗。延时翻板升起。

10.3.4.6 淬火线

启车前，从MM2000启动高压泵给水。主控台可以选择淬火线闭环或开环控制。如果选择开环控制，水量是通过MM2000上水量增减人工干预。如果选择闭环控制，水量是通过淬火线出口侧高温计反馈的轧件温度信号来自动调节。

10.3.4.7 3号剪及碎断剪

A 3号剪的功能

3号剪相对$\phi18$螺而言设定切尾及切倍尺功能。3号剪速度超前系数为10%左右。3号剪相对$\phi18$螺（18号机架出口轧件速度为18m/s）而言，设定不使用飞轮。（当18号机架出口轧件速度低于10.43m/s使用飞轮）

B 2号剪的自动剪头操作

2号剪的自动剪头操作包括：

(1) 3号剪后HMD检测到轧件头部。

(2) 轧件从3号剪后HMD运行到冷床入口处HMD的时间为T，两HMD间的距离为L，则校核轧件速度为$v_{18}=L/T$。

(3) 设热倍尺长度为$L_{热}$，则3号剪延时T_1，启动切第一剪。

$$T_1=\frac{L_{热}-L_1}{V_{18}}-T_{响应}$$

式中 L_1——3号剪中心线到3号剪后HMD的距离；

$T_{响应}$——3号剪响应时间。

(4) 第二剪是以第一剪的剪切信号延时启动。以后剪切以此类推。

(5) 当最后一剪的尾钢长度小于最短上短尺床的长度时，自动导入4号剪碎断。

10.3.4.8　带裙板辊道及转换器及短尺床

根据轧制程序选择工作段裙板及转换器的位置。工作段裙板的位置依棒材制动距离而定，当轧件速度大于10m/s时使用转换器，ϕ18螺终轧速度为18m/s，故使用拨钢器。拨钢器布置在工作段裙板的入口处。

A　辊道

辊道分三部分，第一部分辊道速度的超前系数设定为10%，第二部分设定为15%，第三部分设定为15%。

正常时，辊道速度以固定速度运行，当倍尺优化得到较短棒材进入辊道时，辊道进行减速控制，避免较短棒材上冷床的位置偏向另一端。

B　提升裙板

裙板的动作是靠3号剪剪切信号延时启动，3号剪剪切信号延时，裙板由高位降到低位，此时电磁裙板通电，当裙板从中位开始上升时电磁板断电。

C　拨钢器

棒材头部到达拨钢器之前，拨钢器伸出，拨钢器的动作是靠3号剪剪切信号延时启动。

10.4　轧制过程控制操作

理论上，在连轧过程中，要求在同一单位时间内，通过连轧的任一孔型的金属体积都相等。但实际轧钢过程中，轧件高度、宽度、温度、变形抗力等因素是随机波动的，会干扰已经形成的稳定过程。与此同时，各机架间的张力、前滑、Δh、Δb也将随之变化，使轧件重新处于动态过程，并在新的条件下向新的稳态过程过渡。在新的动态过程中，如果不发生堆死或拉断事故，最终必将重新建立新的稳态平衡，保证轧制的正常进行。主控台操作人员应熟知这种因某种变量变化而引起的一系列参数变化的特点，在调整时，针对不同情况采取不同的措施，达到控制和优化轧制过程的目的。具体地说，主控台的调整应注意到如下几个方面：张力与速度调整，辊缝与转速、张力调整的关系，换辊（槽）后轧制速度调整与试轧，换品种后轧制速度的设定，钢温变化与调整操作，坯料断面变化与调整。

10.4.1　张力与速度调整

10.4.1.1　1号～10号机架微张力控制

轧制方法可分为张力轧制和无张力轧制。张力轧制又分为微张力、小张力和大张力轧制。无张力轧制只有在带自由活套的情况下才能实现。

在张力轧制的连轧过程中，要保证整根轧件的尺寸稳定性是不可能的，也就是说，始终有一个前端和后端长度不参与连轧的动态过程，棒材的头尾处于无张力轧制状态，因此轧件头部和尾部尺寸比有张力的轧件中间尺寸要大，其变化如图10－3所示。

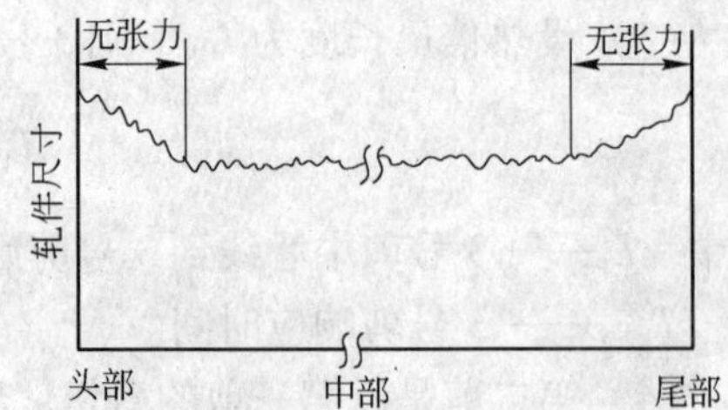

图10－3　张力轧制的轧件尺寸变化

当机架间张力过大时，会导致轧件的头（尾）

宽度大大超过中间宽度，即产生所谓的"肥头"。在机架间张力调整极差的情况下，往往造成轧制过程中轧件被拉断、起波浪或堆钢事故，如图 10－4 所示。

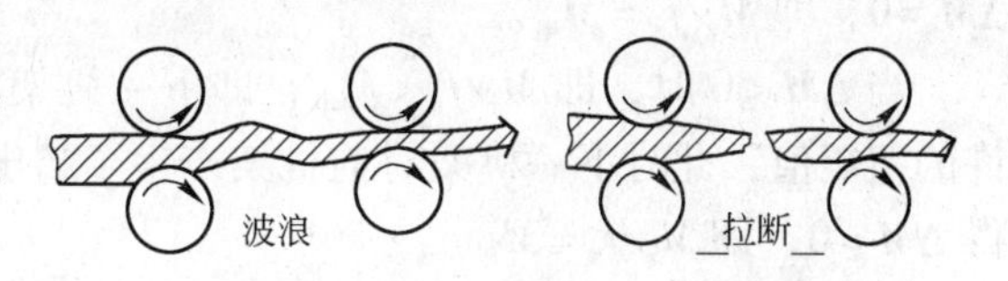

图 10－4 由张力引起的波浪和拉断

张力是连轧过程中最活跃的因素，一根棒材能否在轧制线上高水平地完成轧制过程，关键是对张力的控制。张力无时无刻不在起作用，张力有积极的方面，也有消极的方面。防止张力的消极作用，发挥张力的积极作用是连轧张力控制的关键。所以棒材轧制过程中，我们必须保证 1 号～10 号机架微张力控制。

A 控制原则

控制原则的内容有：

（1）保证轧制的顺利进行，不能造成堆钢或拉断现象。

（2）控制的张力值要使轧件处于稳定状态的效应大于各种外界因素变化引起的不稳定效应。

（3）应使轧件头、中、尾尺寸偏差尽可能小。

（4）张力的控制主要靠调速来实现，调速必须采用级联调速的方式。

B 控制过程

控制过程如下（见图 10－5）：

（1）当轧件被前机架咬入稳定轧制后，还未被下一机架咬入之前，测量此时前机架的扭矩值（轧制扭矩 M_z），并记忆此值的大小。

（2）当轧件被下机架咬入稳定轧制后，再测量前机架的电机实际扭矩值 $M_{电}$。

（3）设定张力系数为 f_s，则轧件被下一机架咬入后，前机架的允许总扭矩为 $M'_{电}=M_z/f_s$。

（4）在轧件被下机架咬入后，还未被第三机架咬入前，要调整前机架的扭矩值为：

$$\Delta M = M'_{电} - M_{电} = M_z/f_s - M_{电}$$

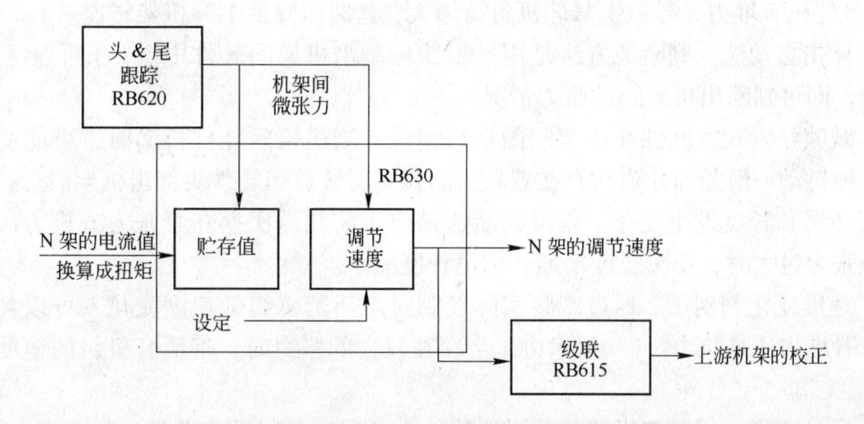

图 10－5 机架间张力控制过程符号图

当 $\Delta M>0$ 时，即 $M_z/f_s>M_{电}$，下机架将轧件咬入后，前机架的扭矩小于所允许的扭矩值，此时下一机架对前机架产生了超出设定值的拉钢，应调整前面机架升速，使得

$\Delta M = 0$，即 $M_z / f_s = M_{电}$。

当 $\Delta M < 0$ 时，即 $M_z / f_s < M_{电}$，即下一机架将轧件咬入后，前机架的扭矩值大于所允许的扭矩值，此时下一机架对前机架产生了超出设定值的堆钢，应调整前面机架降速，使得 $\Delta M = 0$，即 $M_z / f_s = M_{电}$。

当 $\Delta M = 0$ 时，没有调整信号。

级联速度控制将修改上游机架的速度以保持目前存在的速度关系。

(5) 前面机架调整过程完成后，再测量记忆下机架的扭矩作为一个调整过程的 M_z 值。

C　张力的判断

张力的判断方法有多种，这里仅介绍几种应用于主控台的张力判断方法：

(1) 电流判断法。该法适用于轧制速度较低的机组。轧制扭矩与电枢电流成正比，所以主控台操作人员可以根据各机架所对应的电流表在咬钢时电流指数的升降变化，来判断机架间存在着拉力（张力）还是堆力。

例如：图 10-6 为 1 号、2 号轧机的负荷情况，当轧件头部咬入 2 号轧机的一瞬间，观察 1 号轧机的负荷变化，可能会出现以下三种情况：

情况 1：负荷表指针无变化，说明 1 号和 2 号轧机之间无堆钢和拉钢。

情况 2：负荷表指针下移，即 1 号轧机的负荷减少，说明 1 号和 2 号轧机之间拉钢。2 号对 1 号轧机有拉力，导致 1 号轧机轧制负荷减少，这时应根据电流减小的量相应增加 1 号机架的转速。

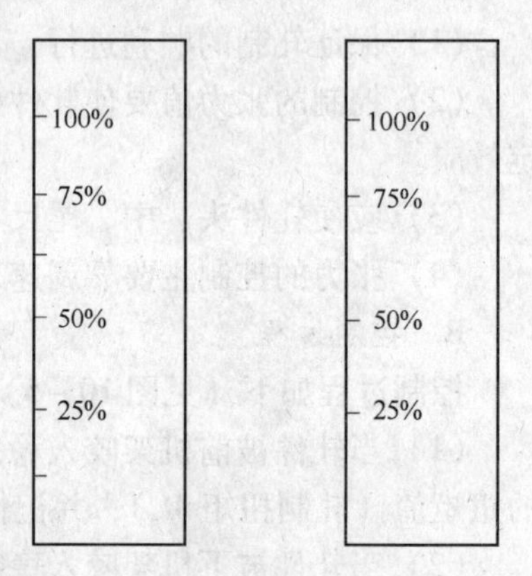

图 10-6　张力判断

情况 3：负荷表指针上移，即 1 号轧机轧制负荷增大，说明 1 号和 2 号轧机之间堆钢，2 号对 1 号轧机有堆力，导致 1 号轧机负荷增大，这时应降低 1 号机架转速。

(2) 棒击振动法。判断的方法是用一根铁棒敲击机架间轧件中点，凭手感和观察轧件的振动，即可判断出机架间的张力情况。

(3) 观察法。观察轧件在机架间的运行情况，当机架间轧件抖动时，可能就要发生堆钢，这种抖动一般是前几道次存在着较大的拉力所致。当轧件头部出机架后运行不稳或剪机切头（尾）长度发生变化，则可判断这是由于前几道次存在着张力或堆力所致。一般情况是张力过大时，切头长度增加，切尾长度减小。

(4) 速度变化判别法。通过观察实际轧制时带活套机组的速度变化，可以判断出机架间存在着堆力还是拉力。（一般来讲，当存在较大的张力时，带活套机组的速度波动时间较长）

(5) 尺寸判别。通过取样测量，根据轧件头（尾）的尺寸超差量，判断张力情况。

以上简单地介绍了几种常用的张力判断方法。张力的判断需要一定的技巧和经验，这种技巧和经验来自对设备性能的了解和现场长期工作的体会。张力的消减以采用级联调速为宜。调速方法因各厂家基准机架选择的不同而不同，基准机架不能作为张力调速机架。

张力的调整还需要与轧钢工密切配合。

10.4.1.2 10号~18号机架间无张力控制（活套控制）

机架间的活套设备使棒材在轧制时没有张力的影响，从而使其获得好的成品质量和成品公差。

活套的形成和调节是由检测系统和轧机调速系统来完成的。检测系统包括热金属探测器、轧机负荷传感器及活套高度扫描器。当检测系统检测到轧件头部进入下一机架时，起套辊立即升起，同时上游机架开始升速，活套高度扫描器参加速度调整，当活套高度达到标准值时，前面机架电机恢复到设定值，此时进入自由活套控制过程。当轧件尾部离开前面第二个机架时，活套前第一个机架开始降速进行收套。当轧件尾部到活套前第一个机架时，起套辊立即收回。

进入自由活套控制时，活套位置调节同样是通过控制前面机架的电机速度来调节。活套尺寸反馈来自一个非接触或光电位置传感器。该传感器连续扫描活套，并提供一个与活套位置成比例的信号输出。该输出信号在活套位置调节器中与活套参考值比较得到一个活套误差信号，作用到上游机架的速度调节器上。1%的死区（输出不变区）应用于速度参考中。活套误差修正大于1%时，将改变传动速度参考。

有关“活套区内，轧机的初始速度设定”问题：在轧制开始时，为了保证头一根钢顺利地通过轧机，通常使其活套量略小于设定值，也就是使轧件处于微拉状态，这样就可避免堆钢。当头一根钢顺利通过后，再把各架轧机的速度恢复到设定速度，也就是使活套量恢复到设定值。

10.4.2 辊缝与转速、张力调整的关系

辊缝调整和转速调整是张力控制调整的两个方面，没有正确的辊缝设定，就得不到正确的轧件红坯断面，也就不能行之有效地进行转速与张力的调整。

调整辊缝的目的是补偿孔型磨损或钢种变换等对轧件高度尺寸的影响，然而轧件高度尺寸的变化，导致秒流量出现了新的不平衡，为此要对相应机架的电机转速进行调整。

例如，增加第 n 架轧机压下量，则第 n 架的金属秒流量减少，而第 $n-1$ 架的金属秒流量没有发生变化，这样就造成了第 $n-1$ 架的秒流量大于第 n 架的秒流量。根据连轧过程要保证各机架间秒流量相等的原则，必须减少第 $n-1$ 架的秒流量，并增加第 n 架的流量。这样就要求降低第 $n-1$ 架轧机的速度或单独提高第 n 架的轧机速度，以减少拉钢轧制。放大辊缝的情况正好相反。

10.4.3 换辊（槽）后轧制速度调整与试轧

10.4.3.1 换辊后的速度修正

换辊是轧制生产中的常事。通常各机架的轧辊转速（轧制速度）在正常轧制时都有较为合适的数值，若因换辊使轧辊直径改变，则必须对转速进行修正。

换辊后的转速修正原则是使换辊前后的轧制线速度不变。可用下式确定新的转速：

$$n' = \frac{D}{D'} \cdot n$$

式中 n'——换辊后电机的设定转速，r/min；

n——换辊前电机的转速，r/min；

D'——换辊后的轧辊实际直径，mm；

D——换辊前的轧辊实际直径，mm。

也就是说轧辊直径与转速成反比，当轧制速度相同时，辊径大者转速低。

10.4.3.2 换辊（槽）后的试轧

新轧辊的表面光滑无龟裂，摩擦系数较低（而且轧辊在存放时其孔型表面涂有防锈油以防锈蚀，这也是降低摩擦系数的因素之一），因此使用新轧槽轧制时，轧件咬入打滑和轧制过程中由于摩擦系数的局部降低引起的断续打滑现象也时常发生。为了防止打滑，保证试轧顺利进行，除了轧钢工对轧槽表面进行预处理和试轧小样外，主控台也应对换辊（槽）前后机架的速度给予特别的注意。

换辊（槽）后的参数设定原则是：尽量保持非更换架次的轧制条件，减弱更换架次带来的影响，尽量使断面和速度分别靠近更换前的状态，为保证试轧顺利，预设定一定的张力，随后消减并建立新的平衡。具体地讲，主控台操作应注意下述几个要点：

（1）在换辊（槽）机架和上游机架间预加一些张力，以吸收轧制中轧件突然打滑产生的堆钢量和由于辊缝设定不当造成的秒流量增加。张力的预设定是以转速来体现，转速的微调量（相对量）约等于拉钢系数值。预加张力的方法采用上游级联调速来完成。根据现场经验，两相邻机架间预加的张力值以 2% ~3% 为佳。预加张力后，相应机架的转速值由下式可得：

$$n' = (1 + c\%) \cdot n$$

式中 n'——预加张力后的转速，r/min；

n——预加张力前的转速，r/min；

$c\%$——张力百分比，拉力为“-”号，推力为“+”号。

例：设第四架、五架换用新轧槽

已知：$n_3 = 680\text{r/min}$　$n_4 = 684\text{r/min}$　$n_5 = 670\text{r/min}$

预设：3 号 ~4 号机架间有 3% 的拉力

4 号 ~5 号机架间有 2.5% 的拉力

则 $$n'_4 = (1 - 2.5\%) \times 684 = 667(\text{r/min})$$

即第四架级联降速为： $$684 - 667 = 17\ (\text{r/min})$$

$$n'_3 = (1 - 2.5\%)(1 - 3\%) \times 680 = 643(\text{r/min})$$

即第三架级联降速为： $$680 - 643 = 37\ (\text{r/min})$$

（2）试轧一根 1/3 长的短坯（后 2/3 长坯料，退回炉内待用），并在粗轧后飞剪处碎断（如试中轧，可取粗轧来料人工喂入中轧机组）。试轧时不开轧辊冷却水。目的是利用热轧坯料打磨轧槽并试验各架的畅通情况。

（3）控制尺寸，消减张力，正常轧制。

10.4.4 换品种后轧制速度的设定

换品种后轧制速度的设定应注意以下几个方面：

（1）注意与换品种前的上一品种的最佳连轧关系相对应，保证其连轧关系不变。

（2）注意与以前该品种的最佳连轧关系相对照，作为参考。

（3）新槽按“换槽轧制速度调整”方法来处理。

10.4.5 钢温变化与调整操作

钢温是影响轧制生产的最主要因素之一，在正常轧制过程中，钢温变化是不可避免的，因此，应了解钢温对轧制的影响规律。钢温的影响主要体现在以下几个方面：

（1）对电机负荷和轧机弹跳值的影响。钢温的高低直接影响着轧件的变形抗力，温度较低的钢坯变形抗力较大，所以电机负荷较大，操作人员应注意观察各机架电机电流值，防止电机超负荷运转。生产经验表明，当开轧温度从1080℃下降到1030℃时，粗轧机组电机负荷平均增加约5%左右。另外，较低温度的钢坯会导致轧机的弹跳增加，轧件宽展增加，金属秒流量增多。结果将在机架间造成（轻微）堆钢现象。反之，较高温度的钢坯将造成（轻微）的拉钢现象。

（2）对轧制不稳定的影响。坯料头部的低温会造成轧件头部宽展增加，并形成所谓的“黑头钢”。黑头钢因其头部过大，易造成堆钢。同一根坯料的温度不均匀性，则会造成张力波动而使活套调节处于不稳定状态，给成品精度带来影响。

钢温由加热炉操作台控制，但主控台操作人员必须对钢温的影响进行分析和判断，必要时应停轧保温或放慢轧制节奏。

10.4.6 坯料断面变化与调整

孔型设计能满足在公差内波动的坯料的咬入，但坯料断面的正、负公差波动仍会使轧件宽展和张力条件受到影响。因此，当更换批号时，操作人员应对所轧批号的坯料公差情况有所了解，并采取相应的调整措施。一般来讲，坯料断面对轧制的影响通过微量调整1号、2号轧机的转速即可得到补偿。

思 考 题

10－1 熟悉主控台的主要设备和功能。

10－2 热金属检测器的作用是什么，主要安装在生产线的什么位置？

10－3 熟悉轧制程序的设定。

10－4 简述棒材生产轧制过程逻辑控制。

10－5 影响张力的因素主要有哪些，张力如何控制？

11 飞剪及冷床设备与操作

11.1 飞剪

11.1.1 概述

飞剪用来横向剪切运动着的轧件。可装设在连续式轧机的轧制作业线上，亦可装设在连续作业精整机组上。随着连续式轧机的发展，飞剪得到了越来越广泛的应用。

飞剪的特点是能横向剪切运动着的轧件，对它有三个基本要求：

（1）剪刃在剪切轧件时要随着运动着的轧件一起运动，即剪刃应该同时完成剪切与移动两个动作，且剪刃在轧件运动方向的瞬时分速度 v 应与轧件运动速度 v_0 相等或大 2% ~3%，即 $v=(1\sim1.03)v_0$。在剪切轧件时，剪刃在轧件运动方向的瞬时速度 v 如果小于轧件的运动速度 v_0，则剪刃将阻碍轧件的运动，会使轧件弯曲，甚至产生轧件缠刀事故。反之，如在剪切时剪刃在轧件运动方向的瞬时速度 v 比轧件运动速度 v_0 大很多，则在轧件中将产生较大的拉应力，这会影响轧件的剪切质量和增加飞剪的冲击负荷。

（2）根据产品品种规格的不同和用户的要求，在同一台飞剪上应能剪切多种规格的定尺长度，并使长度尺寸公差与剪切断面质量符合国家有关规定。

（3）能满足轧机或机组生产率的要求。

11.1.2 1号、2号飞剪参数设定

1号飞剪选择切头，切头长度为 200 ~400mm。切尾选择可根据情况区别对待。轧制速度较低时，粗轧机温降大，轧件尾部易将中轧机出口导卫拉掉，此时可以选择切尾，以提高成材率。

2号飞剪切头切尾都应选择，剪切长度为 300 ~600mm，以保证轧制正常及产品质量。

飞剪剪刃在剪切轧件时，并非按轧件垂直断面将轧件剪断，而是带有一定的斜角，否则飞剪在剪切过程中可能产生堆、憋钢现象。另外飞剪在剪切轧件头部时，剪切速度应超前于上游机架轧件速度。在剪切尾部时，轧件尾部已离开了上游机架，剪切速度应滞后于下游机架进口轧件速度。而下游机架进口轧件速度正好与上游机架出口轧件速度相等，这样飞剪在剪切轧件头、尾时，剪切速度必须超前（滞后）上游机架出口轧件速度，所以引进了飞剪剪切超前（滞后）速度系数的概念。

飞剪剪切超前（滞后）速度系数的大小可通过下式来表示：

$$L_s=\frac{V_{fj}-V_{zj}}{V_{zj}}\times100\%$$

式中 L_s——飞剪超前（滞后）速度系数，当为正值时为切头超前系数，当为负值时为切尾滞后系数；

V_{fj}——飞剪剪切速度，m/s；

V_{zj}——飞剪上游机架出口轧件速度，m/s。

根据现场经验，推荐采用如下的飞剪超前（滞后）速度系数设定值：

1 号飞剪：切头 5% ~15%，切尾 3% ~10%；

2 号飞剪：切头 5% ~15%，切尾 3% ~10%。

飞剪的碎断轧件长度与飞剪的超前（滞后）速度系数和剪子形式有关，而与轧制速度无关。

另外，飞剪超前（滞后）速度系数设定值的大小，将影响飞剪剪切完轧件后的复位角度，在剪刃不能正常复位的情况下，可适当调整该系数来修正剪刃复位角度，使飞剪工作正常。

11.1.3　3 号飞剪前夹送辊的速度设定

3 号飞剪前夹送辊的主要功能有：对于小规格品种实行全夹送，即在轧件头部到达 3 号飞剪处夹送辊闭合夹送轧件，以防止在成品机架与冷床入口处堆钢，尤其是在使用穿水冷却时水冷段内容易堆钢；其次是对于大规格产品在轧件尾部离开成品机架时夹送辊闭合，使轧件保持轧制速度，以免两个热倍尺在冷床入口处不易被拉开。

全夹送速度的控制设定是通过控制电机的扭矩来实现的，在夹送辊闭合开始全夹送轧件时，由于与轧件速度相比存在一定的速度超前，电机扭矩增加，这样操作可直接通过设定所增加的电机扭矩值来实现夹送辊超前速度的控制。通常情况下，超前速度系数在 5% ~ 10% 之间时增加的电机扭矩可用增加的电流值百分量来表示，并实现夹送过程中的恒扭矩调速，增加的电流值一般可取 1%。

夹送辊夹尾时轧制速度对应的电机转数应根据夹送辊孔槽形状及辊环直径来计算，夹送辊实际夹送轧件的工作直径应等于辊环直径减掉一个孔型补偿系数，此种方法与轧辊孔槽轧制时有些类似。

11.1.4　3 号飞剪、碎断剪及裙板辊道速度设定

3 号飞剪切热倍尺及碎断剪在事故状态下碎断轧件的超前速度系数设定原理与 1 号、2 号飞剪切头及碎断过程相同。通常情况下碎断由于速度高，超前速度系数较高，一般选择 10%~20%。下面着重介绍一下 3 号倍尺飞剪与裙板辊道的速度关系及超前速度系数的设定。

相对于成品轧机的冷床入口裙板辊道速度应考虑与轧制速度相比有一定的速度超前系数，以便使轧件在上冷床之前拉开一定的距离，使热倍尺能正常分开上冷床。目前从 3 号剪至冷床末端，裙板辊道分三段进行速度设定，一般超前速度系数首先选择为第一段超前 5%，第二段超前 10%，第三段超前 12%。如果轧件被 3 号分段飞剪剪切后没有弯曲，就按此系数进行生产，如果上根尾部有弯曲，可以适当加大各段超前速度系数。但第一段最大值不得高于 10%，否则辊道磨损大，同时轧件增速效果也不会太好，现在大多选择在 5% ~10% 的范围内。另外在辊道速度设定时，操作工应注意考虑对由于辊子直径磨损变小所带来的实际线速度下降的补偿，产品品种及规格的不同也应对辊道超前速度系数做适当的调整。如轧制螺纹钢筋时，由于它有月牙，轧件与辊道摩擦效果好，所以超前速度系

数可以略小些，而生产圆钢时则相反。另外对于大规格产品，由于轧制速度低、刚性好，所以超前速度系数也可略小些，而轧制小规格产品时则相反。

3 号分段飞剪的超前速度系数应与辊道超前速度系数相匹配，保证轧件切开后轧件头尾不产生弯曲为准，一般速度过低头部易弯，速度过高尾部易弯。另外产品规格大的品种，轧件断面大，不易产生弯曲，同时速度低，剪切力大，飞剪实际速度比设定值有少量下降，所以大规格产品，3 号分段飞剪的超前速度系数应选择大些，小规格产品应与上述情况相反。表 11－1 是典型的 3 号分段飞剪超前速度系数。

表 11－1　3 号分段飞剪的超前速度系数

品种（直径）	12	16	20	22	25	28	32
超前速度系数/%	11.3～10.3	11.6～10.6	3.0～11.0	8.0～12.0	9.2～14.0	10.0～11.0	11.0～19.0

11.1.5　热倍尺长度设定

热倍尺长度的设定应考虑冷定尺长度、冷床长度、切定尺前的切头尾长度及热轧件的线膨胀系数。热倍尺长度一般用下式表示：

$$L = (xl + \Delta l)a$$

式中　L——热倍尺长度，m；

x——热倍尺长度与冷定尺长度的倍数；

l——成品冷定尺长度，m；

Δl——头尾切掉长度，m；

a——轧件线膨胀系数。

x、l 值的大小在冷床允许的情况下越大越好，以减少切头尾次数，提高成材率。通常情况下，冷床两头可考虑各留有最好约 5m 的长度，以防轧件制动距离不等而超出冷床，Δl 的大小可考虑设定头尾各切 250～350mm。轧件在热状态下（1030℃）线膨胀系数 a 可取为 1.013 左右。

另外，热倍尺长度可根据钢坯料的长度、成品规格大小及倍尺优化工艺要求综合考虑选定。

11.1.6　轧件剪切过程分析

轧件的整个剪切过程可分为两个阶段，即刀片压入金属与金属滑移。压入阶段作用在轧件上的力，如图 11－1 所示。

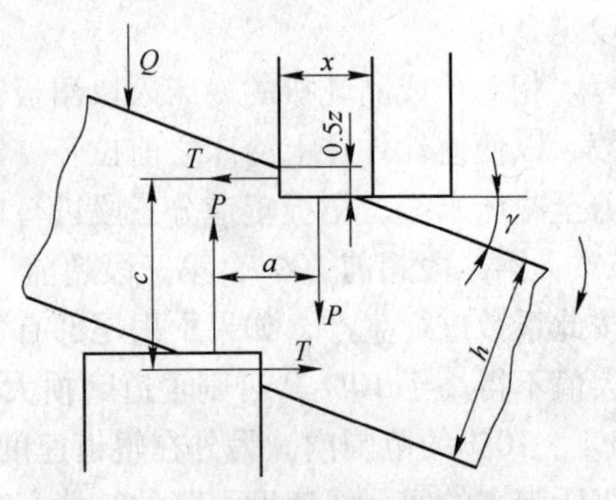

图 11－1　平行刀片剪切机剪切时作用在轧件上的力

当刀片压入金属时，上下刀片对轧件的作用力 P 组成力矩 P_a，此力矩使轧件沿图示方向转动，而上下刀片侧面对轧件的作用力 T 组成的力矩 T_c 将力图阻止轧件的转动，随着刀片的逐渐压入，轧件转动角度不断增大，当转过一个角度 γ 后便停止转动，此时两个力矩平衡，即

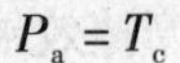

$$P_a = T_c$$

轧件停止转动后，刀片压入达到一定深度时，力 P 克服了剪切面上金属的剪切阻力，此时，剪切过程由压入阶段过渡到滑移阶段，金属沿剪切面开始滑移，直到剪断为止。

假设刀片与金属在 xb 及 $0.5zb$ 的接触面上单位压力是均匀分布而且相等的，即

$$\frac{P}{xb}=\frac{T}{0.5zb}$$

式中　b——轧件宽度。

根据上式，P 与 T 的关系由下式确定

$$T=P\frac{0.5z}{x}=P\tan\gamma$$

由图 11－1 的几何关系可得

$$a=x=\frac{0.5z}{\tan\gamma}$$

$$c=\frac{h}{\cos\gamma}-0.5z$$

将上述公式合并，可得刀片转角与压入深度 z 的关系

$$\frac{z}{h}=2\tan\gamma\cdot\sin\gamma\approx2\tan^2\gamma$$

或

$$\tan\gamma\approx\sqrt{\frac{z}{2h}}$$

由此可知，压入深度愈大，γ 就愈大，侧向推力 T 愈大，为了提高剪切质量，减小 γ 角，一般在剪切机上均装设有压板装置，把轧件压在下刀台上，图 11－1 中的力 Q，即表示压板给轧件的力。有关文献给出了 γ 和侧向推力 T 的经验数据。

无压板剪切时　　$\gamma=10°\sim20°$，$T\approx(0.18\sim0.35)P$

有压板剪切时　　$\gamma=5°\sim10°$，$T\approx(0.1\sim0.18)P$

从上面列出的数值看出，增加压板后不仅提高了剪切质量，使剪切断面平直，而且大大减小了侧向堆力 T，从而减小了滑板的磨损，减轻了设备的维修工作量，提高了设备的作业率。

在中小型剪切机上多半采用弹簧压板，利用弹簧的变形产生所需要的压板力，在大型剪切机上除弹簧压板外，采用液压压板较多，利用液压缸的力量把轧件压住。确定压板力的原则是使压板力对剪切面处产生的弯曲力矩等于或大于轧件断面塑性弯曲力矩，根据设计部门和有关文献的推荐，压板力一般取最大剪切力的 4%～5% 左右。在采用固定弹簧压板时，由于结构上的限制，压板力只能按最大剪切力的 2% 来考虑。

在刀片压入阶段的剪切力 P 为

$$P=pbx=pb\frac{0.5z}{\tan\gamma}$$

式中　p——单位压力。

$$P=pb\sqrt{0.5zh}$$

当以 ε 表示相对切入深度，$\varepsilon=\frac{z}{h}$代入上式，则

$$P=pbh\sqrt{0.5\varepsilon}$$

滑移阶段的剪切力 P 为

$$P = \tau b\left(\frac{h}{\cos\gamma} - z\right)$$

式中 τ——轧件被切断面上的单位剪切阻力。

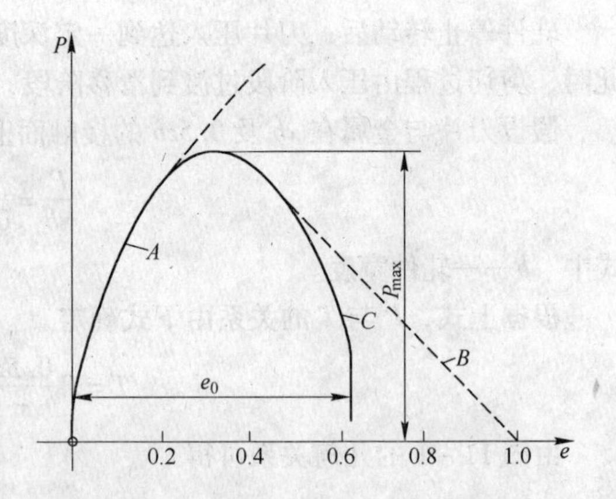

图 11-2 剪切力与相对切入深度的关系

根据以上公式，P 力随 z 的增加将按图 11-2 所示的抛物线 A 增加，一直增加到由上式决定的金属开始沿整个断面产生滑移的数值为止。若 τ 为常数，则力 P 将根据上式按图 11-2 所示直线 B 减少。但实际上 τ 值是随 z 的增加而减少，因而力 P 将按曲线 C 更剧烈地减少。当切入达一定深度时，轧件断裂。

近年来对平行刀片剪切机的研究表明，剪切过程可更详细地分为以下几个阶段：刀片弹性压入金属，刀片塑性压入金属；金属滑移；金属裂纹萌生和扩展，金属裂纹失稳扩展和断裂。

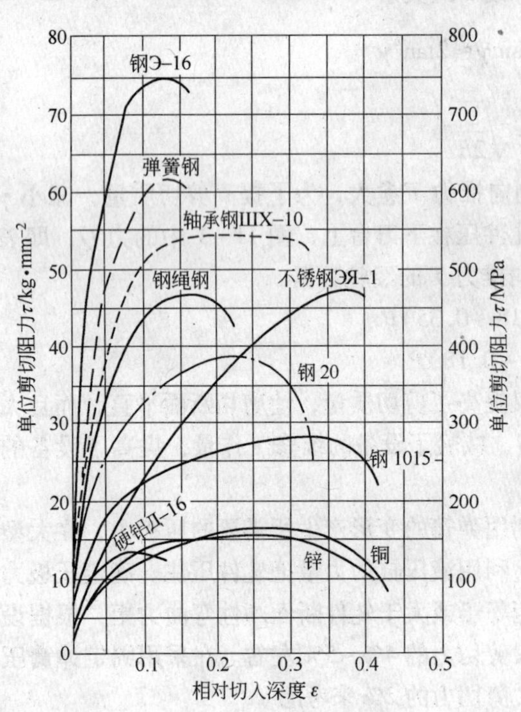

图 11-3 冷剪时的单位剪切阻力曲线

热剪时，刀片弹性压入金属阶段可以忽略。在刀片塑性压入金属阶段，刀片和轧件接触面处产生宽展现象，常给继续轧制带来困难或缺陷，金属滑移阶段开始后，宽展现象才停止。由于热剪时金属滑移阶段较长，轧件断裂时的相对切入深度就较大。

冷剪时，刀片弹性压入金属阶段不可忽略，而且由于材料加工硬化，金属裂纹萌生较早，在刀片塑性压入金属阶段甚至在刀片弹性压入金属阶段就已产生裂纹，故金属滑移阶段较短，断裂时的相对切入深度就较小。

图 11-3 表示了某些前苏联牌号钢种在冷剪时的单位剪切阻力曲线，其中包括三种有色金属。

由图 11-3 可见，在冷剪时，材料强度 σ_b 愈高，材料的剪切过程延续时间愈短，会很快地达到最大剪切力。而在热剪时，对同一材料来说，剪切温度愈高，则最大剪切力数值愈低，而剪切过程延续时间愈长。

11.1.7 剪刃的准备

11.1.7.1 剪刀片刃型设计

对于剪切方、扁等轧件，使用平剪刃即可剪断，对于剪切其他较复杂断面的钢材，剪刀刃型如果设计不正确，钢材在剪切时，容易产生端部撕开、崩裂、翼缘形钢材腿部多肉等剪切缺陷。

型钢刃具设计，主要是考虑钢材同一断面各部分抗剪能力的不均匀性。必须以剪机性能为依据，选择合理的设计方法，既要满足质量要求，又要便于操作，为此，设计时应遵守以下原则：

（1）剪切方向的选择，必须使被剪钢材处于稳定状态，一般型钢的剪切方向如图 11－4 所示。

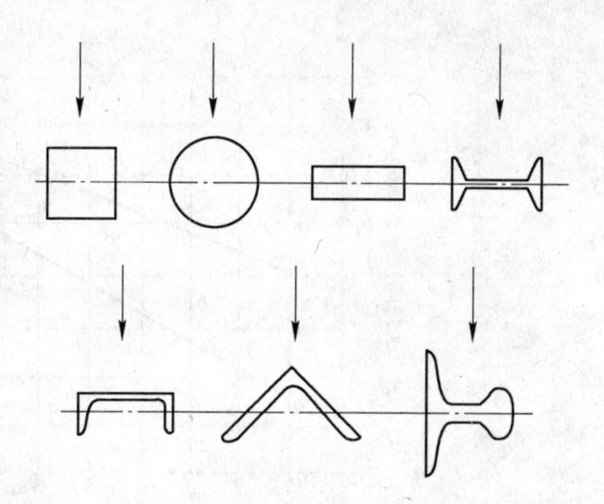

图 11－4 型钢剪切方向示意图

（2）刃型的高度应考虑剪机行程和剪刃的利用系数，并为钢材顺利通过刃型留有余地。同时上刀胎从最高位落下时，上下两刃保持有一定的重合量。

（3）除了钢材断面抗剪能力相差悬殊的部位外，其余刃型尺寸和形状应和被剪钢材的尺寸和形状力求一致。

11.1.7.2 对剪刃的技术要求

剪断机刀片是直接进行剪切的工具，剪刃质量的好坏直接影响产量的高低，剪刃通常是用合金工具钢制造。

剪刃必须具备两个基本条件：一是能适应本厂各种钢号的轧件剪断；二是硬度适宜。为此，选择刃具的材质十分重要。一般材质为 9SiCr、$5CrW_2Si$ 及 5CrWMn 等。

为了提高刀刃硬度，刃型经过加工后要进行热处理，但硬度不能过高或过低，硬度过高，剪切时容易发生刃具崩裂；硬度过低，剪切时刀刃容易变形，影响使用寿命和剪切质量。用 5CrWMn 钢作刀刃，其热处理后的硬度标准是：退火后 HB＝179～217；淬火后 HB＝420～470。

为了节约刀片，并便于现场操作，剪刃必须能两面互换。经过热处理后的剪刃必须整形，两边必须磨平。

11.1.8 剪切机重合量、侧向间隙的确定

刀片重合量 S 一般根据被剪切厚度来选取。图 11－5 为某厂采用的刀片重合量 S 与厚度 h 的关系曲线。由图可见，随着厚度的增加，重合量 S 愈小。当被剪切厚度大于 5mm 时，重合量 S 为负值，一般 S 可按下式计算

$$S=-(h-5)\times(40\%\sim50\%)$$

确定侧向间隙时，要考虑被切钢厚度和强度。侧向间隙过大，剪切时钢板会产生撕裂现象。侧向间隙过小，又会导致设备超载、刀刃磨损快，切边发亮和毛边过多。

在热剪切时，侧向间隙 Δ 可取为被切钢厚度 h 的 12%～16%。在冷剪时，Δ 值可取为被切钢板厚度 h 的 9%～20%。

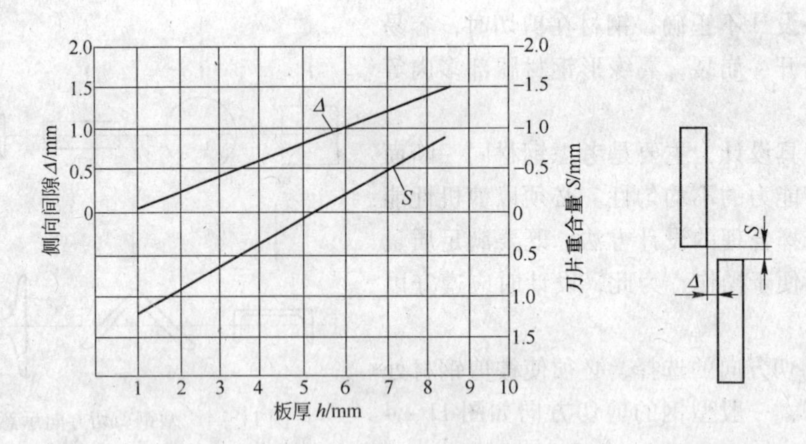

图 11-5　圆盘刀片重合量 S 和侧向间隙 Δ 与被切厚度 h 的关系曲线

11.1.9　剪切作业评价

11.1.9.1　剪切断面的各部分名称

剪切断面的各部分名称如图 11-6 所示。各部分的说明如下：

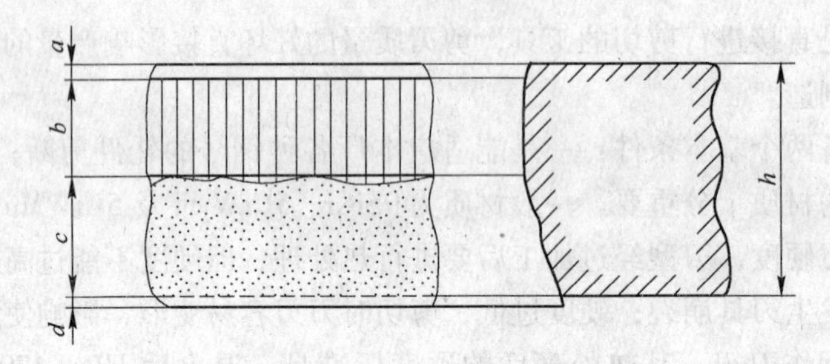

图 11-6　剪切断面示意图

a—塌肩；b—剪断面；c—破断面；d—毛刺；h—板材厚度

（1）塌肩。在刀刃咬入时，在刃口附近区域被压缩而产生塑性变形部分，称为塌肩。这样，金属材料的边缘部分由原来的平面状态变成塌肩状。这个塌陷的程度当然越小越好。除了特别硬的材料外，在剪切过程中，多少总要出现一些。若希望减小塌肩部分，在不考虑刀刃质量的情况下，将间隙调小些就行了。

（2）剪断面。剪断面是一边受到刀刃侧面的强压切入，一边进行相对滑动的部分。这部分特点是断面十分整齐光亮，故也称之为光亮面。当然，光亮面要多些，切口状态就显得美观，但所消耗的能量也大。一般认为当切口上的剪断面占整个切口的 1/3 左右为最佳状态。而剪断面的量的大小和刀刃间隙的大小成反比例关系。也就是，间隙变大，光亮的剪断面变小，反之则光亮面变大。

（3）破断面。破断面是产生裂缝而断开的部分，剪断面与破断面的量成反比例，剪断面增大了，则破断面减少。

（4）毛刺。由于金属材料具有一定的塑性，在剪切断面上沿刀刃作用力的方向，带出部分金属，填充于两刀刃的间隙之中，这些完全异于原体形态的部分，称为毛刺。因为刀刃之间总是有间隙的，故产生微小的毛刺是避免不了的。间隙越大，毛刺也越大。刀刃变钝，毛刺也随之增加。当间隙达到一定值后，毛刺使断面的直角度达不到要求，也会成为产品所不能允许的缺陷，因为产品标准规定毛刺不得超过厚度负公差的一半。

11.1.9.2 剪切评价

人们通常说的剪刃调整，就是指水平间隙和重含量的设定值的改变。对于剪切作业来说，这方面调整是整个剪切作业的关键，它决定剪切断面是否良好以及剪切用力是否最小。

必须说明一点的是不仅对于不同设备，就是同一制造厂生产的相同剪切设备，各个剪切设备设定值都不会一样。要从实际生产中总结出来。方法是：在特定的条件下，通过适当调整得到最佳剪切断面，这时的剪刃间隙调整值是最佳的，可作为以后实际生产中初步设定时采用的可靠参考值。可通过观察剪切断面的质量来判断剪刃间隙调整是否合适。得到的结果有：

（1）剪刃间隙调整是合适的。如图 11－7（a）所示，裂缝正好对上，塌肩和毛刺都很小，剪断面约占整个断面的 15%～35% 左右，其余为暗灰色的破断面，很明显的表示出正确的剪切状态。这时，应及时记下各项调整后的数值。

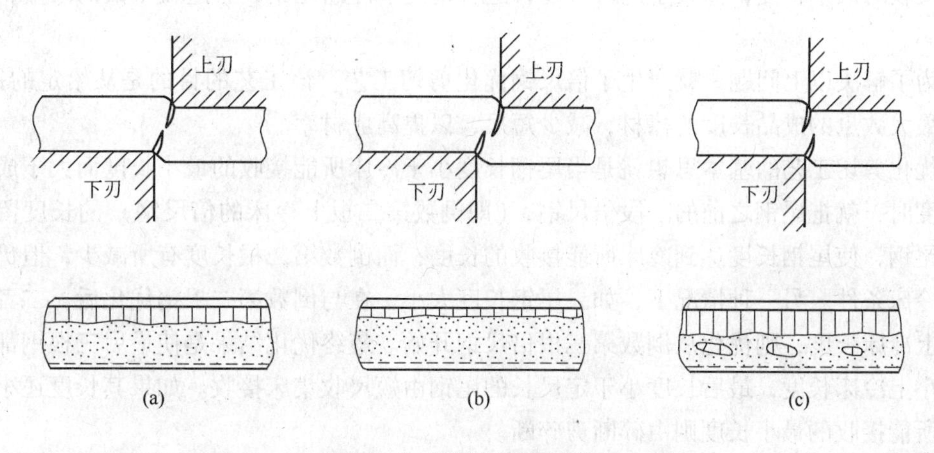

图 11－7 间隙与断面的关系

（2）剪刃间隙调整偏大。如图 11－7（b）所示，裂缝无法合上，钢板中心部分被强行拉断，剪切面十分粗糙，毛刺，塌肩都十分严重。

（3）剪刃间隙调整偏小。如图 11－7（c）所示，裂缝的走向略有差异，使部分断面再次受刃侧面的强压入，即进行了二次剪断。因此，当剪断面上出现碎块状的二次剪断面时，就可以认为间隙偏小了。这种情况下，应把间隙朝大的方向调整一下，使二次剪断面消失。

剪切前剪刃间隙的调整，是一项很细致的工作，要在实际工作中不断总结经验。热轧钢板种类繁多，即使同一种钢，也会因化学成分的差异及加工工艺的差异而不同。在调整间隙时，一定要考虑到各方面的因素，作为初步设定值，在剪切 4.0mm 以下的薄板时，间隙取板厚的 7%～15%；剪切 4.0mm 以上厚板时，间隙取板厚的 10%～20% 为宜。

当经过反复调整，剪刃间隙达到最小限度，还不能得到满意的剪切断面时，就应该考虑更换剪刃，否则，无法保证产品质量和设备安全。

11.1.10　飞剪倍尺剪切

11.1.10.1　概述

钢坯经轧机轧制成棒材之后，成品轧件的长度远大于冷床所能接收的长度。因此，必须经剪切成为冷床所能接收的长度，剪切后经冷床冷却的棒材再由定尺剪剪切为成品定尺长度。为了避免在定尺剪切过程中产生短尺钢，提高成材率，一般都把上冷床钢的长度剪切成为定尺的整倍数，这个剪切过程称为倍尺剪切，由轧机下游的倍尺剪（3 号剪）剪切完成。

在实际生产中，钢坯的长度不是绝对不变的，而是在一个可允许的范围内随机变化，这就导致了精轧机轧出钢材的长度不断变化，可能使经倍尺剪切后所得到的最后一段钢的长度小于冷床所能接收的最小长度。这种情况下，通常是在倍尺钢剪切结束后，把长度小于冷床所能接收最小长度的钢由碎断剪碎断。如果这时最后一段钢的长度只是稍小于冷床所能接收的最小长度，而大于定尺长度，这种情况下碎断尾钢，会造成很大的浪费，降低成材率。

为了解决以上问题，就产生了倍尺钢优化剪切工艺。该工艺的目的是从给定的钢中，得到最大数量的成品长度的棒材，减少短尺，以提高成材率。

优化剪切工艺的基本思想就是当尾钢长度小于冷床所能接收的最小长度而大于成品定尺长度时，就把尾钢之前的一段倍尺钢，（即倒数第二根上冷床的倍尺钢）的长度留一部分给尾钢，使尾钢长度达到冷床所能接收的长度，而倒数第二根长度有所减少，但仍能满足上冷床条件。另一种情况下，如果尾钢长度太小，在与倒数第二根钢优化后，二者都达不到上冷床长度，则优化从倒数第三根倍尺钢开始。最终优化结果是使最后三根钢都能达到最小上冷床长度，最后长度小于定尺长的尾钢由短尺收集床接收。如果其长度还小于短尺床所能接收的最小长度则由碎断剪碎断。

实现倍尺优化剪切工艺所需要的设备主要是倍尺剪（3 号剪）、碎断剪以及一系列分布在主轧线以及其下游的热金属探测器。在 3 号剪前有夹送辊，3 号剪与碎断剪之间是导向器。设备布置如图 11－8 所示。

11.1.10.2　倍尺剪（3 号剪）

3 号剪位于轧机下游，淬水线之后，主要用于轧件的切头、切尾、倍尺剪切，事故剪切，优化剪切等。

该剪为组合剪（曲柄/回旋），根据生产需要选择剪子曲柄或回旋方式，由液压缸驱动变换。两个刀片用于曲柄，两个刀片用于飞剪。

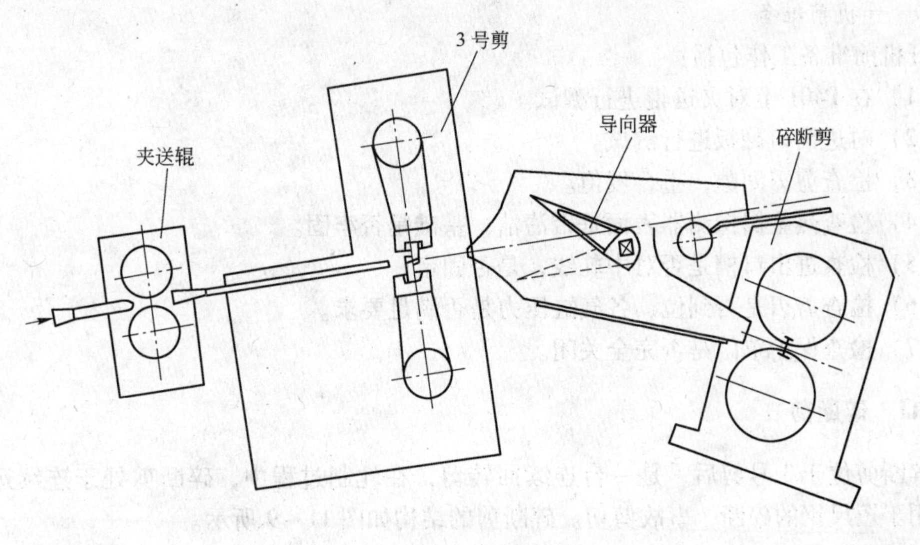

图11-8 倍尺剪区设备

A 曲柄换用回转剪步骤

曲柄换用回转剪步骤为：

(1) 停机。

(2) 在P401地面站上，将选择开关打到“地面”位置。

(3) 人工拔掉曲柄剪进出口导槽底脚固定插销，并用行车吊走，放到指定地点。

(4) 按一下“剪机夹持器”解锁按钮。

(5) 操作“组合剪向回转方向移动”开关，驱动回转剪到轧线位置，当“组合剪到位指示灯”亮后，将开关旋转到“停止”位置。

(6) 操作“碎断剪向前”开关，驱动碎断剪到达剪切位，当“碎断剪到位指示灯”亮后，将开关旋转到“停止”位置。

(7) 按一下“剪机夹持器”解锁按钮。

(8) 更换进口导槽。

(9) 目测检查进口导槽，剪刃，出口导槽与轧线是否对中。

(10) 在P401地面站上，对入口翻板，碎断剪入口翻板，导向器，回转剪进行测试。

(11) 将选择开关打到“主控”位置。

B 剪刃更换

组合剪的剪刃更换，操作工必须分清需更换的剪刃是曲柄剪还是回转剪，是热剪还是冷剪，更换剪刃时，松开剪体上的三个紧固螺母，取下旧剪刃，换上新剪刃，然后再用人工扳手将紧固螺丝拧紧。

C 剪刃间隙和重合量的调整

剪刃间隙、重合量的调整，在P401操作站上操作“剪机点动向前”开关，使上下剪刃在垂直位置重合，测量间隙和重合度的值，其标准为：间隙为0.15~0.3mm，一般剪刃间隙与所剪的轧件厚度成正比；重合度为2mm。

如果检查超出此范围，可用垫片进行适当调整，如果是剪刃磨损严重，则更换剪刃。

D　开机前准备

开机前准备工作包括：

（1）在 P401 上对夹送辊进行测试。

（2）对进出口翻板进行测试。

（3）检查剪刃间隙，重合度值。

（4）检查热金属探测器表面是否清洁，基础是否牢固。

（5）检查进出口槽是否对中轧线，是否固定。

（6）检查剪刃是否到位，各气缸压力是否满足要求。

（7）检查保护罩门是否完全关闭。

11.1.11　碎断剪

碎断剪位于3号剪后，是一台连续回转剪，在轧制过程中，碎断剪处于连续运转状态。用于短尺钢的碎断，事故剪切。碎断剪的结构如图 11－9 所示。

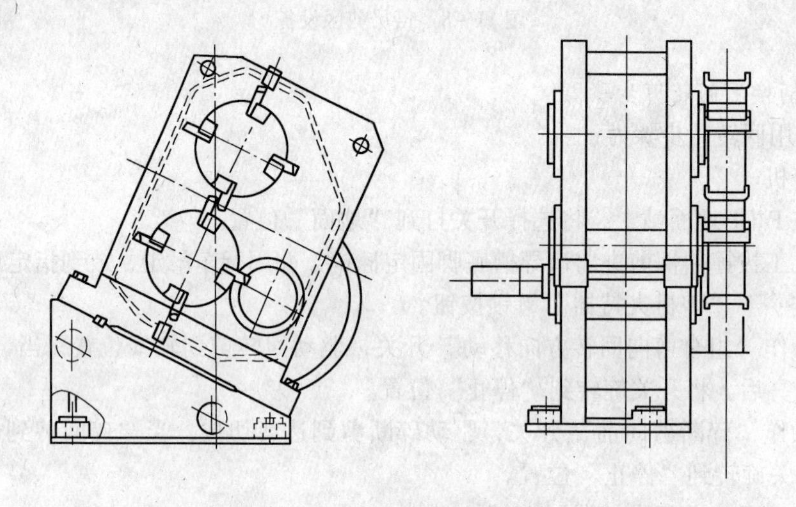

图 11－9　碎断剪结构

11.1.11.1　剪刃的安装及更换

剪刃的安装及更换工作包括：

（1）松开并拧下固定螺栓。

（2）在楔铁孔中装入拆卸螺栓。

（3）拧紧拆卸螺栓，直到楔铁和剪刃从剪子中脱出。

（4）拆下旧剪刃，装上新剪刃。

（5）剪刃定位后，装上楔铁，并拧紧螺栓。

11.1.11.2　剪刃间隙和重合量的调整

剪刃间隙和重合量的调整也是用垫片调整，其范围为：间隙为 0.1～0.15mm；重合度为 1mm。剪刃的对中是由楔铁两侧的定位销实现的。

11.1.12 夹送辊

夹送辊位于3号剪入口侧。它的作用是当轧件尾部脱离终轧机架后，拉送轧件。夹送辊的结构如图11-10所示。

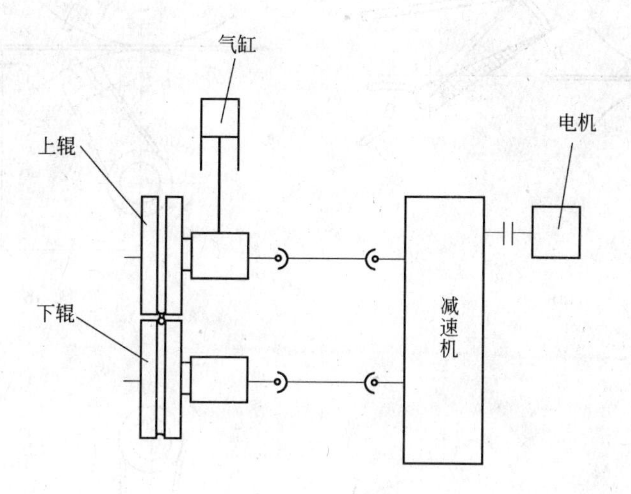

图11-10 夹送辊

该夹送辊为水平式夹送辊，主要包括电机传动装置、万向接轴、机架、辊组、气缸等。上辊可动，由气缸驱动，当气缸开动时，上辊压下，以便能夹持轧件。

为保证与轧制线中心对正，下辊位置可进行调整。上辊驱动气缸的行程也可调整。

在夹送辊入口和出口还装有导向装置。导向装置主要是一个喇叭口导管，导管固定在支架上，导管支架高度可以调整，以便对准轧制线。根据不同的轧制产品，选用不同规格的导管。

夹送辊上有槽，根据不同产品的断面进行更换。

夹送辊的安装、调整是根据生产产品规格，准备好所使用的辊子，在轴上加上正确厚度的垫片，再把辊环套在轴上，安装法兰盘，并用螺栓把法兰拧紧在轴端上。

在地面站控制夹送辊的打开、关闭，检查两辊中线与轧件的对准程度，如有偏差，可对上、下辊分别调整。

生产前在地面站进行夹送辊运转测试。

11.1.13 3号剪分钢器

分钢器是由1个拨料板组成的，它通过1个由变频器供电的交流电机控制。该电机装配有1个制动器，另外，在电机上还装配有1个脉冲发生器和1个接近开关。

分钢器与飞剪的同步控制是由控制飞剪剪刃位置的脉冲发生器控制的，以便根据剪刃位置进行同步动作。

另外，分钢器还装配有传感器，用来复位和储存分钢器的脉冲发生基准点。分钢器的操作周期为（如图11-11所示）：

（1）头部剪切。最初，拨料板是在静止位置A。当剪刃从起始位置移到重叠位置时，

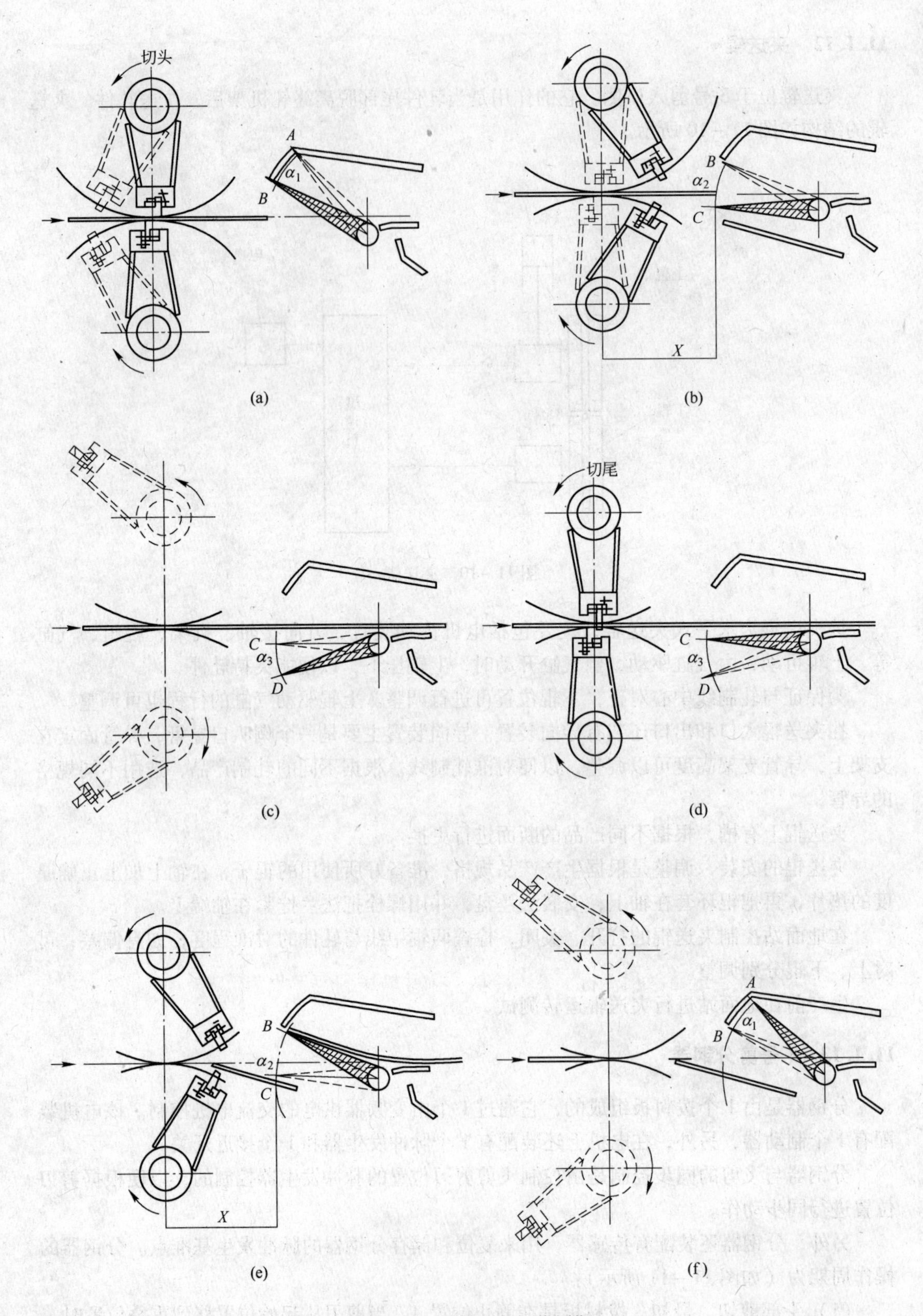

图 11－11　分钢器的操作周期

拨料板从 A 到 B，加速走过角度 α_1，如图 11－11（a）所示。剪刃在重叠位置时，拨料板正好在 B 位置。

当拨料板以同样的速度走过角度 α_2 即 $B \to C$ 时，棒材的头部也需要走过剪切长度 X，即在拨料板到达位置 C 的同时，棒材也走过了 X，如图 11－11（b）所示。

拨料板到达 C 后，如图 11－11（c）所示，拨料板加速走过 α_3，到达 D 位置，停止等待下一个周期。

（2）定尺剪切。在完成了棒材的头部剪切后，拨料板停在平行棒材的位置 C 上，等待定尺剪切，直到将要进行棒材的尾部剪切，拨料板移至 D 位置。

（3）尾部剪切。最初，拨料板是在稳定位置 D。当剪刃从起始位置移到重叠位置时，拨料板从 D 到 C 加速走过角度 α_3，如图 11－11（d）所示。剪刃在重叠位置时，拨料板正好在 C 位置。

当拨料板以同样的速度走过角度 α_2 即 $C \to B$ 时，棒材的头部也需要走过剪切长度 X，即在拨料板到达位置 B 的同时，棒材也走过了 X，如图 11－11（e）所示。

拨料板到达 B 后，如图 11－11（f）所示，拨料板加速走过 α_1，到达 A 位置，停止等待下一个周期。

如果不进行下一个切头工作，拨料板将停在棒材定尺剪切的位置上。否则，它将停留在 A 位置上，直到下一个头部剪切。

11.1.14　定尺和优化

2 号、3 号飞剪可以进行定尺剪切和优化剪切。

定尺剪切的操作顺序与头部剪切相类似，分钢器一直处于最低位。最小的剪切长度依据轧制速度、剪切周期来限定。

优化剪切由 2 号剪执行。自动控制系统计算出棒材的长度，同时根据所需要的定尺长度进行优化组合，使剪切机按定尺长度的倍数进行剪切，以便将棒材放在冷床上，并在冷摆剪上定尺剪切，以节约时间。

3 号剪当做定尺剪，如果计算错误或 2 号剪剪切错误，3 号剪也可进行尾部剪切。

当尾料少于 3.5m 时进行尾部剪切并把尾料输送到碎断剪碎断；如果尾料超过 3.5m 少于 6m 时，可连在最后一根棒材上，由冷剪剪切并输送到短尺收集系统；如果尾料长度在 6～7.9m 之间，则尾部 6m 加到最后一根棒材上，尾部超过 6m 的部分进行碎断；如果尾料长度在 8～12m 之间，则将其一分为二，加在最后两根棒材上，由冷剪剪切并输送到短尺收集系统。

11.2　冷床区设备及工艺

11.2.1　冷床区设备

冷床区是精整工段的主要区域，它担负倍尺钢材的冷却和运输任务。为实现棒材及时准确的运输和冷却，在冷床区装备了以下设备：带制动裙板的运输辊道，气动拨钢器，电磁裙板，步进式齿条冷床，冷床上对齐辊道等。对于扁钢，还设置了扁钢拨钢器，扁钢堆叠装置、扁钢散叠装置。冷床设备组成如图 11 - 12 所示。

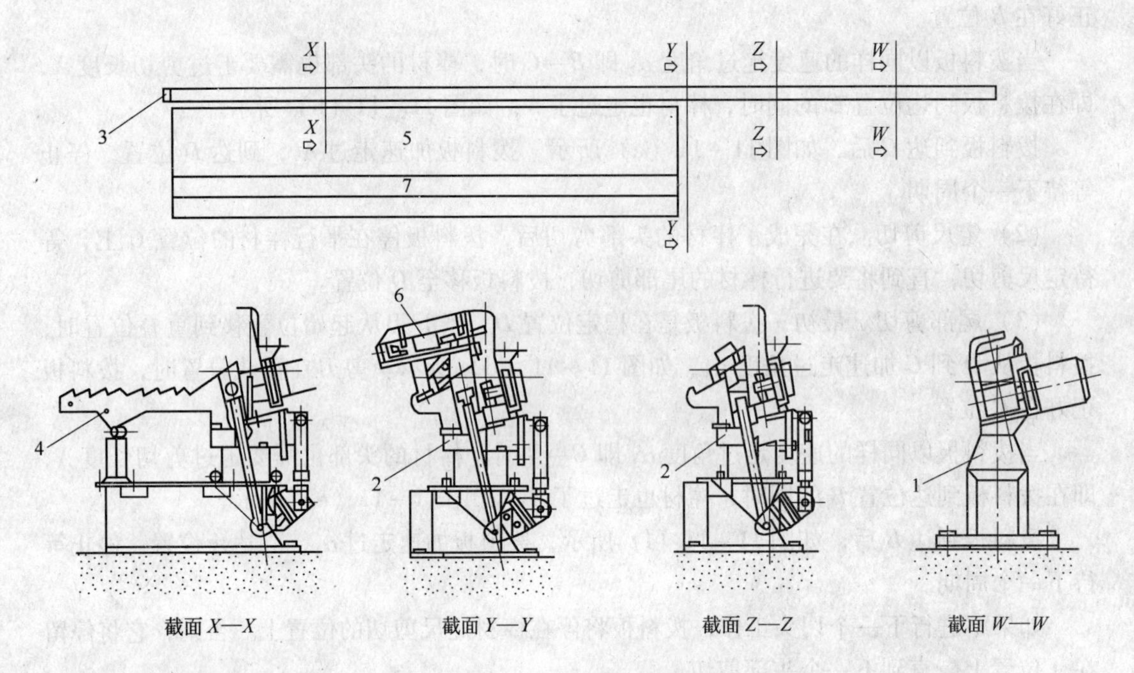

图 11 - 12　冷床设备组成示意图

1—输入辊道；2—裙板辊道；3—固定挡板；4—矫直板；5—冷床；6—气动分钢器；7—对齐辊道

11.2.2　冷床入口设备

冷床入口设备包括输入辊道、升降裙板辊道、分钢器、安全挡板等。

带制动裙板的辊道位于 3 号剪后，冷床之前。它的作用是对轧机轧出的倍尺钢进行运输、制动，并把钢输送到冷床上，如图 11 - 13 所示。

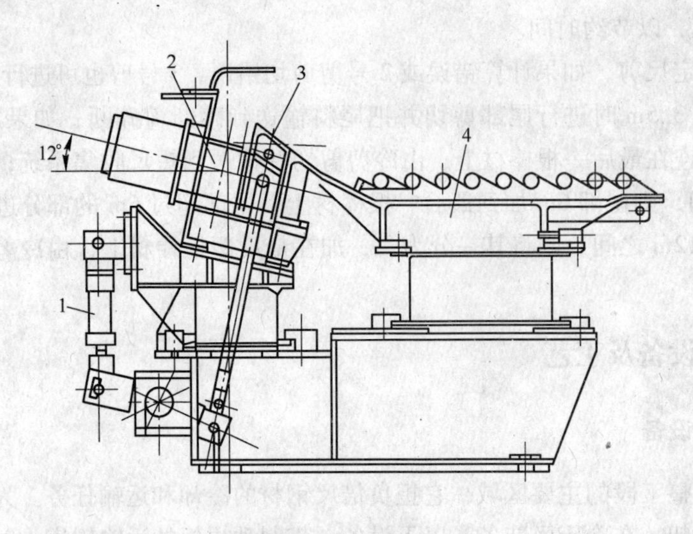

图 11 - 13　冷床输入设备

1—液压缸；2—冷床输入辊道；3—制动裙板；4—矫直板

11.2.2.1 辊道

运输辊道总长151.2m，包括126个辊，每个辊由可调速的变频交流电机单独驱动。不带裙板辊道31.2m，带裙板辊道120m，辊道的控制分为三段，各段速度单独控制，为实现钢的正确制动以及前后倍尺钢头尾的分离，在生产中辊道速度可在大于轧机速度的15%范围内变化。通常设定1号辊道速度超前轧机速度+5%，2号辊道超前+10%，3号辊道超前+5%。

11.2.2.2 制动裙板

制动裙板是位于运输辊道侧的一系列可在垂直方向上下运动的板，利用板与钢材之间的摩擦阻力使钢制动，并通过提升运动把钢送入冷床矫直板。裙板在垂直方向有三个位置，如图11-14所示。

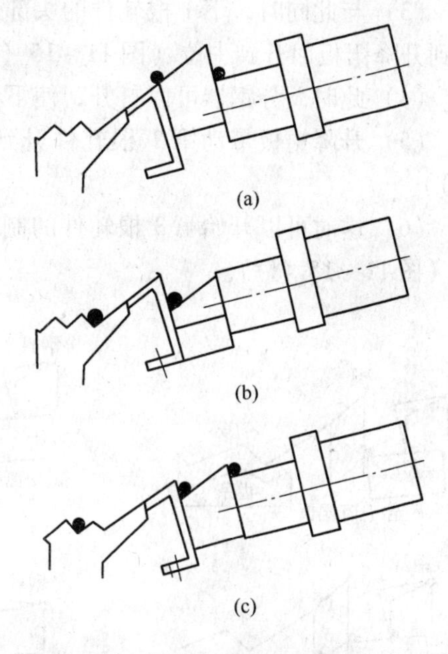

图11-14 裙板在垂直方向的3个位置
(a) 上位；(b) 下位；(c) 中位

制动裙板在长度方向上分为两部分。第一部分位于冷床之前，带罩子，裙板单块长1.2m，共长36m。根据生产的品种，按工艺通知要求确定罩子数量，罩子从倍尺剪后第一块裙板处开始安装和计数，直到达到要求的数量，以满足不同规格品种准确制动运输的需要。第二部分裙板位于冷床上，与冷床长度相同，96m长，由多块裙板构成一个整体，单块裙板之间不能分开。第一部分裙板和第二部分裙板一起运动。

裙板的垂直运动由8套液压缸驱动，装有用来探测裙板高/低位置的接近开关。

在制动裙板中分布有4块电磁裙板，每块间隔18m，第一块距冷床头部11.6m，通电产生电磁力，对于经过淬水冷却的螺纹钢，可增强制动力，使钢快速制动。磁力的大小可调。

11.2.2.3 气动拨钢器

气动拨钢器位于最后一只罩子处，它主要是一块长1.2m的可移动的拨钢板。其作用是当前一根倍尺钢进入裙板进行制动时，由于裙板降至最低位，阻止下一根倍尺钢头部进入裙板，这是通过拨钢板的运动实现的。拨钢板的运动由一个气缸驱动。在生产中，根据生产中规格，品种的不同，气动拨钢器由人工定位在各相应位置。

在一定的速度范围内，轧件头尾的分离可以靠辊道的超速来实现，当然，也决定于辊道的长度及相应的加速段距离。

在高速轧制时没有足够的时间分开前后2根轧件，并且裙板来不及降到下位以接受前1根轧件进行制动，然后回升到中位以隔开后1根轧件的头部。此时，必须采用分钢器制动轧件分开轧件头尾，防止前后轧件相互影响造成事故。

采用分钢器也可以减少辊道的超速。

分钢器的分钢过程为（如图 11－15 所示）：

（1）轧件从飞剪出来后在输入辊道上加速，从而与后面轧制中的轧件脱开（图 11－15（a））。

（2）当升降裙板降到下位时，轧件由辊道上滑至裙板上开始自然摩擦制动直到完全停止（图 11－15（b））。

（3）与此同时，下 1 根轧件的头部进入辊道的上部并由分钢器将其滞留在该位置上，直到升降裙板回升到中位（图 11－15（c））。

（4）此时，分钢器可以打开，使下 1 根轧件滑到升降挡板的侧壁（图 11－15（d））。

（5）升降裙板带动第 1 根轧件升到上位，将其滑到冷床的第 1 个齿内（图 11－15（e））。

（6）这时可以开始第 3 根轧件的制动周期，同时冷床的动齿条将第 1 根轧件送过冷床（图 11－15（f））。

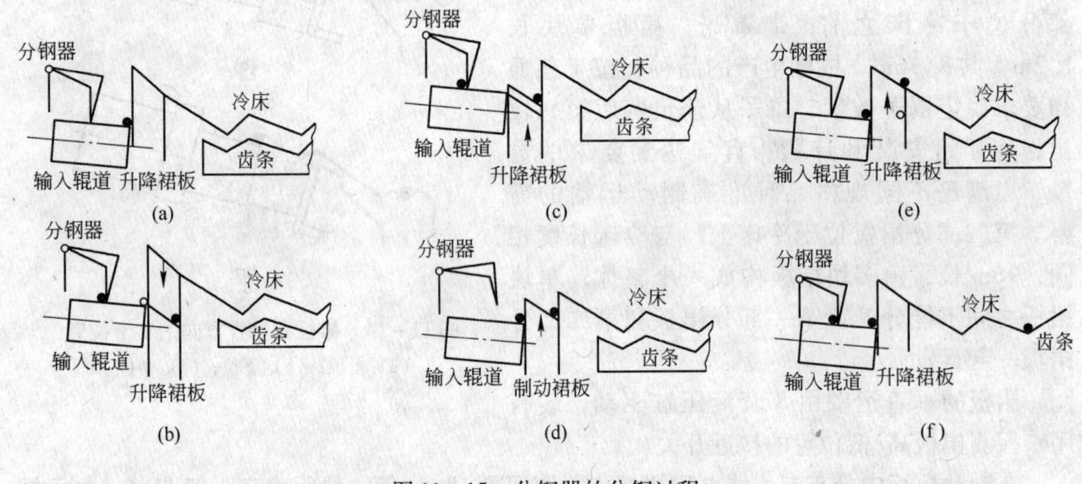

图 11－15　分钢器的分钢过程

11.2.2.4　裙板辊道制动分钢原理

钢的制动过程是由钢与制动板间的摩擦阻力实现的。摩擦力的大小是由钢与制动板间的摩擦系数决定的。

为顺利实现倍尺钢的制动和向冷床的及时输送，必须满足两方面要求：

（1）使倍尺钢准确定位在冷床所要求的位置上。在生产中尽可能使钢落在靠近冷床头部的位置上，以减少后序工作中齐头辊道的工作时间，减小磨损。

（2）保证制动时间，前后钢头尾间隔时间与裙板动作周期相匹配，顺利分钢。

针对以上两部分的要求如图 11－16 所示，图中：

*P*1：钢进入制动板开始制动的位置。

*P*2：钢经制动后停在冷床上的位置。

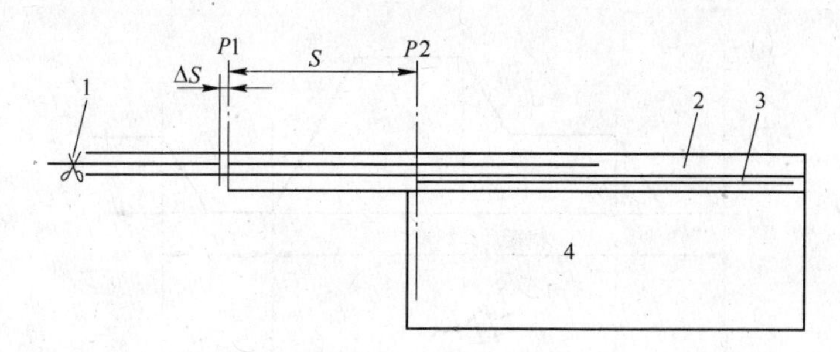

图11－16　棒材在裙板上制动开始与停止位置的示意图

1—3号飞剪；2—辊道；3—制动板；4—冷床

S：$P1$与$P2$间距离，称为制动距离。

钢经倍尺剪切后，尾部到达$P1$，进入制动板，开始制动，经时间t后，到达$P2$。称为制动时间。

由计算可知，制动距离S和制动时间t，主要取决于轧件的速度v和摩擦系数f。在生产中，摩擦系数f是一个常数。所以制动距离S和制动时间t主要取决于轧件速度v。

在生产中，为保证轧制速度最高的轧件能够定位于$P2$，必须有足够长的制动距离，这就要求冷床前制动板长度足够长。

根据计算可知，冷床前裙板长度54m能够满足最大轧件速度$v=18\mathrm{m/s}$时的制动要求。

当轧制其他规格棒材时，其轧制速度各不相同，但都低于18m/s，所以制动距离S都小于54m，为了保证轧件在冷床上的正确定位，对于不同规格的棒材，在冷床前辊道上开始制动的位置$P1$是不同的。所以在冷床前段制动裙板中罩子的使用长度是可变的，并且根据所生产棒材的制动距离，确定裙板中罩子的长度。

对于经淬水冷却的螺纹钢，可以使用电磁裙板，加强制动效果，减少制动距离和制动时间。

除了制动距离符合要求时，顺序分钢所需时间要与裙板运动周期相匹配。分钢就是指把前后两支钢头尾分开，保证前一根钢顺利制动两支钢头尾不能互相干扰，裙板动作周期是指裙板完成一个动作循环所需的时间，如图11－17所示。

在生产中要实现顺利分钢，前一根钢离开辊道开始制动时，必须与后一根钢拉开一段距离ΔS，如图11－16所示，以保证前一根钢离开辊道的时刻到下一根钢头部到达制动板前端$P1$位置时刻，其时间间隔Δt必须满足制动板从最低位升到中间位置所需的时间，以防止下一根钢头部在制动板处于低位时进入制动板，从制动板作周期图可知制动板从低位到中位所书时间t，要求：

$$\Delta t \geqslant t$$

时间间隔Δt是靠前后两根倍尺钢的速度差来实现的，辊道分为三段，每段速度都高于轧制速度，前一根钢经倍尺剪切后加速，使两根钢间距离加大。当轧制速度$v>10\mathrm{m/s}$时，由于轧件速度快，辊道加速产生的时间间隔Δt不能满足裙板相应动作所需时间，为保证前后钢头尾分开，在活动裙板段入口处加气动拔钢器，阻止下根钢头部进入裙板。

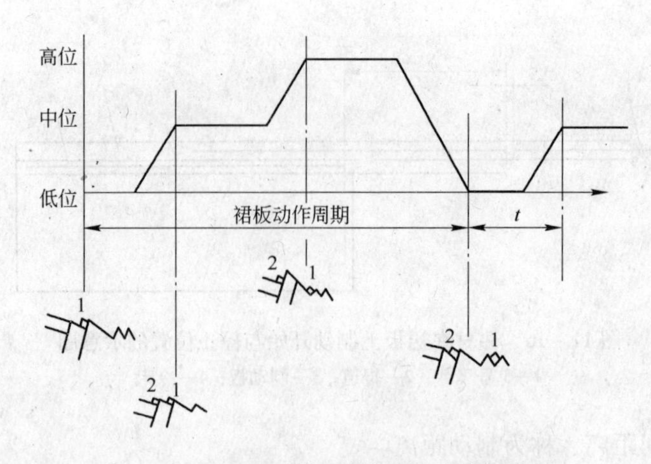

图 11－17　裙板动作周期与前后轧件的位置

1—前一根倍尺钢；2—后一根倍尺钢

11.2.2.5　扁钢推钢器

扁钢推钢器位于距冷床入口 6m 处开始的 66m 扁钢堆叠退火区内，由 5 块推钢板组成，轧材落入裙板有困难时，帮助其落下，通常用于宽扁钢。由 5 套气缸驱动，扁钢推钢器置于自动方式，在裙板卸料期间，裙板低位信号经一段延时，启动推钢器动作周期。

11.2.3　冷床设备及工艺

冷床是一种启停式步进梁齿条冷床。是棒材精整区的主要设备，位于裙板辊道与冷剪区成层设备之间。冷床的作用是对轧后热状态的棒材进行空冷，并矫直、齐头、冷却后输送到冷剪区进行定尺剪切。

11.2.3.1　设备介绍

冷床设备如图 11－18 所示。

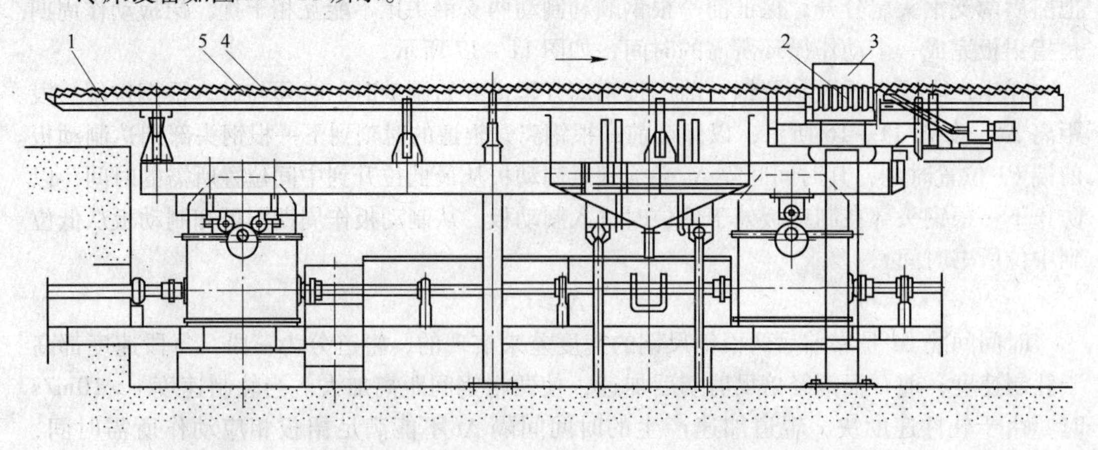

图 11－18　冷床组成

1—冷床；2—对齐辊道；3—固定挡板；4—可移动梁；5—固定梁

冷床本体由步进齿条梁和固定齿条梁组成。动齿条的传动由两套直流电机，减速机传动，两套传动机构在低速输出轴上刚性连接，保证两部分同步运行。

活动梁由22段组成，每段由一套固定在低速轴上的偏心轮驱动，偏心轮转动一周，步进梁走一步。活动步进梁齿条带动棒材向前移动一步把棒材定位在下一个定齿条的齿上。制动板每次向冷床输送一根钢，冷床动齿条进一次。在冷床低速轴上装有用于探测冷床步进梁位置的接近开关。其中两个用于探测步进梁停止前的减速位置。两个用于探测步进梁位于停车位置。

在冷床输出侧最后一个齿上装有一个微动开关，用于探测棒材。

在冷床的两个高速传动轴上，各装有一个气动抱闸。两个抱闸的作用是当电机停转时，保持步进梁位置，当步进梁运动之前，抱闸打开。抱闸只用于步进梁定位，不用于制动。

在冷床入口侧，在通长方向上有一列与固定齿条相连接的矫直板，如图11－13所示。矫直板上有与齿条尺寸相同的齿槽。由于从轧机轧出的倍尺钢，刚上冷床时仍处于较高温度，比较软，不能直接放到齿条上，所以先在矫直板上矫直，并冷却到较低温度，有足够强度后再进入齿条上。

在冷床后半部，有一条齐头辊道，端部有一个固定的齐头挡板，用来使冷床上的钢材齐头，如图11－12所示。齐头辊道由96个带槽的辊组成，每个辊由一台交流电机单独驱动、辊道的控制分为8段。

11.2.3.2 冷床

当正常生产时，冷床在自动方式下工作，动梁齿条每运行一周，把钢向前移送一个齿距，当一批钢结束（或在其他必要条件下，如检修），操作工可选择手动方式，用清冷床功能使冷床连续步进直到所有钢都离开冷床。

在自动方式中，冷床步进周期时间等参数由操作工在控制台上设定。

11.2.3.3 齐头辊道

齐头辊道所使用的段数由操作工设定或根据轧制程序设定。齐头辊道可以在连续或间歇方式下工作，连续方式时，辊道一直运转。间歇方式时，当冷床步进停止，辊道开始运转，辊道运转时间 t 由轧制程序或操作工预设定。辊道下一个步进循环开始之前停止。当冷床的步进周期小于 t 时，辊道处于连续方式。

思 考 题

11－1 简述飞剪的要求是什么。

11－2 倍尺长度如何设定？

11－3 剪切机重合量、侧向间隙如何确定？

11－4 简述裙板辊道制动分钢原理。

11－5 简述步进式冷床的结构。

12 棒材产品的缺陷和轧制事故的分析及其消除

在棒材生产过程中，由于各种轧制条件的变化和影响，例如坯料的质量、加热的温度与质量、轧机的安装、各零部件的松动、孔型及导卫的磨损以及轧件的移送等，都可造成产品的缺陷和轧制事故，从而影响生产的顺利进行，影响产量、质量和安全。因此，在生产中要善于仔细观察和及时发现问题，并给予妥善处理，以减少产品的缺陷及轧制事故的发生，从而保证轧机能经常地处于正常运转状态，轧出合格产品。

在各个不同的轧钢车间，由于设备条件及产品的种类不相同，在轧制过程中产生的问题也就各不相同，下面将对一些有代表性的缺陷和事故进行分析，找出原因并采取有效的措施加以防止。

12.1 棒材产品的缺陷及其消除

棒材产品的缺陷是各种各样的，这里仅就常见的轧制缺陷——耳子、折叠、镰刀弯、成品尺寸不合格、麻点、刮伤、脱圆和脱方、扭转、结疤、裂边和鳞层等作简单介绍。

12.1.1 耳子

轧件在孔型中轧制时，由于过充满使部分金属被挤进辊缝而形成耳子。耳子的概念是金属表面平行于长度方向的条状凸起。

12.1.1.1 一侧耳子形成原因及调整方法

一侧耳子形成原因及调整方法为：

（1）由于进口导板安装不正，偏向一边，轧件在孔型中充填不均，一侧过充满形成耳子，而另一侧却未充满，如图 12－1 所示。因此，哪边出耳子就说明导板偏向哪一边，应向相反方向调整导板。

（2）进口导板倾斜，使孔型与导板中心线相交成一定角度，且其交点又不在孔型的中心，使轧件向一边倾斜，造成一侧耳子，如图 12－2 所示。导板的倾斜是由横梁不正造成。因此，必须将横梁安装水平，高低适当，来保证导板与孔型中线重合。

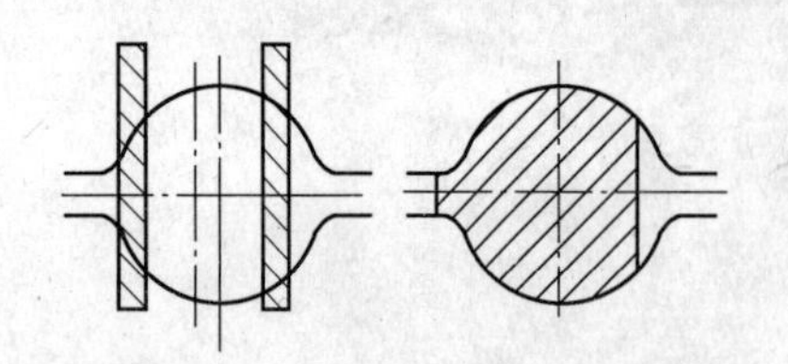

图 12－1　入口导板安装不正

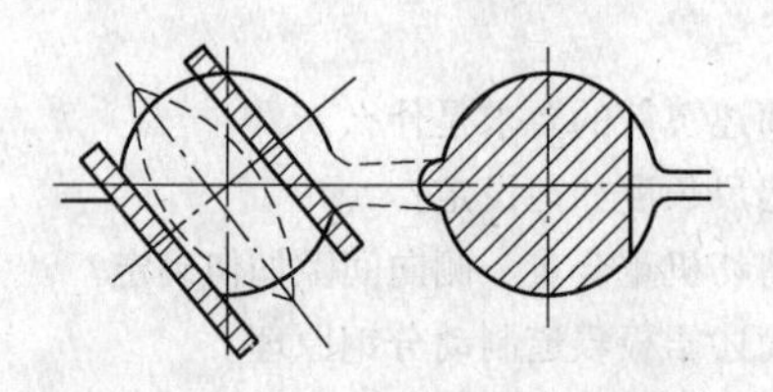

图 12－2　入口导板倾斜不正

12.1.1.2　两侧耳子形成原因及调整方法

两侧耳子形成原因及相应调整方法为：

（1）轧件在孔型中压下量过大，或者前一孔轧出的轧件过厚，翻钢进入本孔轧制后就出现耳子，这种耳子常常两侧都有，这是形成两侧耳子的主要原因，常用的调整方法是增加前孔的压下量。

（2）导板安装过宽或导板磨损严重，这种情况如图12－3所示。因此，必须正确安装导卫，如导卫磨损严重，应立即调换。

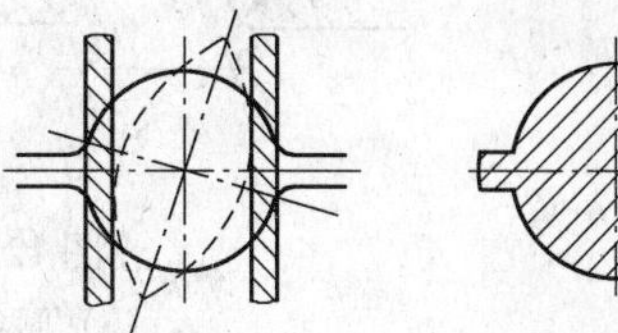
图12－3　导板安装过松或磨损严重

（3）轧件温度过低，使本孔的宽展量增大，另一方面，由于轧件温度低，变形抗力增大，轧机弹跳加大，使前一孔的轧件厚度增加。在以上两个因素的作用下，使孔型轧出的轧件产生耳子。例如在轧制圆钢时，当轧件温度降低后，会使轧件产生耳子，此时应增加成品前孔的压下量，使轧出的厚度比正常温度的厚度小（因为成品前椭圆孔型的宽展余地比较大，一般不会出耳子），同时将成品孔型也相应地多压一些，使轧出的成品既不出耳子，也能得到符号要求的成品高度。

（4）在同一套孔型中轧制不同的钢号，由于各种钢号的宽展量不同，例如不锈钢的宽展系数是10号钢的1.3～1.6倍，而高矽钢的宽展系数是10号钢的1.7倍，如果采用同一套孔型轧制这些不同钢号的钢种，则在轧制宽展大的钢号时，必然会产生耳子。因此对于宽展系数大的钢种如高矽钢最好采用单独的孔型设计。

12.1.1.3　轧件局部形成耳子的原因及调整方法

轧件局部形成耳子的原因及相应的调整方法为：

（1）轧件两侧交替耳子。形成原因是由于进口夹板在夹板盒中装得松，轧件在通过夹板时，可以自由摆动，一时偏左，一时偏右。偏左时，左边产生耳子，偏右时，右边出现耳子。这种耳子在圆钢轧制时，常常可以看到。调整方法是紧固成品进口夹板，并使夹板槽孔的宽度比进口轧件宽度大1～3mm。

（2）轧件端部形成耳子。形成原因是由于轧件端部冷却较快，宽展较其他部分大，另外，轧件端部不受刚端的影响也会造成宽展较大，故在轧件头尾部分出耳子。在这种情况下，应保证中间部分的精度，两端出耳子部分轧后切除。

12.1.1.4　孔型设计不当造成耳子

当轧辊安装和导卫安装正确，轧制条件正常但仍旧出现耳子时，则多半是由孔型设计不当造成的，如宽展系数取得太小，调整余地不够等，这时应考虑修正孔型。为防止产生耳子，在孔型设计时可采用下面的一些措施：

（1）采用凸底箱形孔，以增加下一孔的宽展余地。

（2）增大孔型辊缝处的圆角半径，以消除不大的耳子，如图12－4所示。

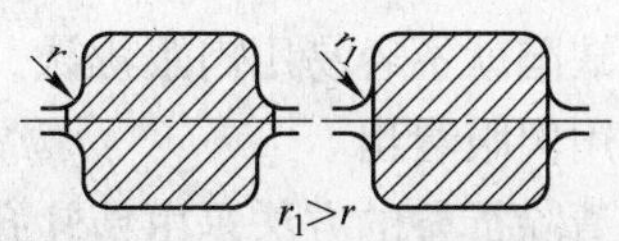

图12－4　箱形孔辊缝处圆角半径的大小对形成耳子的影响

（3）在闭口孔型内增大孔型槽底圆角半径，可防止在下一孔的锁口处挤出耳子，如图 12－5 所示。

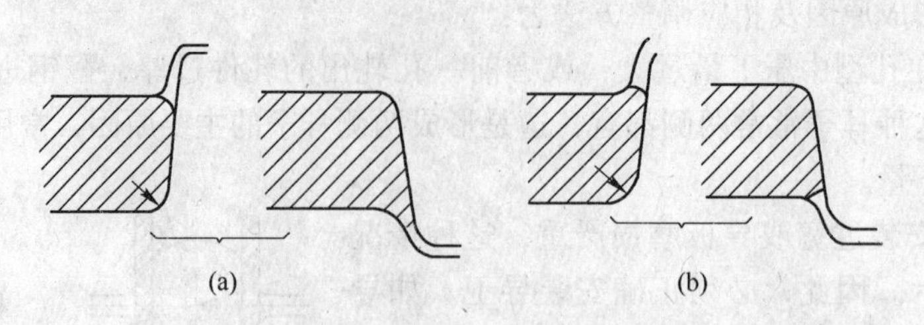

图 12－5　孔型锁口处出现耳子
（a）圆角半径过小；（b）圆角半径增大

12.1.2　折叠

在金属表面沿轧制方向呈直线状或锯齿状的细线，在横断面上呈现折角的表面缺陷叫折叠。折叠缺陷的形状如图 12－6 所示。折叠缺陷使产品的机械性能下降。折叠一般用肉眼看不出来，应采用酸洗后检查。产生折叠的原因包括耳子的存在及导卫装置划伤轧件等。

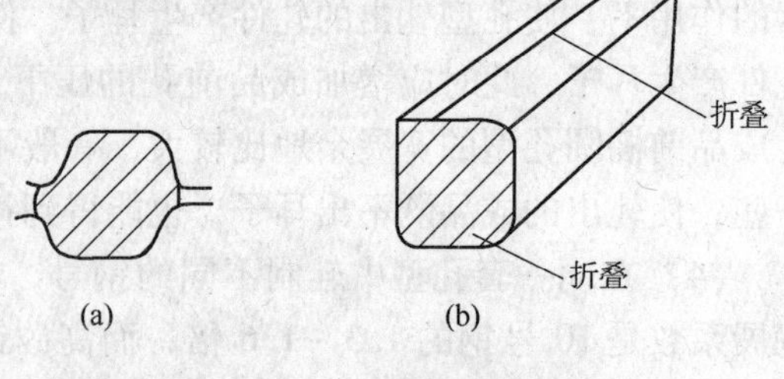

图 12－6　轧件产生折叠
（a）孔型错位；（b）折叠部位

12.1.2.1　由耳子造成折叠

轧件在前一孔型中产生耳子，翻钢后到下一孔型中耳子被压倒，形成折叠，如图 12－7。所示

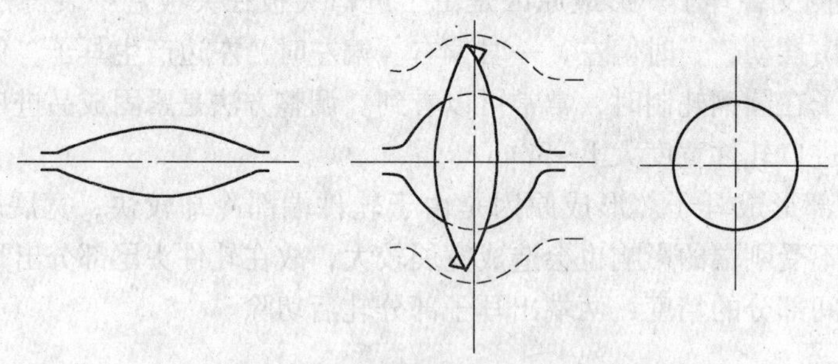

图 12－7　圆钢产生折叠位置

大部分折叠都是耳子造成的，所以当出现折叠时，应细致观察折叠的位置，再根据所使用的孔型来判断出耳子的孔型并加以调整。如果耳子是在精轧孔三道以前产生的，这种折叠缺陷就不容易用肉眼辨认，耳子若是在精轧前孔产生，则留在成品表面上的折叠会很容易用肉眼看出。

清除折叠的方法是由精轧孔产生的折叠，必然是由于精轧前孔内产生耳子，只要把精轧前孔的压下量适当减小些，同时把精轧在前孔的压下量适当地增加一些，便可消除。不在精轧孔产生的折叠，则应先查清折叠产生在哪一道次，然后再来采取相应措施，消除产生折叠前面的耳子。

12.1.2.2 由导卫装置划伤轧件造成折叠

当导板、卫板或夹板质量不好，就会在轧件的表面上划出很深的伤痕。这种划痕有时是局部的，有时遍及轧件全长，经轧制后划伤部分被压入轧件内部造成折叠。这在轧制钢质软的、塑性好的碳钢时最易产生。因此，若发现导板有粘挂铁皮、卫板夹起刺等情况应立即更换。

12.1.3 镰刀弯

轧件出轧辊后向左或向右弯称为镰刀弯。产生原因包括轧件宽度上压下量不均，坯料加热不均，导板安装不正等。

12.1.3.1 轧件宽度上压下量不均

轧制板坯时，由于轧辊倾斜，造成轧件宽度方向压下量分布不均，或者轧辊水平，轧件的厚度不均，结果轧件受到压缩后，压下量大的一边延伸量大，要向压下量小的一边弯曲。在调整时应首先测量已轧出的轧件厚度是否均匀，若不均匀，肯定是轧辊斜了，应调整轧辊水平位置，如果轧件厚度均匀，则表明是进料厚薄不均，就应调整前面孔型的尺寸。

当轧件很宽很薄时（如薄板坯的成品道次），压下量不均的表现形式是波浪形，波浪形一定产生在压下量大的一边。

12.1.3.2 坯料加热不均

坯料左右面加热不均，加热温度高的一边延伸大，轧出后将向延伸小的一边弯曲，这时，主要应通过提高加热质量来解决。

12.1.3.3 导板安装不正

出口导板偏向一边，则轧件出孔型后向一边弯曲，显然可通过调整导板来解决。

12.1.3.4 轧辊两轴瓦磨损程度不一致

当轧辊安装不正确，孔型在轧辊上配置不合理，轴瓦缺少冷却水等都可能造成轧辊两端的轴瓦磨损程度不一致。从而造成上、下轧辊轴线不平行而使轧件产生水平弯曲。

如果轴瓦磨损程度不大，可以通过调整压下（或压上）螺丝来消除轧件水平弯曲现象，如磨损严重，应更换新轴瓦。

若某一轴瓦磨损较快时，其原因往往是该轴瓦的冷却水管被堵塞，或者辊颈表面不光滑。

12.1.4 成品尺寸不合格

12.1.4.1 成品垂直直径尺寸不合格

圆钢应检查垂直直径、水平直径和两肩直径。垂直直径不合格时，应调节成品孔型高度；水平直径不合格时应调节成品前高度；两肩尺寸不合格时主要是由于成品孔上下轧槽有轴向错动，这时应作轴向调节，使上下轧槽对正。其他简单断面型钢，控制成品尺寸的原则与圆钢相同。

12.1.4.2 成品沿长度方向尺寸不等

造成此缺陷的原因有：

(1) 坯料沿长度方向加热不均匀。例如前半部温度高，而后半部温度低，则成品的前部尺寸要比后半部尺寸小。如加热炉辊道水管造成的黑印处温度低，所以此处轧后尺寸偏大。

(2) 交叉过钢所造成，轧件在交叉过钢时，由于轧辊的辊跳值较大，所以比单独过钢时的断面尺寸要大一些。

12.1.5 表面裂纹

裂纹是指轧件表面有不同形状的破裂。有表面裂纹的轧制产品绝大部分将成为废品，因为它降低了钢材的强度及影响了轧件的表面质量。造成裂纹的原因包括坯料过热，坯料表面质量不好及不均匀变形等。

12.1.5.1 坯料过热

因过热而造成的裂纹，常常在第一道轧制后，就能明显地看出来。在裂纹处有时可以用肉眼看出粗大的晶粒。发生这种现象时。就不要继续进行轧制了，因裂纹只可能愈轧愈大，这时应立即通知加热工把存在炉内的过热坯料全部拉出，控制好炉温重新装炉加热。

12.1.5.2 坯料表面质量不好

有的坯料有皮下气泡，这种很浅的皮下气泡在轧制时不易压实，使轧件表面造成裂纹，这种裂纹在轧制过程中将会逐渐扩大，最后轧成废品。

为消除轧件表面裂纹，必须对原料进行严格的检查，如果原料本身存在裂纹或浅的皮下气泡，在加热前必须先进行表面清理，根据不同钢种、要求不同而采取不同方式清理。

12.1.5.3 不均匀变形

坯料加热温度不均匀或轧制复杂断面时都会产生不均匀变形。当不均匀变形所产生的内应力超过轧件本身的强度极限时，就会产生裂纹。

为了避免不均匀变形引起的裂纹，坯料加热时应尽量做到温度均匀一致。设计复杂断面孔型时，不均匀变形尽可能放在头几道次，因为此时轧件温度高、塑性好，轧制时不易产生裂纹。

12.1.6 麻点

轧件表面上有许多细小凹凸点组成的片状分布的缺陷叫麻点。轧件表面的麻点是由于孔型表面磨损起毛而造成的，特别是成品孔型磨损，最容易引起麻点，此外，氧化铁皮压入轧件表面也会造成麻点。

钢材表面发现麻点后，应立即更换孔型或换辊。钢坯表面的麻点对钢材质量影响不大，因为钢坯轧成钢材时，麻点将被碾平而消除，若麻点产生在钢材表面上，就会严重影响钢材质量。另外，在生产过程中应采取措施尽可能去除氧化铁皮，以减少麻点。

12.1.7　刮伤

刮伤是常见的表面缺陷，通常是由于导板表面不光，有夹砂、裂纹及其他突出部分，或者是导板过紧，出口处卡钢等原因造成的。

为防止导板与轧件接触面过大而擦伤轧件，导板通常做成凹槽及圆弧。此外，导板侧壁的加工应光洁，安装前必须进行严格检查，若有凹凸粗糙之处要磨光后再安装。

12.1.8　脱圆及脱方

脱圆即圆钢不圆，脱方即方钢不方。脱圆是由于成品前椭圆孔的高度不够，翻钢后在成品孔内充不满而造成的。因此，在轧制圆钢时若发现有脱圆的现象，可通过减小椭圆孔的压下量来解决。而产生脱方的原因与脱圆相同，解决方法也一样。

12.1.9　扭转

轧件的扭转如图 12－8 所示。如果成品道次发生严重扭转，则前功尽弃成为废品；如果扭转产生在中间道次，那也很难在以后道次中得到完全纠正。

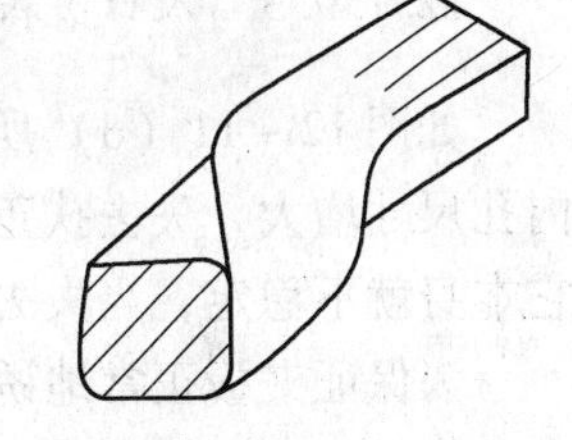

图 12－8　轧件扭转

产生扭转的根本原因是轧制时轧件受到附加力偶的作用。附加力偶产生的原因包括轧件断面形状不正确，入口夹板安装不正，入口夹板太松等。

12.1.9.1　轧件断面形状不正确

当轧件形状不正确时，在送入孔型后，上、下轧槽最早与轧件的接触点不在同一垂直线上，因此轧件会受到力偶作用而产生扭转。

这种扭转，可能是由于前一孔型的轧辊轴向窜动使轧件歪斜而造成，如图 12－9 所示；也可能是由本孔轧辊轴向窜动（即孔型的上下两个轧槽未对正）造成，如图 12－10 所示。所以应查清原因后再进行调整，也就是哪一个孔未对正便调整哪一个孔，调整后把轧辊轴向固定牢。

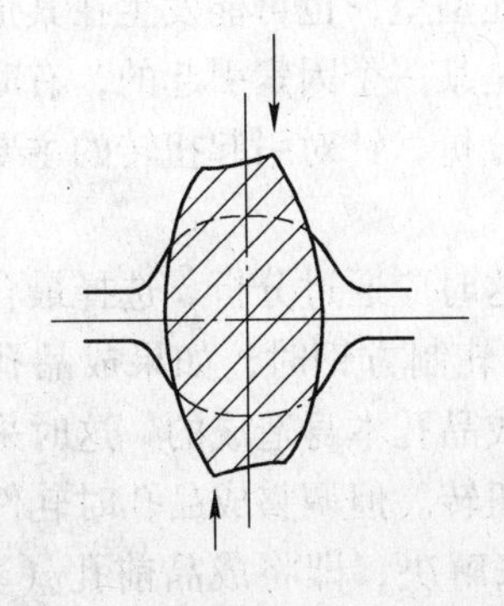

图 12－9　轧件形状不正确造成扭转

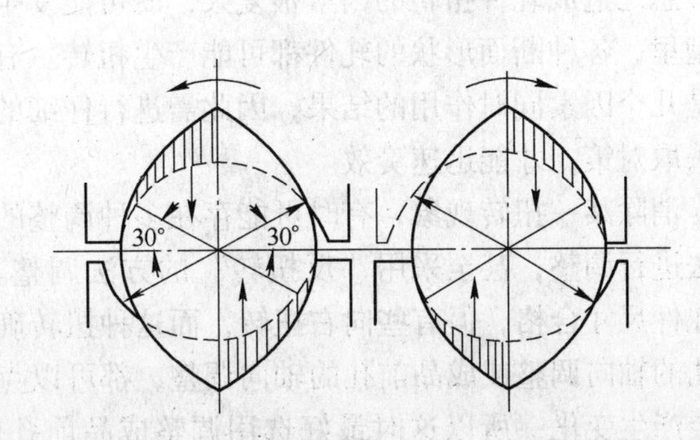

图 12－10　两个轧槽未对正造成的力偶而产生扭转

12.1.9.2　入口夹板安装不正

当入口夹板安装不正时，特别是椭圆轧件被迫斜着进圆孔型时，轧辊给轧件的作用力不在一条直线上，而形成附加力偶，使轧件扭转。入口夹板安装不正可能由以下几个原因造成（见图 12－11（a）、（b）、（c））：

（1）由于横梁安装倾斜，引起入口夹板不正。

（2）由于导板盒内夹板位置倾斜。

（3）由于两块夹板上下错动，造成椭圆轧件位置不正。

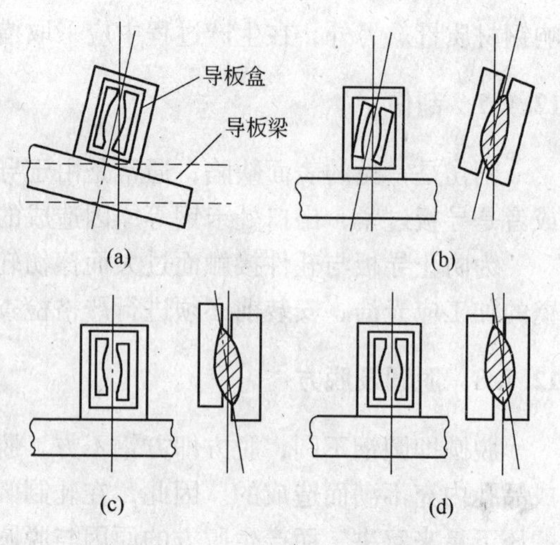

图 12－11　入口夹板安装不正的原因

（a）导板梁位置倾斜；（b）导板盒内的夹板位置倾斜；（c）夹板之间上下错位；（d）夹板磨损

12.1.9.3　入口夹板太松

如图 12－11（d）所示，夹板磨损严重，内孔尺寸增大，失去扶正轧件的作用也会造成轧件扭转。特别是高度比较大的椭圆轧件，它本身就不稳定，当失去夹板扶持时，极易造成轧件的扭转。

为保证夹板正常地诱导轧件，必须经常地检查夹板是否松动，当夹板磨损严重不能正常工作时，应立即更换。

12.1.9.4　轧件的高度与宽度之比值太大

由于轧件的高宽比太大而造成的扭转，通常是在箱形孔型和平辊上轧制矩形轧件时产生的。一般而言，在箱形孔内，轧件的高宽比应不大于 1.7，在平辊上应不大于 1.3，否则就有产生扭转的危险。

12.1.9.5　轧辊轴瓦磨损不均

当轧辊两端轴瓦的表面磨损程度不一致时，使轧辊的轴线不平行，也可能导致轧件扭转，处理的方法是立即更换轴瓦。

除此之外，钢锭（坯）加热温度不均匀，出口卫板安装不正确等也会造成轧件扭转。

总之造成轧件扭转的因素很复杂，既可能发生在成品孔型里，也可能发生在其他任一孔型里，各种断面形状的轧件都可能产生扭转。有时可能是某一个因素引起的，有时又可能是几个因素同时作用的结果，因此需进行仔细的观察和分析，针对引起扭转的主要原因而采取对策，才能迅速奏效。

消除某一扭转现象，有时可能存在多种调整的方法，这时应通过分析，选择最合理的方法进行调整，甚至采用“反扭转”的方法调整。例如在轧制方钢时，如果成品孔轧出的轧件尺寸合格，但有些向右扭转，而这种扭转确定是由成品孔本身造成的。这时采用成品孔的轴向调整或成品前孔的轴向调整，都可以克服这种扭转。但调整成品孔时轧件的尺寸会产生变化，所以这时最好选用调整成品前孔的方法来解决，即将成品前孔（菱形）的上辊沿轴向向右作适当的调整，使菱形轧件稍稍走样。在正常的情况下，这种轧件在形状正确的成品孔内本应产生左扭转，但由于成品孔存在右扭转趋势，二者相互抵消了，这种方法称“反扭转”。

12.1.10 结疤

轧件表面呈周期性的凸起称为结疤。结疤大多数是由于轧件头部温度过低（特别是合金钢）在轧槽表面产生压痕而引起。发现这种缺陷应进行换槽或换辊才能解决。如果车间有条件，在喂钢前应将冷头子切去。

12.1.11 边裂

工业纯铁开轧温度过高（900℃以上）或高速钢轧制温度过低（900℃以下）均易引起边裂，轧制这类钢最好用菱－方孔型系统，如果采用箱形孔则应增加翻钢次数。轧制高速钢时不允许往轧辊上浇冷却水，以防止温度太低而造成边裂。

12.1.12 鳞层

鳞层是黏附于型钢表面与其本身相连接的金属片，形状与分布均不规则。但由于两者之间有氧化铁皮，不可能相互溶合，只是有限的连接。

产生原因包括：

(1) 轧件表面有凸块经过轧制后，压成薄片，黏附于型钢表面。

(2) 轧件表面皮下气泡破裂，压成薄片，黏附于型钢表面。

(3) 轧制中氧化铁皮压入轧件表面，特别在刻痕轧槽内轧制，容易形成鳞层。

(4) 轧件在孔型内打滑，使金属局部堆积，轧制后形成鳞层。

不锈钢最容易发生鳞层，一旦发生鳞层要及时更换磨损严重的轧槽，并对磨损及粘物的导卫进行更换。对有表面皮下气泡的轧件要清理。

12.2 棒材轧制事故的分析及处理

常见的轧制棒材的事故有缠辊、跳闸和卡钢、打滑、爆槽、断辊、冲导卫、喂错钢、倒钢等。

12.2.1 缠辊

缠辊常常发生在轧件断面较小的情况下，且闭口孔型更易发生。对于轧钢生产来说，缠辊是一件比较大的事故，严重的缠辊可以使轧辊折断或者牌坊、连接轴、人字齿轮、减速箱和马达等受到损坏。

当轧件的断面尺寸比较大时，虽不致缠辊，但会造成轧件弯曲。产生弯曲之后，喂钢很不方便，不仅要浪费许多时间，且容易造成人身事故或将钳子、撬棒等工具拽进轧辊。缠辊（或垂直弯曲）的原因包括钢锭（坯）加热温度严重不均匀，出口横梁安装不正确，崩套等。

12.2.1.1 钢锭（坯）加热温度严重不均匀

加热温度严重不均匀，轧制前又没有翻好阴阳面，使阴面朝上进入轧机轧制，从而造成轧件严重的向上弯曲。阴阳面比较严重的钢锭（坯），很难通过调整轧机制止其产生弯曲，所以当出现阴阳面严重的钢锭（坯）时，应在炉内通过延长坯料的均热时间来消除阴阳面。

12.2.1.2　出口横梁的位置安装不正确

出口横梁安装得太高或太低都会造成出口卫板倾斜，出口横梁太高时，轧件向上弯曲，反之则向下弯曲，如图 12－12 所示。为此，换辊时必须保证横梁位置安装正确，在轧制过程中，还要经常对横梁及导卫板进行检查。

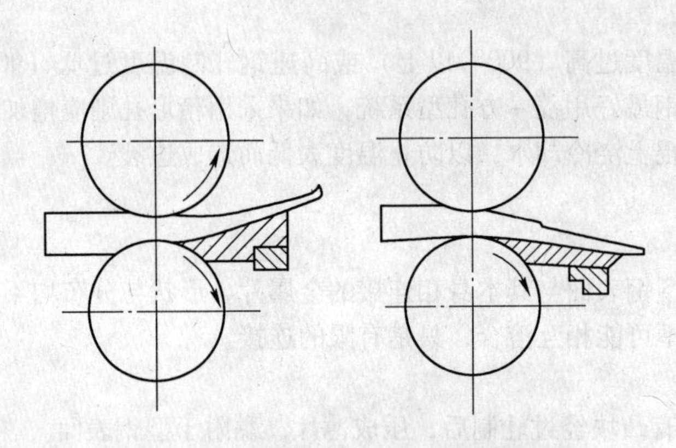

图 12－12　横梁位置不正确造成轧件弯曲

12.2.1.3　崩套

当轧辊中某一个轴套在轧制中破裂，就会使这个轧辊停转，但另一个轧辊继续转动，因而造成过大的速度差，使轧件产生很大的弯曲或缠辊。

12.2.1.4　轧件劈头

轧制易切削钢最容易产生，当头部温度低或头部有开裂现象时，从断面中心劈成上下两部分，上部分绕在上轧辊上，下部分绕在下轧辊上，模具钢塑性差，温度不均时也易劈头。防止办法除了应使钢坯加热均匀，温度适当外，如发现有开花头子，也必须切除方可喂入。

12.2.1.5　出口卫板太短

出口卫板装得不好，不但使孔型很快磨损，而且也使出口卫板的尖端很快被磨损。由于卫板过短，发生弯曲的轧件，得不到卫板的矫直作用，就可能发生缠辊。有时由于轧件的冲击作用，把出口卫板的尖端打断，也会造成缠辊。

为了消除这一事故，应经常对卫板进行检查，及时更换被磨得过短的卫板。

12.2.2　跳闸和卡钢

跳闸是由于轧制负荷过大，主电机电流超过危险值而引起的，这时过电流继电器自动将电源切断，迫使电机和轧辊停止转动。轧辊停转后，正在轧制的轧件被卡在轧辊中而造成卡钢。

为防止跳闸和卡钢，应严格按安全规程操作，严禁轧制低温钢。

发生跳闸后，若没有同时发生卡钢事故，可重新启动电机，继续轧制。如同时发生卡钢事故，则应立即关闭冷却轧辊的水源，并放松压下螺丝和抬起出口处轧件，再将轧辊反向转动，使轧件退出孔型，抬起出口处轧件的原因是防止轧辊反转时轧件把出口卫板带入轧辊而损伤孔型，当轧件退不出时，可用气割将出口部分轧件在孔型处切断，但不可损坏孔型，若只有轧件尾部卡在轧辊中且钢温较高，可继续转动轧辊使轧件轧出。

12.2.3 打滑

加热温度很高的钢，在空气中其表面生成的氧化铁皮又细又软又薄，在轧制中起润滑作用，使摩擦系数大大下降，这时轧件咬入轧辊后会卡在孔型中，轧辊虽然继续转动，但轧件不再前进，这种现象叫打滑。

处理方法是增大摩擦系数，使轧件顺利通过。具体措施是在孔型入口处向轧件表面撒冷氧化铁皮或浇少量的水。

12.2.4 爆槽

由于操作不慎时将硬的物体带入孔型内，使辊面上形成凹坑爆槽。例如操作不慎把钳子、螺栓及其他零件带入轧辊或轧件喂入时，头部被冷却水浇黑而又突然喂入孔型等，都要造成爆槽。在成品或成品前孔发生爆槽时，应更换孔型，在开坯道次，若凹坑不深，可停车后用小锤敲打辊面使凹坑呈较平滑的过渡，这种轧槽尚可使用，但若凹坑过深则应换轧槽轧制。

12.2.5 断辊

断辊分两种情况：一种在辊颈与辊身接触处断裂；另一种在辊身上断裂。

12.2.5.1 在辊颈与辊身接触处断裂原因

在辊颈与辊身接触处断裂的原因为：

（1）辊颈缺少冷却水，辊身与辊颈冷热不均。

（2）轴瓦与辊颈剧烈地摩擦，不仅辊颈产生很高的热应力，同时辊颈变细，承受不了轧制压力而断辊。

（3）辊颈和辊身接触处是应力集中的地方，辊颈的疲劳强度降低造成断裂。

12.2.5.2 造成辊身断裂的原因

在辊身上断裂的原因为：

（1）强度不够造成断裂。例如，压下量过大，错误喂钢，钢温过低（包括喂黑头钢），造成轧制压力超过轧辊强度极限允许值，造成断裂。

（2）热应力造成。例如，安排生产马氏体型高合金钢，为防止轧件破裂，辊身不准用水冷却，轧制后，再轧制其他钢种时，辊身应当冷却，冷却水若过急地浇在辊身上，当辊面与辊心热应力差超过轧辊强度极限时，就会造成辊身断裂。

上述几种情况都会引起断辊，但是断辊一般都是几种情况综合引起的。断辊会造成很大损失，为避免不必要的断辊事故，调整工要经常注意轧制条件的变化，并及时采取有效的措施，以保证轧机正常地工作。换辊时，必须正确安装轧辊及轧机的各个部件，轧制时操作人员也应按操作规程进行操作。出现断辊事故要及时分析原因，总结经验教训。

12.2.6　冲导卫

即轧件在孔型出口处，将卫板或导管冲掉。造成的原因是：

(1) 卫板或导管因轧制时激烈的震动而松动，使其前端跳起，超过轧槽底部。

(2) 卫板或导管前端安装时高于轧槽底部。

这种事故很危险，因轧件冲击力量很大，尤其当轧件断面较大时，一旦顶住卫板极易把卫板腿部折断使卫板飞出，以致伤害操作人员。因此，操作人员操作时，应尽量避免置身于孔型正前方。

12.2.7　喂错钢

由于操作不慎，将轧件错喂入其他孔型中，这种事故也很危险。

若小轧件错喂在大的孔型中，因无压下量，穿过后再重新轧制；若大断面轧件，错喂在小的孔型中，因压下量过大而可能造成断辊事故，或者造成轧件出轧辊后毫无规律地乱窜，一般是向上跑，同时产生很大的镰刀弯，极易造成人身安全事故。特别是线材和小规格轧件威胁很大，为避免这种事故发生，凡不使用的孔型应一律用遮掩物挡严，而正在使用的槽孔因有导卫装置，大断面轧件不会喂入小孔型。

12.2.8　倒钢

轧件在孔型内轧制一段时间后，突然绕其纵轴旋转90°，使断面畸形，两侧产生宽而厚的耳子，这种现象叫倒钢（亦称倒坯子）。在箱形孔、菱－方孔型系统（菱形轧件进方孔），椭圆孔型系统（椭圆轧件进圆孔型）等系统中都可能产生倒钢。

产生倒钢的原因和产生扭转的原因一样，都是由于作用在轧件断面上有一个力偶，当力偶较小时，轧件仅产生扭转，如果力偶很大，则产生倒钢。产生力偶的原因包括孔型错开，进入孔型的轧件形状不正确，操作问题等。

12.2.8.1　孔型错开

孔型错开主要包括：

(1) 安装轧辊时，上、下轧槽未对正。

(2) 轧辊轴向没有固紧。

(3) 孔型车削时窜位。在轧辊上车削轧槽时，某个孔型的上下轧槽错开，而其他孔型的轧槽车削正确，这就不能用调整轧辊办法解决。

12.2.8.2　进入孔型的轧件形状不正确

进入孔型的轧件形状不正确主要包括：

（1）轧件断面“脱方”，对角线差别大，近似平行四边形，进入箱形孔型时，只有两个对角与孔型接触，两点受力，形成力偶，造成倒钢。

（2）箱形孔出来的轧件，由于宽展大，侧面突出或出耳子，经翻钢板翻转90°后，在辊道上站立不稳，不能保证直立（长轴线垂直）进入孔型，而是倾斜着进入孔型，造成在孔型中两对角处接触，也会形成力偶，造成倒钢。

解决办法有：

1）另设计一套孔型，适应宽展大的特点。

2）原孔型不动，强化入口导板，扶正轧件，使轧件开始时就正确送入孔型。

3）适当增大孔型的槽底凸度，使轧件在孔型中有较大的宽展余地，减少或消除侧边鼓肚。

还可适当调整孔型槽底圆角和侧壁斜度，以适应宽展大的特点。

（3）轧件扭转过大，咬入时前半段轧件直立进入孔型，后半段轧件因扭转而倒下。

12.2.8.3 操作问题

操作问题主要包括：

（1）钢锭（坯）横断面上加热不均（阴阳面），操作人员又没有根据要求翻好阴阳面，再加上其他原因，经常造成轧件在箱形孔中倒钢。

（2）轧件送入孔型不正确，通常当轧件中心线对准孔型中心线送入孔型时是不会倒钢的。若送钢不正或轧件本身头部断面畸形则轧件进入孔型后很容易倒钢。

（3）入口导板安装不正确，入口导板安装歪斜或者两导板间距过大或者导板固定不紧，都会造成倒钢。因此必须正确安装导板并经常检查，防止生产中发生松动而造成倒钢。

（4）在用大钳子操作的轧机上，因大钳子夹不正使轧件倾斜进入孔型也会造成倒钢。

思 考 题

12-1 棒材出现耳子的原因是什么，如何解决？

12-2 什么是折叠，如何解决？

12-3 表面裂纹是如何产生的，应如何避免？

12-4 麻点是如何产生的，应如何避免？

12-5 什么是缠辊，形成原因是什么？

12-6 何谓倒钢，如何解决？

12-7 卡钢后如何解决？

12-8 简述断辊的原因。

参考文献

[1] 袁志学，王淑平．塑性变形与轧制原理［M］．北京：冶金工业出版社，2008.

[2] 新疆八一钢铁（集团）公司编．小型连轧机的工艺与电气控制［M］．北京：冶金工业出版社，2000.

[3] 李培禄，等．小型型钢连轧生产工艺与设备［M］．北京：冶金工业出版社，1999.

[4] 崔艳．国内棒材生产线与工艺综述［J］．重型机械科技，2004（4）：37～49.

[5] 吕立华．金属塑性变形与轧制原理［M］．北京：化学工业出版社，2007.

[6] 赵志业．金属塑性加工力学［M］．北京：冶金工业出版社，1987.

[7] 王占学．塑性加工金属学［M］．北京：冶金工业出版社，2003.

[8] 赵志业．金属塑性变形与轧制理论［M］．北京：冶金工业出版社，1994.

[9] 王廷溥，齐克敏．金属塑性加工学——轧制理论与工艺［M］．北京：冶金工业出版社，2001.

[10] 王有铭．钢材的控制轧制和控制冷却［M］．北京：冶金工业出版社，2009.